Fachberichte Messen · Steuern · Regeln

Herausgegeben von M. Syrbe und M. Thoma

4

Wege zu sehr fortgeschrittenen Handhabungssystemen

Methods for Very Advanced Industrial Robots

Herausgegeben von H. Steusloff

Springer-Verlag
Berlin Heidelberg New York 1980

Herausgeber:
Dr. H. Steusloff
Fraunhofer-Institut für Informations-
und Datenverarbeitung (IITB)
Sebastian-Kneipp-Straße 12–14
7500 Karlsruhe 1

Mit 104 Abbildungen

CIP-Kurztitelaufnahme der Deutschen Bibliothek
Wege zu sehr fortgeschrittenen Handhabungssystemen
= Methods of very advanced industrial robote
/ hrsg. von H. Steusloff. – Berlin,
Heidelberg, New York : Springer, 1980. –
NE: Steusloff, Hartwig [Hrsg.]; PT

ISBN-13: 978-3-540-09950-5   e-ISBN-13: 978-3-642-81444-0
DOI: 10.1007/978-3-642-81444-0

<u>Vorwort des Herausgebers</u>

Für den Einsatz von Industrierobotern ist der Dreiklang aus

- Eignung des Anwendungsfalles,
- verfügbarer Robotertechnologie und
- angepaßter Einsatzumgebung

sorgfältig abzustimmen, um erfolgreich zu sein. Die Abhängigkeiten
dieser Problemfelder sind vielfältig und eine einzelne Institution
ist überfordert, wenn sie vollständige und allgemeingültige Problemlösungen ohne Partner zu erreichen versucht. Daher ist die gemeinsame
Arbeit von industriellen Roboter-Herstellern und -Anwendern mit wis-
senschaftlichen Instituten, gestützt durch die Förderung des Bundesministeriums für Forschung und Technologie (Projekte "Humanisierung
der Arbeitswelt" (HdA) und "Projekt Fertigungstechnik" (PFT)), insti-
tutionalisiert in der "Arbeitsgemeinschaft Handhabungssysteme"
(ARGE-HHS) ein wichtiger Schritt auf dem Wege zur Nutzung der Vorteile
der Robotertechnologie für die Wirtschaft und Arbeitswelt der Bundesrepublik Deutschland.

In diesem Umfeld ist das Projekt "Sehr fortgeschrittene Handhabungssysteme" des Fraunhofer-Instituts für Informations- und Datenverarbeitung (IITB) zu sehen, das im Rahmen des Projektes HdA 1977 begonnen
wurde, heute vom Projekt PFT weiter gefördert wird und in die ARGE-
HHS-II einbezogen ist. Über ein Statusseminar des Projektes "Sehr
fortgeschrittene Handhabungssysteme" am 2./3. April 1979 vor etwa
100 geladenen Teilnehmern aus Industrie, Behörden und Wissenschaft
im IITB, Karlsruhe, berichtet der vorliegende Band 4 der Fachberichte
"Messen, Steuern, Regeln" im Springer-Verlag.

Angesichts der eingangs konstatierten Notwendigkeit einer Arbeits-
teilung bearbeitet das IITB - in Zusammenarbeit mit dem Fraunhofer-
Institut für Produktionstechnik und Automatisierung in Stuttgart (IPA) -
den Schwerpunkt Robotertechnologie, ohne aber die Einsatzprobleme aus-
zuklammern. Ziel des Projektes ist ein Handhabungssystem, das den
Anforderungen der Mitte der 80'er Jahre entsprechen soll.

Der Weg zu diesem Ziel muß sich an den heute erkennbaren Anforderungen
orientieren, die mit den Stichworten

- höhere Einsatzflexibilität und
- einfachere Einsetzbarkeit und Bedienung

von Handhabungssystemen beschreibbar sind. Höhere Einsatzflexibilität ist erreichtbar durch genauere, sich dem jeweiligen Betriebsfall adaptierende Bahnregelung (Lageregelung) auch bei mehr als 6 Freiheitsgraden und das Einbeziehen externer Sensoren in die Bahnvorgabe. Die Einsetzbarkeit wird erleichtert durch vereinfachte, problemorientierte Bahnprogrammierung, vergrößerte Verfügbarkeit und Maßnahmen zur Sicherheit des Roboterbetriebes. Die Beiträge des vorliegenden Bandes behandeln diese Problemkreise und zeigen Lösungen auf, die heute prototypisch realisierbar und unter Nutzung der Trends in der Mikroelektronik wirtschaftlich einsetzbar sind oder sein werden.

Die folgenden Beiträge beschreiben den Stand des Projektes nach etwa 40 % seiner Laufzeit. Die Ergebnisse wurden demonstriert anhand realisierter Prototypen und praktischer Vorführungen, u. a. des sensorgesteuerten Griffs auf ein laufendes Transportband. Die weiteren Arbeiten zielen auf eine industrielle Erprobung des Gesamtsystems in Form eines Piloteinsatzes, der die Tragfähigkeit der Lösungen zeigen soll und der im Rahmen der ARGE-HHS-II durchgeführt werden wird. Die Ausrichtung auf dieses Ziel, der Kontakt mit den ARGE-Partnern und nicht zuletzt die Diskussion der Ergebnisse mit den Teilnehmern des Seminars am 2./3. April 1979 sollen sicherstellen, daß hier ein HHS mit fortgeschrittenen Eigenschaften aber engem Bezug zum Bedarf der Anwender und Hersteller von Industrierobotern entsteht.

Für das Engagement des Projektträgers HdA im Auftrag des Bundesministers für Forschung und Technologie (BMFT), ein vorausgreifendes Projekt zu fördern (Kennzeichen 01VC368-ZK-TAP0002), sei an dieser Stelle besonders gedankt. In diesen Dank eingeschlossen sind die ebenfalls von HdA geförderten Sensorprojekte (01VV046-ZK-TAP0004A, 01VV135-B13-TAP0010) sowie zwei Projekte der DFG zu diesem Thema. Für die Demonstration der Sensoranwendung beim "Griff in die Kiste" hat die Fa. IWKA-KUKA in dankenswerter Weise einen Industrieroboter mietfrei beigestellt. Nicht zuletzt sei allen Mitarbeitern des IITB und IPA für ihren Einsatz herzlich gedankt, der den bisherigen Erfolg der Projekte und den des Seminars ermöglicht hat.

Karlsruhe, im Dezember 1979   H. Steusloff

INHALTSVERZEICHNIS / CONTENTS

SYSTEM UND DESSEN GRUNDLAGEN /SYSTEM AND ITS FUNDAMENTALS

STEUERUNG UND REGELUNG / CONTROL

SENSOREN / SENSORS

ZUR BEURTEILUNG UND ANWENDUNG   / ASSESSMENT AND APPLICATION

<u>PROGRAMMIERBARE HANDHABUNGSSYSTEME –
STAND DER WISSENSCHAFT UND TECHNIK</u>

<u>PROGRAMMABLE INDUSTRIAL ROBOTS –
STATE OF SCIENCE AND TECHNOLOGY</u>

H.J. Warnecke

Fraunhofer-Institut für Produktionstechnik und Automatisierung (IPA)
7000 Stuttgart

Summary

The industrial robot of today is used for the automation of more or
less simple handling tasks, loading tooling machines, welding car
bodies or painting them. The usual application of industrial robots
is in plants of the greater companies, mostly running in the field
of mass production.

The goal of research work or industrial robots all over the world
therefore is to increase the capabilities and the possibilities of
application of industrial robots even in medium-sized companies to
multiply the number of installations. To realize this conception the
sensorical capabilities in the field of touch and vision and of con-
trolling a fast robot device in a sufficient manner have to get im-
proved in a first approach.

Future industrial robot devices, which perform a sufficient kind of
visual and tactile sensing and can move with high speed under highly
advanced computer control will find a continually expanding market
in the 80's and a great field of new applications in assembly and
deburring.

Some of the conditions for this promising development have been
created with the present research project.

Die Entwicklung von programmierbaren Handhabungssystemen hat Mitte der
sechziger Jahre in den USA begonnen, danach in Japan und auch in Europa eingesetzt. Diese Programmierbaren Handhabungssysteme werden übli-
cherweise als Industrieroboter bezeichnet. 1968 erschienen Industrieroboter auf dem europäischen Markt. 1979 sind es mehr als 50 Anbieter
in Europa, die Industrieroboter vertreiben. Es sind sowohl amerikani-
sche und japanische als auch europäische Entwicklungen. Bemerkenswert
ist, daß in den letzten Jahren eine ganze Anzahl von Neuentwicklungen
auch in Europa durchgeführt wurden. Die Entwicklung von Industrierobotern wurde zunächst von der Idee bestimmt, Universalgeräte zu bauen,
die wie der Mensch für möglichst viele Anwendungsfälle gleichermaßen
geeignet sein sollten. Frühzeitig wurde jedoch klar, daß dieses Ziel
mit den derzeitig verfügbaren technischen Mitteln kaum zu erreichen
ist und solche Universalgeräte sich aufgrund des enorm hohen technischen Aufwandes auch nicht wirtschaftlich einsetzen lassen. Deshalb
zeichnet sich in den letzten Jahren die Tendenz ab, entweder die Geräte modular an den jeweiligen Einsatzfall anpaßbar auszulegen oder
Spezialgeräte für bestimmte Aufgaben zu entwickeln. Weltweit sind bis
heute mehr als 5000 Geräte im Produktionseinsatz, davon in der Bundesrepublik Deutschland etwa 700.

Die Anwendungsgebiete für Industrieroboter haben sich seit ihrem Erscheinen auf dem Markt ständig erweitert. Während in den sechziger
Jahren die Geräte zunächst zum Punktschweißen, Lackieren und Entladen
von Druck- oder Spritzgießmaschinen eingesetzt wurden, finden sie zur
Zeit auch Anwendung beim Montieren, bei der Glashandhabung, bei der
Handhabung an Schmiedepressen, beim Palettieren, beim Be- und Entladen
von Werkzeugmaschinen sowie beim Lichtbogenschweißen. Diese relative
Vielfalt an Anwendungsgebieten für Programmierbare Handhabungssysteme
darf nicht darüber hinwegtäuschen, daß zur Zeit nur sehr wenig Geräte
eingesetzt werden.

In Europa stehen gegenwärtig nur etwa 2000 Industrieroboter meist in
Großbetrieben im Einsatz. Größere Produktivitätsreserven können insbesondere bei den Klein- und Mittelbetrieben ausgeschöpft werden, wenn
es gelingt, die heute noch bestehende Technologielücke bei der Automatisierung der Handhabung zu schließen. Dazu sind besondere innovations-
fördernde Aktivitäten erforderlich. Als wesentliche Gründe für die
bisher nur zögernde Verbreitung der Geräte in der Industrie sind zu
nennen:

o Mangelnde Kenntnis und Erfahrungen vieler potentieller Anwender
  hinsichtlich des Einsatzes komplexer technischer Systeme.

  Bisherige Einsätze von Handhabungssystemen finden sich fast ausschließlich in der Großindustrie. Ein breiter Einsatz von automatischen Handhabungssystemen in kleineren Betrieben ist nicht erfolgt, da diese kaum die dazu notwendige Ingenieurkapazität zur
  Verfügung stellen können.

o Diskrepanz zwischen den an vielen Arbeitsplätzen erforderlichen und
  den tatsächlich verfügbaren Geräteeigenschaften.

  Beim gegenwärtigen Stand der Gerätetechnik ist es unbestreitbar, daß
  auf verschiedenen Teilgebieten noch umfangreiche und teilweise
  grundlegende Arbeiten erforderlich sind, um den Anforderungen der
  Produktionspraxis zu genügen.

  Untersuchungen und Entwicklungen sind unter anderem notwendig auf
  den Gebieten

       - Dynamik der Geräte,
       - Steuerungs- und Regelungstechnik,
       - schnelle Informationsverarbeitung und
       - Programmiertechnik.

o Unzureichender Entwicklungsstand in der Sensortechnik.

  Zwar stellt die Entwicklung von Sensoren seit Jahren einen For-
  schungsschwerpunkt im Rahmen der Industrierobotertechnologie dar,
  doch sind bisher auf sehr spezielle Anwendungsgebiete noch keine
  industriell anwendbaren Sensoren vorhanden.

So wurden in Japan, den USA und der Bundesrepublik Deutschland Systeme
zur Positions- und Lageerkennung von Werkstücken hervorgebracht, die
sich jedoch zumeist noch im Laborstadium befinden. Ferner wurde mit
der Entwicklung taktiler Sensoren zur maschinellen Nachahmung des
Kraftempfindens begonnen. Es wird noch umfangreicher Entwicklungsarbeiten bedürfen, bevor leistungsfähige, kostengünstige und zuverlässige
Sensorsysteme zum Einsatz kommen.

Trotz diesen Hemmnissen, die einer raschen Vorbereitung dieser Geräte
in der Produktionspraxis entgegenstehen, wächst der Bedarf an geeigneten Systemlösungen, mit denen die derzeitigen und zukünftigen Problemstellungen technisch und wirtschaftlich sinnvoll gelöst werden können.

Neben den sich stetig ändernden Einflüssen der Märkte, die eine flexible Anpassung von Fertigungsmitteln und -Verfahren an die Fertigungs-
aufgabe erforderlich machen, stehen die wachsenden Anforderungen des
Menschen an dem industriellen Arbeitsplatz im Vordergrund:

o Manuell durchgeführte Handhabungsaufgaben sind häufig mit körper-
   licher Überlastung und/oder geistiger Unterforderung verbunden.
   Die mit den Grundgedanken zur Humanisierung der Arbeitswelt verbundenen Zielsetzungen haben in den letzten Jahren - nicht zuletzt
   durch die Wirkung des entsprechenden Förderprogramms des BMFT -
   breiteren Eingang in die Industrie gefunden. Bisher jedoch schei-
   tern solche Investitionsvorhaben meist noch an zu hohen Kosten be-
   ziehungsweise an mangelnden Nachweisen von Funktionssicherheit und
   Zuverlässigkeit bei unterschiedlichen Einsatzfällen. Ein breiterer
   Einsatz von Handhabungssystemen als bisher ist deshalb nur dadurch
   zu erreichen, daß durch weitere technisch-konstruktive Entwicklungen von Handhabungsgeräten und durch Vorstellung von leistungsfähigen Gesamtsystemen diese bestehenden Investitionshemmnisse über-
   wunden werden.

o Der Kostenanteil für manuell durchgeführte Handhabungsfunktionen an
   den Produktionskosten nimmt ständig zu. Angesichts des steten Be-
   strebens der Industrie, steigende Lohnkosten durch zunehmende Automatisierung auszugleichen, liegt dies darin begründet, daß sich
   das Automatisieren von Handhabungsfunktionen gegenüber den eigent-
   lichen Bearbeitungsprozessen derzeit meist nur mit ungleich höherem
   Aufwand durchführen läßt.
   Dieser kostenmäßige Effekt wird noch verstärkt durch den anhaltenden
   Trend zur Produktion in kleineren Serien und Losgrößen. Die damit
   verbundenen Flexibilitätsanforderungen verursachen zusätzliche technische Probleme beim Automatisieren der Handhabungsfunktionen und
   bedingen zumindest einen erhöhten finanziellen Aufwand.

o Weiterhin zwingt die zunehmende Kapitalintensität von Produktionseinrichtungen zu höherer Nutzung der vorhandenen Kapazität, wie es
   häufig durch Mehrschichtbetrieb der Produktionseinrichtungen geschieht. Dieses steht jedoch in krassem Gegensatz zu der berech-
   tigten Forderung nach Abbau der Schichtarbeit für den arbeitenden
   Menschen. Ein heute schon verfolgter Lösungsweg ist die Einführung
   einer sogenannten "automatischen Schicht", die nur möglich ist, wenn
   alle Handhabungsfunktionen automatisiert sind. Danach führt die Ein-

führung automatisierter Handhabungssysteme durch eine Verkürzung
der Neben- und Liegezeiten oft zu einer besseren Kapazitätsnutzung.

Aus diesen Gründen werden die Entwicklung und der Einsatz von automatischen Handhabungssystemen in den führenden Industrieländern stark
vorangetrieben. Ein Schritthalten in diesem weltweiten Entwicklungs-
prozeß trägt wesentlich dazu bei, die Produktivität der deutschen
Wirtschaft und damit ihre internationale Wettbewerbsfähigkeit zu si-
chern. Aus diesen Erkenntnissen heraus beschäftigen sich vor allem in
Japan, den USA und in der Bundesrepublik Deutschland immer mehr Groß-
betriebe unter Einsatz sehr großer Forschungs- und Entwicklungskapazi-
täten mit Industrierobotern.

Entsprechend der bisher eingesetzten Forschungs- und Entwicklungskapazität ist zur Zeit in Japan ein großer Teil der Herstellerfirmen
beheimatet.

Unter den europäischen Herstellern müssen die skandinavischen z. Zt.
noch als marktführend bezeichnet werden. Doch kann der teilweise noch
bestehende Rückstand durch verstärkte Anstrengungen der Bundesrepublik Deutschland aufgeholt werden.

Durch gemeinsame Anstrengungen von Forschungsinstituten, Herstellern
und Anwendern müssen darüber hinaus die Voraussetzungen dafür geschaf-
fen werden, daß Handhabungssysteme deutscher Herkunft konkurrenzfähig
auf dem Weltmarkt angeboten werden können.

Heute schon absehbar ist, daß der Entwicklungstrend hin zu komplexeren
Systemen geht, die mit geeigneten Sensoren und Steuerungen ausgestattet
sind, und dadurch auch komplexere Handhabungsaufgaben durchführen können.

Viele Arbeitsplätze in der industriellen Produktion erfordern neben
Handhabungsfunktionen gleichzeitig auch Prüf- und Überwachungsfunk-
tionen. Dabei ist der Mensch mit seinen sensorischen Fähigkeiten und
seiner Lernfähigkeit einer Maschine immer noch weit überlegen, da er
sich ändernden Randbedingungen anpassen kann. Um eine solche Anpassungsfähigkeit auch mit Industrie-Robotern zu erreichen, müssen sie mit
entsprechenden Sensoren ausgerüstet werden, deren Signale bei schneller und sicherer Verarbeitung zur direkten Steuerung eines Industrie-
roboters geeignet sind.

Sensoren dienen zum Erfassen stochastischer Einflüsse im Umfeld des Industrie-Roboters, zum Messen physikalischer Größen sowie zur Muster- und Lageerkennung. Für die verschiedenen Handhabungs- und Bearbeitungsaufgaben mit unterschiedlichen Werkstücken und Werkzeugen werden vor allem berührungslose z. B. visuelle und berührende (taktile) Sensoren eingesetzt.

Visuelle Sensoren sind für die Automatisierung besonders wichtig, so daß sich bereits seit vielen Jahren Forschungsarbeiten mit diesen Sensoren befassen. Die visuellen Sensoren sind trotz der Bedeutung, die sie für die Automatisierung haben, bisher in der industriellen Praxis kaum eingesetzt, was sich durch den teilweise hohen Preis und die noch geringe Zuverlässigkeit der Sensoren erklären läßt.

Die neueren Sensoren sind aufgrund der sprunghaften Entwicklung der elektronischen Bauelemente kompakter gebaut, zuverlässiger, besitzen eine höhere Lebensdauer, und es besteht die Aussicht auf weitere Verbilligung.

Mit Sensoren zur Werkstücklage-Vermessung und Identifikation wird der Anwendungsbereich von Industrierobotern wesentlich erweitert, aber der entscheidende Schritt zur Erfassung der Umgebung ist mit den heutigen Sensoren noch nicht so möglich, wie es zur Bewältigung der Probleme in der Produktion notwendig wäre.

Taktile Sensoren erfassen Kräfte und Momente oder Formen durch Berührung. Es werden auch Kraft- und Momentverteilungen z. B. für Bearbeitungsvorgänge oder beim Montieren erfaßt. Die Automatisierung von Arbeitsvorgängen, die bisher nur mit menschlichem Tastgefühl durchführbar sind, etwa beim Fügen in der Montage oder beim Handhaben leicht verformbarer Werkstücke, erfordern aufwendige taktile Sensoren mit Kraft- und Momentmeßeinrichtungen. Die Notwendigkeit, taktile Sensoren zu entwickeln, wurde schon vor einigen Jahren erkannt, und es gibt einige Ansätze zur Lösung: Zum Beispiel ist das Montieren von Werkstücken mit kleinen Toleranzen (z. B. Bolzen oder Schrauben in entsprechenden Bohrungen) häufig nicht möglich, bedingt durch die Positionsunsicherheit des Industrie-Roboters. Taktile Sensoren müssen die auftretenden Abweichungen der Fügepartner erkennen und eine Korrektur der Position und Orientierung eines der beiden Fügepartner ermöglichen. Eine erste Lösung für die Automatisierung von einfachen Montagevorgängen wurde schon 1972 von der Firma Hitachi Ltd. (Japan) vorgestellt und ständig weiter verbessert. Diese "Fügemaschine" ist auf einfache Probleme beschränkt, d. h. es können nicht zwei oder drei feststehende

Bolzen gleichzeitig in die entsprechenden Bohrungen gefügt werden.
Die Häufigkeit, mit der solche "einfachen" Probleme vorkommen, rechtfertigt jedoch diese Einschränkung.

Die derzeit marktgängigen Industrie-Roboter führen meist sehr einfache, sich häufig wiederholende Aufgaben durch. Erst die Anwendung von optischen oder taktilen Sensoren der beschriebenen Art ermöglichen es, die an und für sich vorhandene Flexibilität frei programmierbarer Handhabungsgeräte besser zu nutzen, so daß sich ein größeres Einsatzfeld für zukünftige Industrieroboter ergibt.

So erfordern sehr viele Montageaufgaben auch eine koordinierte Auge-Hand-Bewegung. Entsprechend benötigt ein Industrieroboter in solchen Fällen eine Koordination zwischen den Signalen optischer und taktiler Sensoren. Diese Koordination kann heute mit Rechnersteuerungen herbeigeführt werden. Die Entwicklungen hierzu sind derzeit jedoch noch im Gange.

Diese neuartigen Industrieroboter-Entwicklungen werden für Handhabungs-, Prüf- und Montageaufgaben insbesondere bei Kleinserienfertigung eingesetzt werden, da sie nicht mehr eine determinierte bzw. strukturierte Peripherie benötigen. In absehbarer Zeit werden sie auf wirtschaftlicher Art und Weise mehr oder weniger zufällig orientierte Werkstücke handhaben können. Diese Möglichkeiten werden dann auch für kompliziertere Montageaufgaben genutzt werden. Es wird erwartet, daß diese neuartigen Systeme einzeln oder in Gruppen zusammenarbeitend innerhalb der nächsten 5 Jahre marktreif sind und in größerem Maße eingesetzt werden; in welchem Umfang, das hängt weitgehend von ihrer Zuverlässigkeit, ihrer wirtschaftlichen Einsatzmöglichkeiten und von dem in den Industriebetrieben zur Verfügung stehenden Kapital ab.

Doch trotz dieser zeitlichen Perspektive sind bis dahin noch eine Fülle von Forschungs- und Entwicklungsaufgaben notwendig. In Japan gibt es dafür allein 70 staatliche oder an Universitäten angeschlossene Forschungslabors, die auf dem Gebiet Industrieroboter direkt oder auf angrenzenden Gebieten arbeiten. Die deutschen Entwicklungsarbeiten werden von Anfang an industrienäher orientiert, um möglichst schnell zu wirtschaftlich einsetzbaren Lösungen zu kommen. Seit einiger Zeit wird jedoch, das zeigt der vorliegende Berichtsband, auch in Deutschland die Entwicklung von Industrierobotern mit komplexen Sensorsystemen und entsprechender Informationsverarbeitung, die auf einem baldigen wirtschaftlichen, industriellen Einsatz abzielen, verstärkt in Angriff genommen.

Als frühzeitig einsetzende Pionierarbeiten für zukünftige Industrieroboter können die Entwicklungen an der amerikanischen Stanford University angesehen werden. Die ersten Versuche zu einer weitgehend vollkommenen Erkennung auch farbiger Muster wurde mit einer TV-Kamera durchgeführt, die mit Wechselobjektiven im Revolver und Farbfiltern zur Erkennung von vierfarbigen Bauklötzen arbeitete. Mit Hilfe eines naturgemäß aufwendigen und daher auch relativ langsam arbeitenden Rechnerprogramms wurden Kanten und Ecken der Bauklötze im Bildfeld hervorgehoben und ihre Lage vor dem Industrie-Roboter bestimmt. Entsprechend vorgegebener Regeln konnten dann die Bauklötze zu einem Turm in vorgegebener Farbkombination zusammengesetzt werden.

Gegenüber diesen, zunächst von einer baldigen industriellen Verwendbarkeit noch weit entfernten Laborversuchen wurde schon im Jahre 1973 eine Weiterentwicklung vorgestellt, mit der eine Wasserpumpe bestehend aus zwei Teilen, einer Dichtung sowie Schrauben montiert werden kann. Die Kraftmessung geschah hierbei direkt über die aufgenommenen Motorströme. Sie diente u. a. dazu, die Schrauben in die Gewindebohrungen einzubringen. Wurde die genaue Übereinstimmung von Bohrung- und Schraubenmitte nicht hinreichend genau erreicht, wurde beim Absenken der Schraube Widerstand in Form von Kräften registriert. Mit Hilfe eines Suchvorganges konnten dann die Schrauben in die Gewindebohrungen eingebaut werden.

Ein rechnergestütztes Montagesystem mit taktilen Sensoren wurde von der Firma Olivetti & Co. (Italien) entwickelt. Im Mittelpunkt dieses Systems steht ein Industrieroboter, der aus zwei unabhängigen voneinander arbeitenden Armen mit jeweils vier Freiheitsgraden aufgebaut und mit Kraftsensoren zur Überprüfung von Montagevorgängen ausgerüstet ist. Zur Programmierung des Rechners wurde eine anwenderorientierte Sprache entwickelt. Der Montageroboter wurde bisher an ca. 50 Arbeitsplätzen eingesetzt.

Die Verbreiterung der Einsatzbasis und damit der quantitative Zuwachs an eingesetzten Industrierobotern hängt von zwei Entwicklungen ab. Zum einen geht es um das Erschließen weiterer Einsatzfelder für die bestehenden Industrieroboter in bisher auch schon vorhandenen Einsatzbereichen in solchen Industriezweigen, die bislang kaum oder gar nicht von Industrierobotern Gebrauch gemacht hat. Dies ist primär ein Diffusionsproblem, bei dem Innovationshemmnisse abgebaut werden müssen und dem neue Technologien immer gegenüberstehen, wenngleich es sich auch bei Industrierobotern streng genommen nicht um "neue Technologien" handelt und ein psychologisch nicht zu unterschätzendes Innovationshemmnis im Begriff "Roboter" an sich zu sehen ist. Die NC-Technik hat vergleichsweise nie gegen derartige emotionale Innovationshemmnisse ankämpfen müssen, obwohl dort nachgewiesen werden kann, daß mit NC-Werkzeugmaschinen eine enorme Produktivitätssteigerung erzielt werden kann.

Der Blick in die weitere Zukunft ist zwar stets spekulativ, doch haben langfristige Technologieprognosen, die in der Vergangenheit durchgeführt wurden, gezeigt, daß, wenngleich die Vorhersage eines technologischen Entwicklungsstandes für einen bestimmten Zeitpunkt im einzelnen nicht zutreffen muß, die Gesamtaussagen sehr wohl zutreffen können. Vor diesem Hintergrund einer skeptischen Wertung langfristiger Technologieprognosen sind aber die Ergebnisse einer im Jahre 1976 in Japan durchgeführten Expertenbefragung in Form einer Delphi-Prognose zur weiteren Entwicklung der Industrieroboter-Technologie durchaus beachtenswert. Die rein quantitative langfristige Entwicklung wird in Japan sehr optimistisch gesehen.

Für Japan wird ein sich auftuender Markt in Milliardenhöhe (in US $) nicht für unmöglich gehalten. Vergleichbare Schätzungen für Schweden gehen davon aus, daß sich die Anzahl eingesetzter Einlegegeräte und Industrieroboter alle drei Jahre verdoppeln wird. So wird damit gerechnet, daß in Schweden im Jahre 1980 etwa 1200 Geräte (nicht nur Industrieroboter!) eingesetzt werden und sich diese Zahl für das Jahr 1985 auf 5000 erhöhen wird.

Auch für die Bundesrepublik Deutschland wird diese Entwicklungstendenz einen interessanten Markt auftun. Es liegt nun an der hier vorhandenen Forschungs- und Entwicklungskapazität in Instituten und Unternehmen, diese Chancen zu nutzen.

ÜBERSICHT ÜBER EIN PROJEKT

"SEHR FORTGESCHRITTENE HANDHABUNGSSYSTEME"

SURVEY ABOUT A PROJECT
"VERY ADVANCED INDUSTRIAL ROBOTS"

M. Syrbe

Fraunhofer-Institut für Informations- und Datenverarbeitung (IITB)

7500 Karlsruhe

Summary

Starting from the state of science and technology, summarized in
seven essential sentences, the general goals of this project are
described: Prototype development of a possibly very advanced industrial robot, fit for the production of small series
and for assembly work, noticing the possibilities to preserve and
to improve working places.

Therefore the robot shall have coordinated arms with a high number
of motion coordinates, combined with a high capability of visual
and tactile sensing and with a fast nonlinear computer control.
A modular structure of the whole system shall support reliability
and security by functional redundancy with fault checking.
Optical sensors, especially TV-cameras, and displays with light pens,
shall open ways to the nonabstract teach-in and the consideration
of obstacles.

For this the special goals and the dispositions of the individual
solutions are given.

1. Allgemeine Lage und generelle Ziele des Projektes

Der Stand der Wissenschaft und Technik, den Warnecke im voranstehenden
Abschnitt [1] dargelegt hat, läßt sich für das folgende in sieben
Kernsätzen zusammenfassen:

- Bei ständiger Ausweitung der Einsatzgebiete vorerst nur kleine
  Stückzahlen (in Europa nur 2000"Industrieroboter":Begriff hier
  synonym mit Handhabungssystem (kurz HHS) gebraucht).

- Wirtschaftlichkeit ist nur mit Spezialgeräten oder Modul- (Bau-
  kasten-) Systemen erreichbar.

- Es besteht eine Diskrepanz zwischen erforderlichen und verfügbaren Geräteeigenschaften; die Anpassungsfähigkeit der HHS ist zu
  erhöhen.

- Für kleine und mittlere Anwender ist ein höherer Automatisierungs-
  grad der HHS nötig.

- Es besteht ein unzureichender Entwicklungsstand der Sensortechnik.

- Manuell durchgeführte Handhabungsaufgaben sind häufig mit körper-
  licher Überlastung und/oder geistiger Unterforderung verbunden.
  Der Kostenanteil für manuelle Arbeit an den Produktionskosten
  nimmt ständig zu.

- In anderen Industrieländern werden hohe Anstrengungen auf dem Gebiet der HHS gemacht.

Deshalb wurden folgende generellen Ziele des Projektes gesetzt:

Prototypische Entwicklung eines möglichst fortgeschrittenen HHS, geeignet auch für Fertigungsprozesse mit kleinen Stückzahlen und für Montageaufgaben unter Beachtung der Möglichkeiten zur Erhaltung und Verbesserung von Arbeitsplätzen. Dieses System soll deshalb koordinierte
Arme erhalten mit einer hohen Zahl von Bewegungsfreiheitsgraden je
Arm. Die Regelung soll schnelligkeitsoptimal und ohne Wegüberschwin-
gungen sein. Durch Lagemessung mit Bildwandlern und Mustererkennung
sowie durch dynamische, d. h. funktionsbeteiligte Redundanz soll die
Zuverlässigkeit und Sicherheit soweit erhöht werden, daß Hindernisse
im Bewegungsraum sowie Ausfälle im System weitgehend selbsttätig berücksichtigt werden. Die Greifer sollen kraftgesteuert und -begrenzt
sein, sowie mit Tastfühlern arbeiten. Das Erlernen (teach in) der

Arbeitsvorgänge und das Betreiben des HHS soll allgemein verständlich sein und nur geringe Ansprüche an spezielles und/oder abstraktes Fachwissen stellen. Zu erwartende Anwendungsprofile sind zu erarbeiten, eine Integration in eine prototypische Anwendung durchzuführen.

Die vielseitigen Eigenschaften dieses HHS wurden als Forschungsziel gewählt, um heute schwervorhersagbare zukünftige Einsatzschwerpunkte möglichst nicht zu verfehlen. Zukünftige Industrieprodukte können dann durch Abzweigen von Teilergebnissen oder durch fallweise oder generelle Abmagerung schneller und billiger gefunden werden als durch nachträgliche Erweiterung zu knapp ausgelegter Forschungskonzepte.

2. Spezielle Ziele des Projektes, einige Eigenschaften des angestrebten HHS

Als einige Realisierungsfälle zu erwartender Anwendungsprofile seien genannt:

- Verkettung von Materialtransportmitteln wie Gehängewechsel (Pendel),

- Kleinserienfertigung wie komplizierte Teile Schmieden oder Schweißen,

- Montage wie Kfz-Rad- und -Batterie-Montage (bewegtes Fließband).

Aus den sich damit ergebenden Anforderungen wurden einige Eigenschaften des angestrebten HHS als Unterziele festgelegt:

o 6 ggf. auch mehr Bewegungsfreiheitsgrade je Arm.

o 2 koordinierte Arme geeignet für Lasten bis 50 kg mit Bahngeschwindigkeiten größer 2 m/s und Beschleunigungen bis 4 m/s^2 in Bewegungsräumen größer 40 m^3.

o Verwendung einer Sensorhierarchie (Bild 1, oben und Mitte), bestehend aus:

  * Weg- und Winkelgeber für Grobpositionen,

  * 2 bewegliche optische Sensoren (z. B. Fernsehkameras) mit Anpassung der Optik an Entfernung und Bildfeld zur Messung der (kartesischen) Raumkoordinaten für Feinpositionen, mit Lage- und Typerkennung des (vereinzelten) Werkstückes und mit Hinderniserkennung,

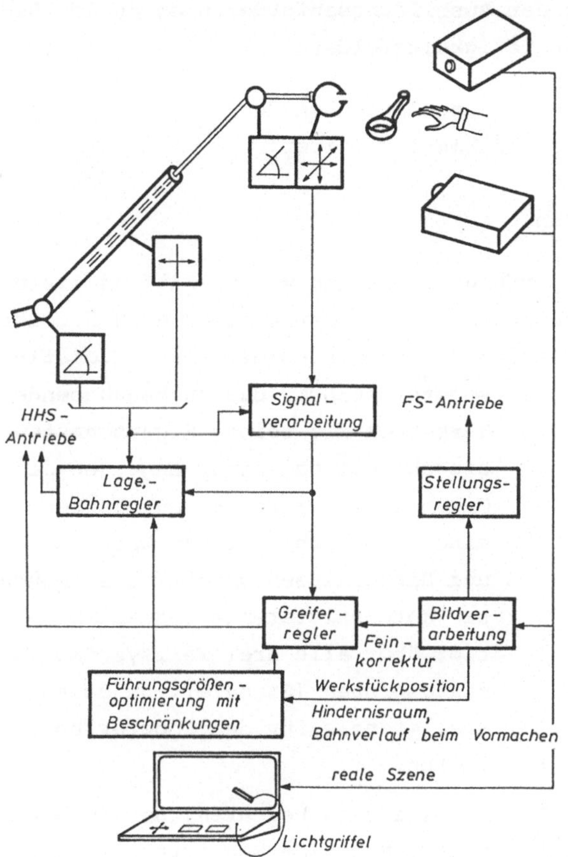

Bild 1: Blockschaltbild des Handhabungssystems mit Sensorhierarchie (oben und Mitte) und mit Programmieren der Handhabungsabläufe über Bildschirm und Lichtgriffel bzw. durch unmittelbares Vormachen (unten).

* Taktile Sensoren mit 3 oder mehr Meßfreiheitsgraden zur Erfassung und Steuerung des Kraftfeldes des Greifers relativ zum Erdfeld und zu einem (festen, zweiten) Werkstück.

o Schnelligkeitsoptimale Regelung, abgestützt auf nichtlineare Methoden zur Absenkung der Steifigkeitsanforderungen an den Roboteraufbau und zur bestmöglichen Nutzung der Stellkräfte und -momente.

o Verfügbarkeits- und Sicherheitssteigerung auf der Grundlage der HHS-eigenen Redundanz, weitgehend selbsttätige Fehlerdiagnose.

o Hierdurch und durch Programmieren der Handhabungsabläufe (Erlernen, teach in) über rechnergestützten Bildschirm mit überlagertem Fernsehbild und Lichtgriffel bzw. durch unmittelbares Vormachen (z.B. mit markierten Handschuhen) (Bild 1, unten) möglichst geringe oder langsame Verschiebung der Ausbildungsanforderungen an das Bedienpersonal, Eröffnung von Tätigkeitsfeldern.

Die Lösungschancen solcher Zielsetzungen wachsen durch die Fortschritte auf dem Gebiet hochintegrierter Halbleiter weiter.

3. Übersicht zu Lösungsansätzen

Eine Lösung für die gesetzten,umfangreichen und weitgreifenden Ziele muß gesamthaft, d. h. systemtechnisch konzipiert werden. Bild 2 zeigt hierzu ein Blockschaltbild, das das HHS, den Roboter, als "automatisiertes System" versteht, das den Roboter selbst, das zu handhabende Werkstück mit seinen Eigenschaften einschließlich seiner Lage und die Umgebung mit ihren Eigenschaften einschließlich weiteren Werkstücken und Hindernissen umfaßt. Das gesuchte "automatisierende System" benötigt über alle drei Teilsysteme Zustandsgrößen (Signale), um daraus Stellsignale für den Roboter abzuleiten.

Dabei ist zu beachten, daß auch eine Mensch-Maschine-Schnittstelle besteht, die dem "automatisierenden System" die jeweilige Aufgabenstellung vollständig, fehlerfrei und an Gütekriterien angepaßt zu übermitteln gestattet. Gütekriterien können sein: geringste Ausführungszeit, geringste mechanische Beanspruchung, größte Sicherheit, größte Anpassung an "natürliche" Eingabeformen (geringste Abstraktheit) usw.

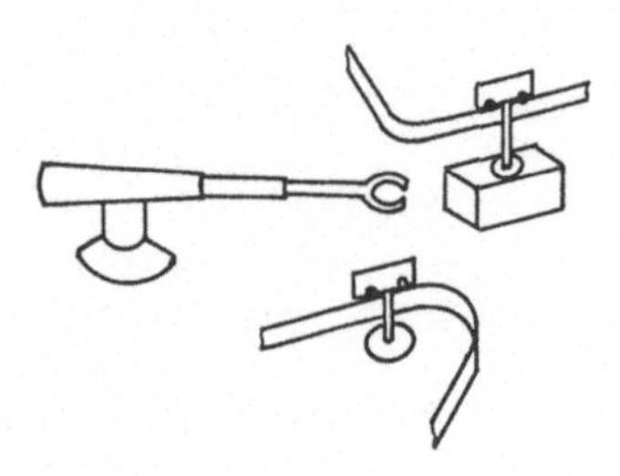

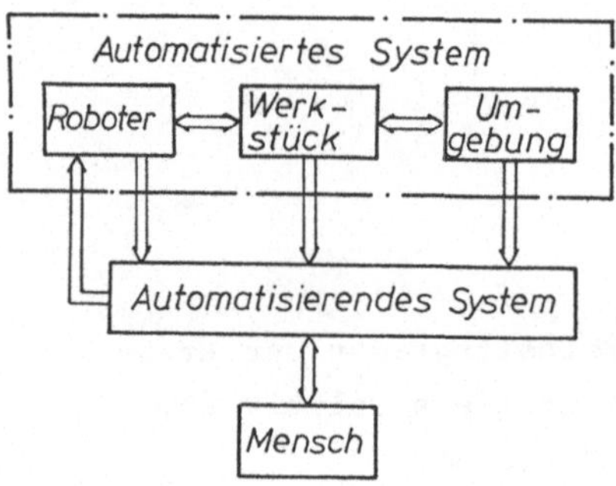

Bild 2: Roboter systemtechnisch gesehen

Der Entwurf der entsprechenden Teilprozesse des "automatisierenden Systems" geht von den drei Untersystemen des automatisierten Systems nach Bild 2 aus (Dualitätsprinzip [2]):

o Der Roboter als mechanisches System bestimmt das Regelungssystem,

o das Werkstück als Repräsentant einer Musterklasse in einer bestimmten Lage bestimmt den Greiferlage-Sollwert,

o die Umgebung bestimmt die Sensoranpassungssteuerung und die Bahn-
   und Sicherheitsschranken,

o die Eigenschaften des Menschen bestimmen die Programmier- (teach in)
   und Anzeigetechnik (Display).

Im folgenden seien Lösungsansätze für einige, bisher im Zusammenhang
mit Robotern weniger oder nicht verfolgten Zielsetzungen noch etwas
detailliert.

3.1 Der Roboter als nichtlineares System und seine Regelung

Die Bewegung der "Achsen" eines Roboters (z. B. Bewegung $\alpha(t)$ und $r(t)$
in Bild 3) sind im Gegensatz zu Werkzeugmaschinen gekoppelt. Dort sind
die Bewegungsachsen durch Führungen und Spindeln entkoppelt, hier findet eine mit der Bewegungsgeschwindigkeit, den Massen m und den Län-
gen L der "Achsen" wachsende, nichtlinear wirkende Verkopplung durch
Zentrifugalkräfte und Coriolismomente statt.

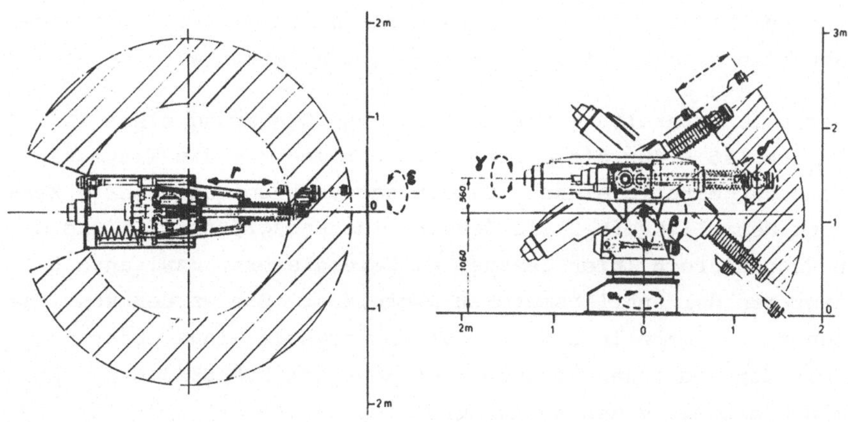

Bild 3: Verwendeter Roboter Typ VW R 30

Bei der angestrebten hohen Arbeitsgeschwindigkeit des Roboters mit
gleichzeitig hoher Nutzlast m_L auf einer vorgegebenen Bahn sind die
Verkopplungen der Bewegungsfreiheitsgrade durch Zentrifugal- und
Corioliskräfte und auch durch statische Kräfte in das Regelungskonzept
einzubeziehen. Weiterhin ist es grundsätzlich notwendig, der Bewegungsbahn ohne Überschwingen zu folgen, um ein Anstoßen des IR an Hindernisse, Zu- und Abführungseinrichtungen oder die bearbeiteten Werkstücke selbst zu verhindern.

Zur Verdeutlichung der dynamischen Verkopplung von Freiheitsgraden
durch Zentrifugal- und Corioliskräfte seien das Drehmoment Q_α der
Achse α und die Verfahrkraft Q_r der translatorischen Achse r dargestellt. Die Anwendung der Lagrange-Funktion ergibt:

$$Q_\alpha(t) = (\Theta + \tfrac{1}{3} ml^2 - ml\, r(t) + (m + m_L)r(t)^2 \ddot{\alpha}(t) +$$

$$+ 2((m + m_L)r(t) - \tfrac{1}{2} ml)\dot{\alpha}(t)\dot{r}(t)$$

$$Q_r(t) = (m + m_L)\ddot{r}(t) - ((m + m_L)r(t) - \tfrac{1}{2} ml)\dot{\alpha}(t)^2$$

Ohne die Formeln im einzelnen zu erläutern, erkennt man die nichtlineare Abhängigkeit der Verfahrkraft Q_r von der Winkelgeschwindigkeit
$\dot{\alpha}(t)$ der rotatorischen Achse α und ebenso die verschiedenen Abhängigkeiten des Drehmoments Q_α von der Ausfahrlänge r der translatorischen
Achse. Da die Ergebnisse für Q_α bzw. Q_r als Kräfte bzw. Momente direkt
die Stellantriebe des Roboters beeinflussen, solche Ausdrücke also
- wenn auch u. U. mit Vereinfachungen - unter Echtzeitbedingungen zu
berechnen sind, kann für die Regelung nur ein DDC-System, also eine
rechnergestützte direkte digitale Regelung eingesetzt werden [3].

Die schematische Darstellung der Regelung und Steuerung eines IR zeigt
Bild 4. Rechts ist - für die beiden Achsen r und α - die Kinematik
des Roboters dargestellt einschließlich der Verkopplungen durch Zen-
rifugal- und Corioliskräfte. Die Roboter-Zustandsgrößen r, $\dot{r}$ und α,
$\dot{\alpha}$ sind an Wegcodierern (hier genauer Winkelcodierern) bzw. an den
Tachogeneratoren der Antriebsmotoren abgreifbar. Sie werden über die
Prozeßdaten-Ein/Ausgabe in ein Prozeßrechnersystem eingegeben, das
zusammen mit den von außen vorgegebenen Bewegungsbahngrößen die An-
triebsmomente mittels eines geeigneten Regelungsalgorithmus [4] errechnet und über D/A-Wandler an die Leistungsstellglieder ausgibt.
Über Scheibenläufermotoren M und Getriebe G schließt sich der Kreis.

Lösungsansätze zur Regelung komplexer Systeme werden heute, um eine
rationellere Ergebnisfindung und -bewertung zu erhalten, im ersten
Schritt mittels Systemsimulation realisiert [5]. Diese wurde auch
hier benutzt. Die nächsten beiden Bilder zeigen Simulationsergebnisse
für ein einarmiges HHS bei einer Bahnvorgabe mit gewissen Geschwindig-
keitsansprüchen (Bild 5, Sollbahnkurve innen).

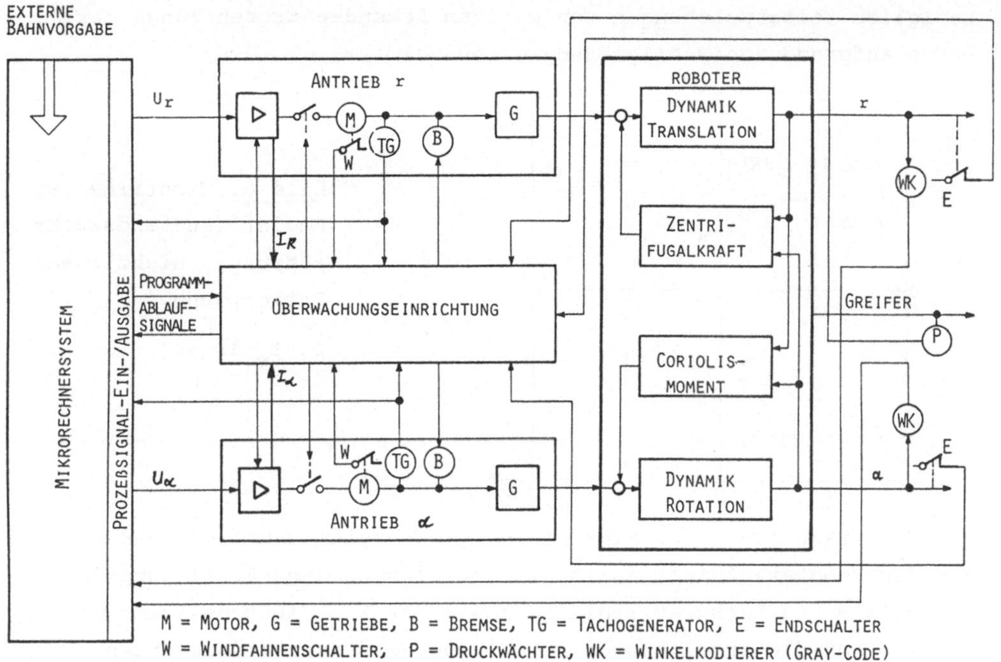

Bild 4: Blockschaltbild des Roboters mit seiner Steuerungs- und Regelungseinrichtung.

Bei Verwendung üblicher PD-Regler mit linearer Entkopplung treten massive Bahnabweichungen auf (Bild 5, äußere Kurve). Ein Regler mit Zustandsrückführung und nichtlinearer Entkopplung hält dagegen die Sollbahnkurve praktisch genau ein (Bild 6).

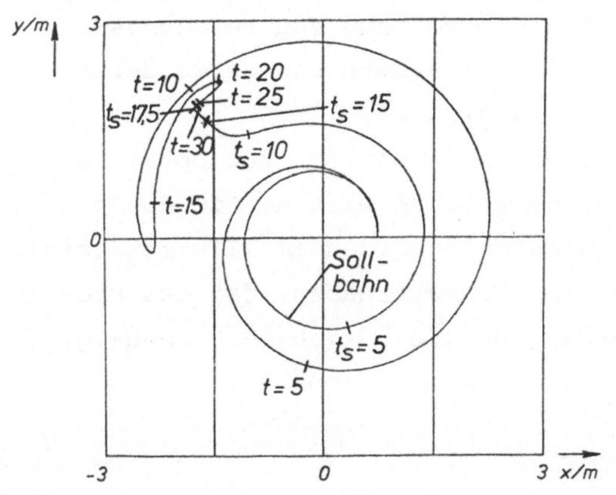

Bild 5: PD-Regler, lineare Entkopplung

t, t_S in sec

Lediglich Zeitabweichungen von wenigen Sekunden treten längs der
Kurve aufgrund von Stellgrößengrenzen auf.

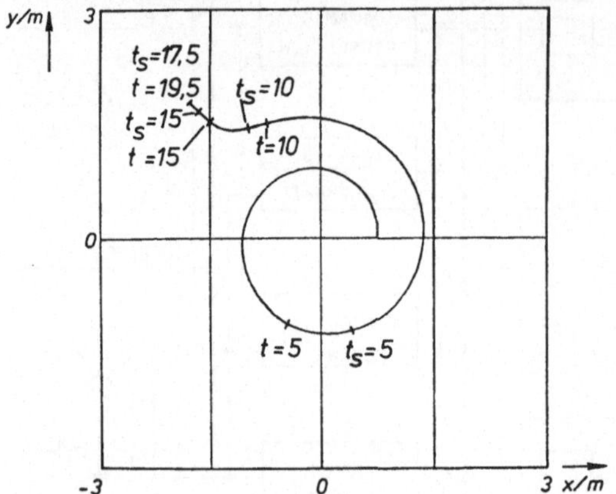

Bild 6: Nichtlinearer
Regler (Zustandsrück-
führung), nichtlineare
Entkopplung.

t, t_s in sec

Bei der Erarbeitung der Simulation wird bereits deutlich, daß die
Art des Roboteraufbaues durch die damit verbundene Festlegung der
Potential- und Energieverteilung sowie des Koordinatensystems auch
Einfluß auf die erreichbaren Leistungen des "automatisierenden
Systems", d.h. der Regelung und Steuerung nimmt, worüber noch genauer
berichtet wird [6].

3.2 Sensoren, Vorgabe der Bewegungsabläufe, Berücksichtigung von Hindernissen

Auf dem Gebiet der Sensortechnik wurden und werden deutlich Fortschritte bezüglich Leistungsfähigkeit und Kostensenkung erzielt.
Dies gilt insbesondere für optische Sensoren. Damit eröffnen sich
neue Lösungsmöglichkeiten in den Aufgabenbereichen des Sortierens
und Positionierens, aber auch in denen der Vorgabe von Bewegungs-
abläufen (teach in) und der Sicherung von Menschen und Gerät durch
Berücksichtigung fester und bewegter Hindernisse.
Mit Bild 7 hat Schief dargelegt, welche Einflußgrößen für optische
Sensoren in den ersten beiden Aufgabenbereichen wirken. Die durch
Schraffur gekennzeichneten Felder wurden und werden im IITB in diesem
Projekt aber auch in verschiedenen Forschungsvorhaben, die dem Pro-
jekt vorausgingen, bearbeitet. Über Ergebnisse berichten Ossenberg,
Zimmermann, Foith und Mitarbeiter, Geisselmann in späteren Ab-
schnitten dieses Bandes.

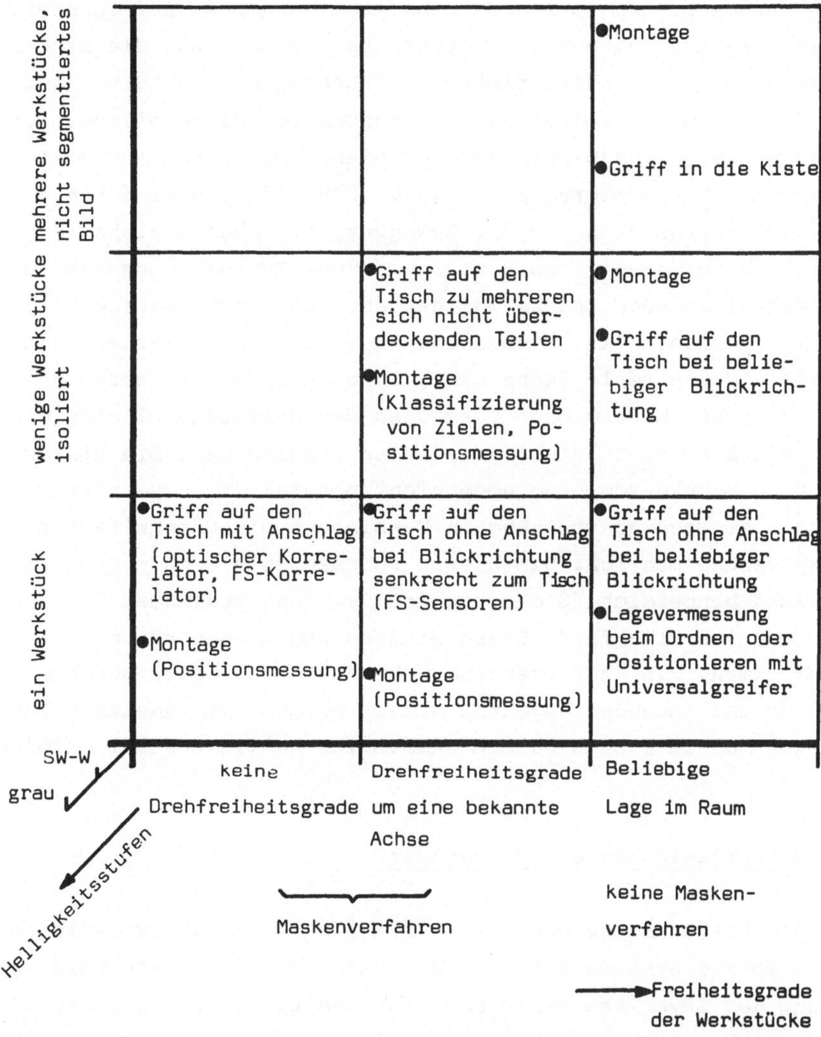

Bild 7: **Klassifikation der Aufgaben für optische Sensoren von Industrierobotern**

Aber auch auf dem Gebiet der taktilen Sensoren sind insbesondere
durch systematische Erarbeitung von Problemlösungen gute Fortschritte möglich, was Haaf und Schweizer im einzelnen in diesem
Band ebenfalls darlegen.

Doch zurück zu den optischen Sensoren, aufgebaut auf Fernsehsystemen.
Diese lassen nicht nur die Vermessung der Lage und die Erkennung von
Werkstücken zu, sondern bieten auch Lösungsmöglichkeiten zur Vorgabe der Bewegungsabläufe und Erkennung von Hindernissen. Die Vorgabe der Bewegungsabläufe erfolgt bisher praktisch nur durch
spezielle Programmiersprachen (z.B. WAVE [7]) oder durch vorheriges
handgesteuertes Abfahren der Bewegungsfolge bei gleichzeitigem
Speichern der jeweiligen Bewegungsdaten. Fernseh-Sensoren lassen
grundsätzlich noch andere weniger abstrakte bzw. weniger zeitauf-
wendige Verfahren zu: Einzeichnen des Bewegungsablaufes mittels Lichtgriffel in die reale Szene eines Fernsehbildes als ebene Projektion
der Bewegung im Raum oder Vormachen des Bewegungsablaufes von Hand,
z.B. mit besonders leicht erfaßbaren Handschuhen. Die hierdurch festgelegten Bahnkurven sind noch nicht optimal (z.B. verzittert).
Durch eine Nachverarbeitung in Verbindung mit Gütekriterien ist eine
Verbesserung möglich. Die hierzu vorzusehende Rechenkapazität rückt
dem Aufgabenbereich "Sicherung der Bewegung gegenüber Hindernissen"
auch mit ins Blickfeld. Diese Hindernisse können durch Erkennungs-
algorithmen, z.B. zur Trennung unbekannter bewegter Objekte von bekannten und ruhenden Objekten erfaßt werden. Die genannte Bahnopti-
mierung muß in diesen Fällen zusätzlich kollisionsfrei erfolgen [8].

3.3 Zuverlässigkeit und Sicherheit

Aus dem bisher Dargelegten wird deutlich, daß fortgeschrittene
HHS komplexe Systeme sein werden. Dies erfordert Maßnahmen zur Erhöhung der Zuverlässigkeit und Sicherheit, damit trotz der höheren
Komplexität gute Betriebseigenschaften erzielt werden. Glücklicher-
weise besteht sowohl das HHS selbst als auch die Automatisierungs-
einrichtung aus ähnlichen oder sogar gleichen Modulen, die einen
gewissen gegenseitigen Ersatz zur Aufrechterhaltung wichtiger
Funktionen erlauben: Das HHS insgesamt kann bezüglich wichtiger
Funktionen ohne wesentliche Mehrkosten redundant gehalten werden:

- Austauschbarkeit von Freiheitsgraden der Kinematik
  (u.a. Antriebe, Stellungssensoren).

- Austauschbarkeit von Sensoren.
  (Externe Sensoren gegen interne Sensoren).

- Austauschbarkeit von Komponenten der Regelung und Steuerung.
  (Rechnerkomponenten, Programmkomponenten durch Sprache "PEARL"
  für Mehrrechnersysteme).

- Austauschbarkeit von Teach-In-Methoden.
  (Sensororientiert gegen Roboterorientiert).

Dies ermöglicht eine Erhöhung der Verfügbarkeit durch dynamische,
d.h. funktionsbeteiligte Redundanz [9] . Dieses Prinzip beruht auf
einer Anordnung nach Bild 8. Bezüglich der betrachteten Funktionen
gleichartige Verarbeitungsmodule V_M bearbeiten im Normalzustand verschiedene Aufgaben.
Sie werden durch Überwacher auf Fehler geprüft, deren Funktionen
insgesamt sind:

- Vollständige Erfassung der Ausfälle und Einteilung in
  Fehlerklassen.

- Ableitung der Stellmaßnahme geringsten Funktionsverlustes
  unter Vermeidung eines Gefahrenanstieges.

- Durchführung der Stellmaßnahme, ggf. unter Mithilfe des
  DDC-Systems.

- Anzeige der Fehlerdiagnose und des neuen Betriebszustandes.

Im Fehlerfall wird die betroffene Aufgabe auf einem anderen Ver-
arbeitungsmodul, z.B. unter Reduktion von Parametern wie Abtast-
frequenz umgeschaltet.

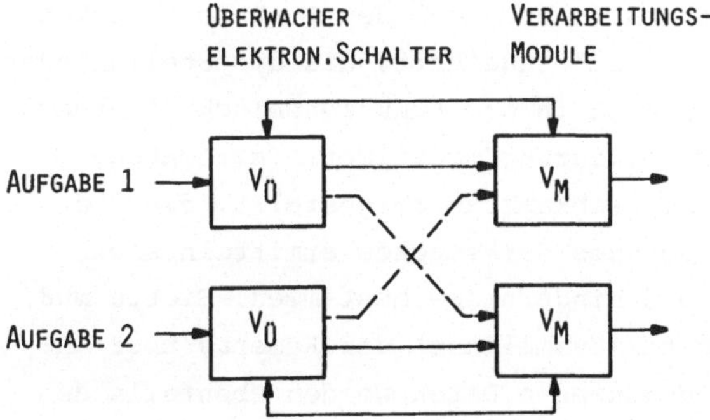

<u>Bild 8:</u> Prinzipschaltung eines Systems mit funktionsbeteiligter
Redundanz bei zwei Verarbeitungsmodulen.

Die Verfügbarkeit V einer Schaltung mit n Modulen geeignet zur
gegenseitigen Unterstützung (Bild 8), je mit einer Verfügbarkeit V_M,
und mit Überwachern und elektronischen Schaltern, je mit einer Verfügbarkeit $V_Ü$, beträgt

$$V = 1 - (1-V_M V_Ü)^n.$$

Dies bedeutet z.B. bei n = 2 und V_M = 0,98, daß bereits ab $V_Ü$ = 0,88
die Zwei-Modul-Schaltung einschließlich Schalter und Überwacher verfügbarer ist als die Ein-Modul-Schaltung ohne Zusätze. Es läßt sich
zeigen, daß sich auch gegenüber anderen Schaltungen mit statischer,
blinder Redundanz (stand by, 2-aus-3) Vorteile, d.h. im Mittel ein
deutlich höheres Leistungs-Preis-Verhältnis bei gleichen oder höherer
Verfügbarkeit erzielen lassen [9] . Mehrmodulsysteme dieser Art erlauben zusätzlich eine disponierbare Reparatur:
Ein gestörter Modul muß nicht sofort ersetzt werden, häufig können
sogar mehr als ein Fehler toleriert werden.

3.4 Das Prozeßdatenverarbeitungssystem als Automatisierungs-
system

Aus den geschilderten Zielsetzungen und Lösungssätzen folgt für
eine einarmige Ausführung des HHS das in Bild 9 dargestellte Block-
schema für das Automatisierungssystem. Im linken, oberen Bilddrittel
ist der einarmige Roboter mit polaren Bewegungsfreiheitsgraden dargestellt. Starre und bewegte Hindernisse sind zugelassen. Der Greifer
ist mit taktilen Sensoren ausgestattet. Die Antriebe des Armes und
der Greiferhälften werden über Stromrichterstellglieder versorgt.
Die Stellung wird "grob" über digitale Winkelgeber zurückgemeldet
und zusammen mit den Motorströmen (-momenten) den Funktionsblöcken
"Greifregler" und "Lage-/Bahnregler" zugeführt, die die Stellglieder
steuern. Ihre Führungsgrößen werden in dem Funktionsblock "Führungs-
größen-, Parameter-, Strukturoptimierung" gebildet. Im rechten,
oberen Bilddrittel sind zwei Fernsehkameras dargestellt, die die
"Fein"-Stellung des Greifers und des Werkstückes ermitteln sowie
dessen Musterklasse erkennen und Hindernisse bestimmen. Hierzu muß
auch die Stellung und Brennweite (Gummilinse) der Kameras über Antriebe verstellt werden. Die gewonnenen Daten werden ebenfalls dem
Funktionsblock "Führungsgrößen ....optimierung" zugeführt.

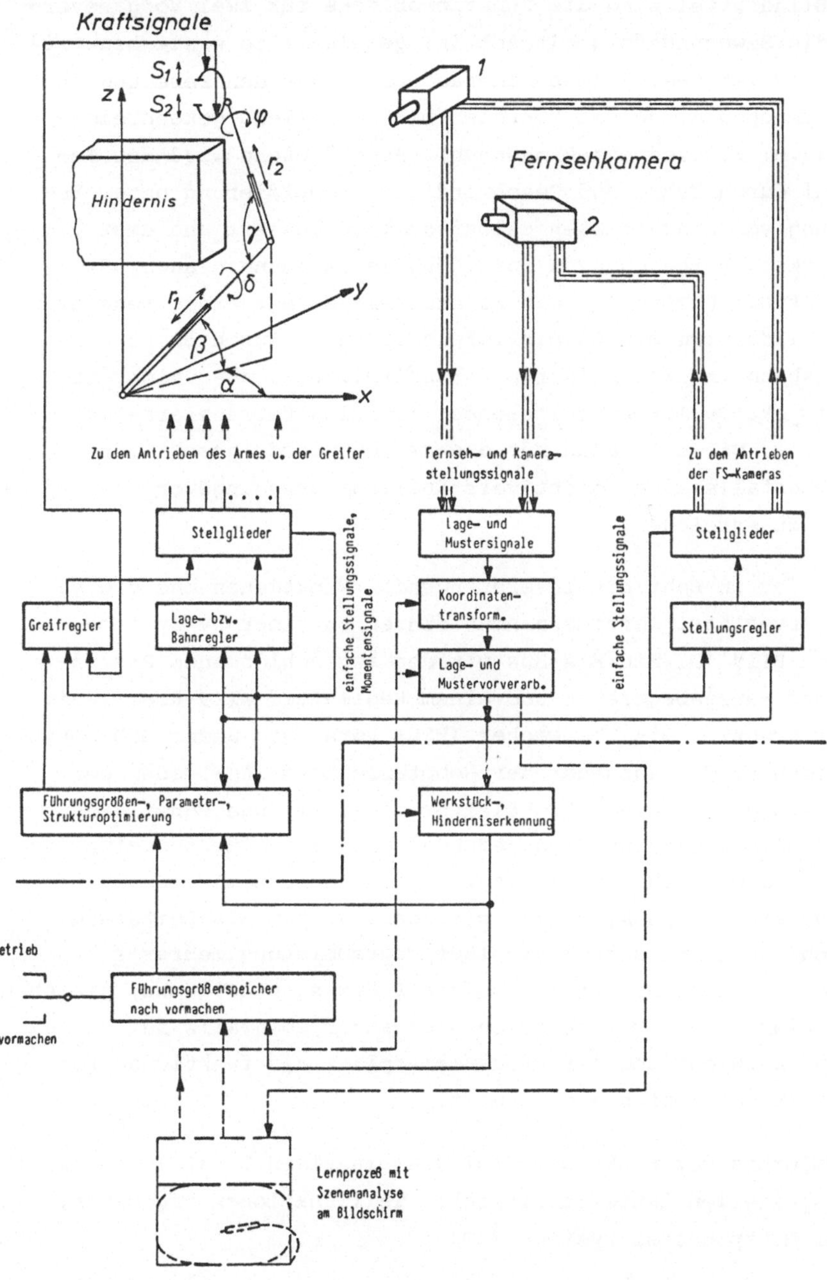

Bild 9: Blockschaltbild des vollständigen Robotersystems

Im unteren Bilddrittel sind die Funktionsblöcke für zwei Vorgabever-
fahren für die Bewegungsfolge (teach in) gezeigt. Die erste benutzt
die Ausstattung mit zwei Fernsehkameras und erfaßt den Bewegungsablauf beim Vormachen durch den Menschen mit auffallend gekennzeich-
neter Hand (z.B. Fluoreszenz-Handschuh). Anschließend wird der Bewegungsablauf durch Bahn- und Geschwindigkeitsoptimierung unter Berücksichtigung von Hindernissen selbsttätig verbessert und über die
Lage- und Werkstückerkennung an individuelle Streuungen angepaßt.
Die zweite Methode kombiniert die Fernsehkameras mit einem rechner-
gesteuerten Bildschirm mit Lichtgriffelbedienung. Durch Einzeichnen
der Bewegungsbahn in zwei Bilder unterschiedlicher, aber nicht beliebiger Perspektive mit anschließender Koordinatentransformation
und Optimierung, wie dies auch für die erste Methode geschildert
wurde, ist ebenfalls eine leicht verständliche Bewegungsvorgabe (-pro-
grammierung) zu erreichen.

Die Vielzahl der in Echtzeit zu erbringenden Funktionen und die geschilderten Zuverlässigkeitsmaßnahmen führen zu einer DV-System-
struktur nach Bild 10. Ein E/A-Bus mit den angeschlossenen Prozeß-
signalein- und -ausgabegeräten und einem Bedienfeld wird über zwei
Bus-Schalter-Umsetzer mit Überwacher (BSU) versorgt. Jeder BSU koppelt
zwei Mikrorechner, die entweder der Roboterlenkung (PµP) oder der
Signalübertragung über einen Lichtleiterbus (LµP) zugeordnet sind.
Die drei PµP bilden ein funktionsredundantes System für den einzelnen
Roboter. Über einen Lichtleiter ist ein Programmierplatz für DV-
Programme und ein Ein-/Ausgabe-Farbbildschirmsystem als Leitstand
zur Prozeßbedienung und Bewegungsablaufprogrammierung mehrerer
Roboter angeschlossen. Die in den beiden Plätzen enthaltenen, gleichen
Minirechner Siemens 310 werden durch Überwacher ebenfalls auf korrek-
tes Arbeiten überwacht und der Programmierplatz als funktionsbeteilig-
te Redundanz für den Leitstand benutzt.

Die Programmierung der Funktionen für die einzelnen Prozessoren erfolgt
dabei, von speziellen laufzeitkritischen Teilfunktionen abgesehen,
in PEARL für Mehrprozessorsysteme [10] .

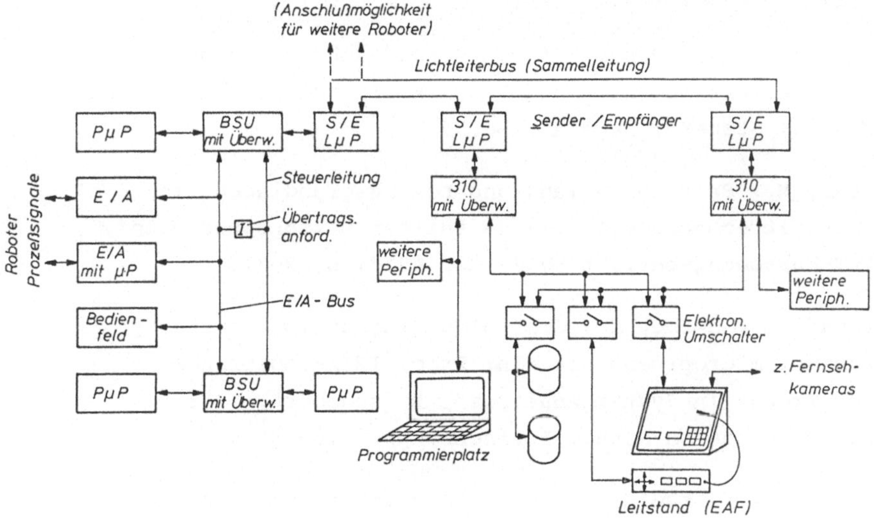

Bild 10: Blockschaltbild des vollständigen Prozeßrechner-Systems des Erprobungsträgers.

4. Ausblick

Um zusätzlich zu den regelmäßigen Kontakten zu Herstellern und Anwendern im Rahmen der Arbeitsgemeinschaft Handhabungssysteme ausreichende praxisnahe eigene Erfahrungen mit einem HHS für die Entwicklung der Testvorhaben zur Verfügung zu haben, wurde der Roboter nach Bild 3 als Erprobungsträger aufgestellt und betrieben. Damit lassen sich durch seine Teile und Einrichtungen die Teillösungen untersuchen ohne die notwendige Systemintergration und die erforderliche Gesamtleistung aus dem Auge zu verlieren. Von den auf diese Weise gewonnenen Ergebnissen in Gestalt von Methoden, Geräten und Programmen ausgehend, soll im letzten Teil des Projektes, ggf. mit anderen Robotertypen, eine Piloterprobung zum Nachweis der Leistungsfähigkeit der Ergebnisse erfolgen.

Literatur

1. Warnecke, H.J.: Programmierbare Handhabungssysteme -
    Stand der Wissenschaft und Technik. In: diesem Fachbericht
    "Messen, Steuern, Regeln", Bd. 4.

2. Syrbe, M.: Problemstellung und Lösungsgrundlagen. In:
    "Echtzeitrechnersystem mit verteilten Mikroprozessoren",
    BMFT-Forschungsbericht DV 79-01, 1978, S. 9-31.

3. Freund, E.; Syrbe, M.: Control of industrial robots by
    means of microprocessors. In: Proc. IRIA-Conference
    "New Trends in System Analysis", Roquencourt, 1976,
    Lecture Notes on Math., Springer, pp. 178-196.

4. Patzelt, W.: Regelung des nichtlinear gekoppelten Mehr-
    größensystems Roboter. In: diesem Fachbericht "Messen,
    Steuern, Regeln", Bd. 4.

5. Früchtenicht, H.W.: Verbesserung und Rationalisierung des
    Systementwurfs durch Simulation mit DISKOS.
    FhG-Berichte 1/2-79, Mitteilungen aus dem IITB, 1979, S 34-37.

6. Meisel, K.-H.: Bewegungsprogrammierung und -führung.
    In: diesem Fachbericht "Messen, Steuern, Regeln", Bd. 4.

7. Paul, R.: Robots, Models and Automation. Computer (1979),
    July, pp. 19-27.

8. Lozano-Pérez, T.; Wesley, M.A.: An Algorithm for Planning
    Collision-Free Paths Among Polyhedral Obstacles.
    Comm. ACM 22 (1979) 10, pp. 560-570.

9. Saenger, F.: Optimierung der Systemverfügbarkeit von
    Prozeßrechnern mit funktionsbeteiligter Redundanz.
    In: "Echtzeitrechnersystem mit verteilten Mikroprozessoren".
    BMFT-Forschungsbericht DV 79-01, 1978, S. 32-47.

10. Steusloff, H.: Ein Mehrrechnersystem und dessen Programmierung.
    In: diesem Fachbericht "Messen, Steuern, Regeln", Bd. 4.

<u>ANTRIEBS- UND STEUERUNGSTECHNIK UNTER BESONDERER</u>

<u>BERÜCKSICHTIGUNG DES AUSFALLVERHALTENS</u>

<u>THE TECHNIQUES OF DRIVE AND CONTROL WITH SPECIAL</u>

<u>REGARD TO FAILURE CHARACTERISTICS</u>

H. Steusloff

Fraunhofer-Institut für Informations- und Datenverarbeitung (IITB)
7500 Karlsruhe

<u>Summary</u>

To demonstrate the results of the robot research project, as described
in [1], an industrial robot is needed with adequate properties and
characteristics. Special emphasis is laid on the techniques of drives
and control discussing some properties of hydraulic, pneumatic and
electric drives. Related problems of the medramical construction are
mentioned. A major part of this paper deals with the problems of cop-
ing with failure situations. A method of describing failure situations
by a state space is discussed and the requirements for error detection
and error handling components of the robot system. A basic exception
handling system is described in some detail.

1. Einführung

Industrieroboter (IR) werden durch sechs Teilsysteme gebildet:
Aufbau (Kinematik), Antriebe, Steuerung, Regelung, Bedienung und last
not least Sensoren. Hier sollen die ersten drei Teilsysteme behandelt
werden, die restlichen drei folgen in den anschließenden Abschnitten.

Zur Auswahl des für die Projektziele [1] als Erprobungsträger eingesetzten Roboters, der die Untersuchung verschiedener Lösungsansätze
und die Demonstration ihrer Leistungsfähigkeit gestatten soll, wurden
folgende Auswahlbedingungen bezüglich des Marktangebotes gestellt:

- Der IR muß konstruktiv dem heutigen Erkenntnisstand beim Aufbau
  von IR-Kinematiken entsprechen und sollte ein Seriengerät sein.

- Der IR muß in seinen Eigenschaften zur Demonstration der Projektziele geeignet sein.

Im folgenden werden der Aufbau und die Auslegung des IR, Gesichtspunkte zur Auswahl der Antriebstechnik, ihre Auslegung sowie die zur
Steuerung und zur Sicherung gegen Ausfall behandelt.

2. Aufbautechnik

Die Projektziele verlangen einen IR mit einer Tragkraft von ca. 200 N
bis 500 N bei einer hohen Verfahrgeschwindigkeit der einzelnen Freiheitsgrade zum Erreichen einer Bahngeschwindigkeit von etwa 2 m/sec.
Die Zahl der Freiheitsgrade - auch "Achsen" genannt - sollte 6 nicht
unterschreiten, um komplexe Bewegungsabläufe, ggf. auch das Umgreifen
von Hindernissen untersuchen zu können.

Der eingesetzte IR vom Typ VW-R30 erfüllt die genannten Anforderungen.
Bei einer Traglast von etwa 300 N verfügt er über 6 Freiheitsgrade
(Bild 1). Die Bewegung der drei Hauptachsen $Z1$, $Z2$ und $Z3$, der Grund-
Drehachse, der Kippachse und der Ausfahrachse, erfolgen annähernd in
Kugelkoordinaten. Die Winkelbereiche der Achsen $Z1$ und $Z2$ sind be-
grenzt auf ca. $\pm 150^{\circ}$ bzw. $\pm 20^{\circ}$, während die drei Handachsen Voll-
kreise überstreichen; der Hub der Ausfahrachse $Z3$ beträgt ca. ± 30 cm.
Auf z. B. einem Transportband, das mit einer Breite von 40 cm den
Drehkreis der Achse $Z1$ optimal als Sekante schneidet, ist damit ein
mittlerer Arbeitsbereich der Länge 2 m möglich.

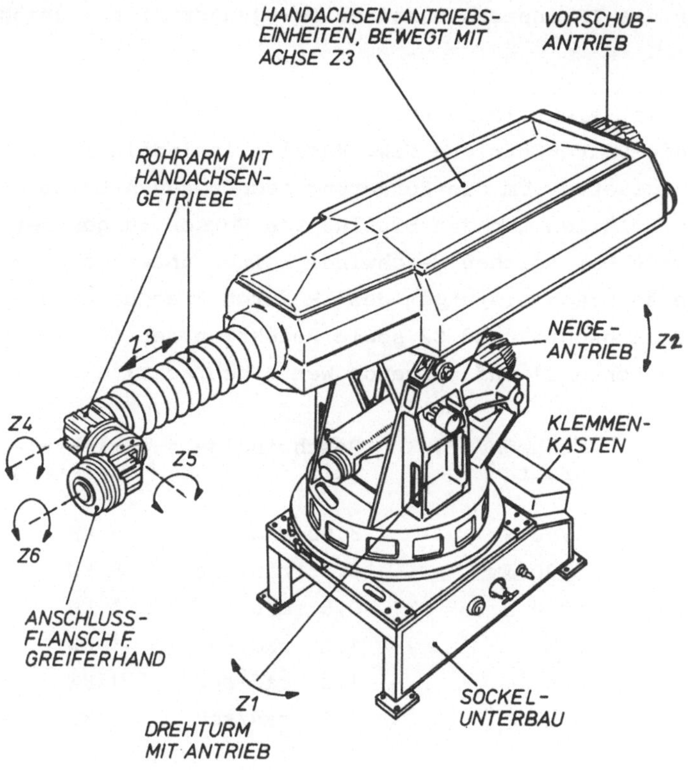

Bild 1: Aufbau eines Industrieroboters mit 6 Freiheitsgraden (VW-R30).

Bei Betrachtung der konstruktiven Merkmale des Gerätes VW-R30 fällt
auf, daß der Drehpunkt der Achse Z2 einen Versatz gegenüber der Be-
wegungslinie der Achse Z3 aufweist. Weiterhin ist die Drehachse der
Greiferhand gegenüber der Achse Z4 versetzt. Beide Versätze bewirken,
daß die Greiferhand sich insgesamt nicht in einem Kugelkoordinaten-
system bewegt, obwohl die Konstruktion eines jeden einzelnen Bewe-
gungsfreiheitsgrades dies erlauben würde. Diese wohl aus maschinen-
bautechnischen Gründen gewählte Konstruktion ergibt insbesondere
Probleme bei der Koordinatentransformation zwischen einem externen,
i. a. kartesischen Koordinatensystem   und dem roboterinternen Koordinatensystem. Die Probleme der Koordinatentransformation sind in [2]
behandelt; es sei hier schon darauf hingewiesen, daß solche Achsen-
versätze die Echtzeit-Koordinatentransformation - zumindest für be-

liebige Bewegungen des IR innerhalb seines Bewegungsraumes - unmöglich
machen können.

Das Gerät VW-R30 weist elektrische Antriebe auf. Die Motormomente
werden über Harmonic-Drive-Getriebe bzw. Kugelrollspindeln in die
Achsenbewegungen umgesetzt. Um die Forderung nach hohen Arbeitsge-
schwindigkeiten zu erfüllen und den Einfluß von Verkopplungen der Bewegungsfreiheitsgrade bei solchen Geschwindigkeiten untersuchen zu
können, wurden die Antriebsleistungen des IR durch Fremdbelüftung
der Motoren für die Achsen Z1 und Z2 sowie Reduktion der Getriebe-
übersetzung für die Achse Z1 auf folgende Werte gebracht:

Achsenbezeichnung	Drehmoment, Kraft	Geschwindig- keit	elektr. Leistung
Z1 (Drehachse)	1700 Nm	3,00 rad/sec	5 KW
Z2 (Kippachse)	6700 Nm	0,75 rad/sec	5 KW
Z3 (Ausfahrachse)	6000 N	0,5 m/sec	3 KW
Z4 (Handachse)	n.b.	1,57 rad/sec	1 KW
Z5 (Handachse)	n.b.	1,57 rad/sec	1 KW
Z6 (Handachse)	n.b.	1,57 rad/sec	1 KW

Im Vergleich zu numerisch gesteuerten Werkzeugmaschinen, mit denen
Handhabungssysteme in Funktionsprinzipien verwandt sind, seien zwei
Besonderheiten der Industrieroboter aufgrund ihrer Anwendungen und
der daraus resultierenden Aufbautechnik herausgestellt [1],

- die sich dynamisch ändernde Verkopplung der Freiheitsgrade und
- die von der äußersten Handachse (Z6) zur Grundachse (Z1) hin
  zunehmenden achsenbezogenen Trägheitsmomente.

Die Verkopplungen entstehen einerseits durch statische Lastmomente,
die sich aufgrund der betriebsmäßig variierenden Hebelarmlängen dynamisch verändern. Als Beispiel sei die Variation des statischen Last-
momentes um die Kippachse (Z2) mit variierender Ausfahrlänge der Ausfahrachse Z3 genannt. Weitere Verkopplungen haben ihre Ursache in
Zentrifugal- und Corioliskräften, die während der Bewegung des IR
auftreten.

Wegen des großen Bewegungsraumes von IR sowie aufgrund der Forderung,
in jedem Punkt des Bewegungsraumes beliebige Orientierungen der Handachse (Z6) erreichen zu können, müssen bei der gewünschten hohen Steifigkeit des IR große und schwere Bauteile einschließlich der Achsen-

antriebe bewegt werden. Die dabei von der Positionsregelung des IR
zu beherrschenden Trägheitsmomente sind erheblich. Im Beispiel des IR
vom Typ VW-R30 ist das Trägheitsmoment um die Achse Z1 ohne Nutzlast
bei voll ausgefahrener Achse Z3 mit ca. 400 kg m^2 anzusetzen. Hinzu
kommt ein durch das Getriebe (1:100) vergrößertes Trägheitsmoment
des Antriebsmotors mit ca. 120 kg m^2.

Diese Daten zeigen, daß für die Positionsregelung von IR unter den
Anforderungen des aperiodischen Einlaufens in die Sollposition bei
hoher Bahngeschwindigkeit neue regelungstechnische Konzepte zu entwickeln sind [3].

3. Antriebstechnik

Ein IR besteht aus einer Folge von rotatorischen und translatorischen
Freiheitsgraden. Zum Antrieb dieser Freiheitsgrade stehen sowohl
rotatorische als auch translatorische Motoren zur Verfügung mit unterschiedlichen Eigenschaften und Antriebsprinzipien. Grundsätzlich sind
folgende Forderungen zu stellen:

- Geringes Massenträgheitsmoment für schnelles Anfahren,
  Abbremsen und Umsteuern der Bewegungsrichtung;

- Großer Geschwindigkeits-Regelbereich (1:5000);

- Ruckfreier Betrieb auch bei niedrigsten Geschwindigkeiten
  (Kriechgang);

- Hohe Impulsleistung und -überlastbarkeit;

- Niedriges Leistungsgewicht.

Als Antriebsprinzipien für IR sind der rotatorische und translatorische hydraulische Antrieb [4, 5], der translatorische pneumatische
Antrieb [5] und der rotatorische elektrische Antrieb [6, 7] eingeführt. Die Umwandlung rotatorischer Antriebsbewegungen in translatorische Achsenbewegungen erfolgt über Kugelrollspindeln oder Zahnrad/
Zahnstangen-Anordnungen; letztere dienen ebenso zur Umwandlung trans-
latorischer in rotatorische Bewegungen, wobei die Zahnstange auch
durch eine Kette ersetzt sein kann [5]. Wesentliche Unterschiede bestehen in der Genauigkeit bzw. Spielfreiheit. Die hohe Genauigkeit
der Kugelrollspindeln bedingt einen hohen Preis. Der durch Zylinder
und Kolben sehr preisgünstig realisierbare translatorische pneumatische oder hydraulische Antrieb ist dagegen nur mit Genauigkeitsverlust

in rotatorische Bewegungen umzusetzen. Weiterhin haben Zylinder/Kolben-
antriebe grundsätzlich das Problem des Übergangs von Haft- zu Gleit-
reibung zwischen Kolben und Zylinderwand, das sich bei niedrigen Ver-
stellgeschwindigkeiten störend bemerkbar macht.

Rotatorische hydraulische Antriebe haben den Vorteil sehr hoher Dreh-
momenterzeugung bei geringer Trägheit und sind daher besonders im Bereich der IR für schwere Lasten zu finden [4]. Allerdings ist die Regelung solcher Antriebe schwierig [8]. Insbesondere ist es mit be-
sonderem Aufwand verbunden, das Drehmoment bzw. die Antriebsbeschleu-
nigung zu regeln, da die zur Steuerung verwendeten Kopierventile nur
eine Volumenstromverstellung erlauben, was auf die Geschwindigkeits-
regelung hinausläuft. Schließlich ist der Umgang mit hydraulischer
Energie - insbesondere auch in der Entwicklungsphase von IR - unbequem;
neben nicht völlig vermeidbaren Leckagen ist die Meßtechnik und das
Ändern von Experimentieranordnungen aufwendig. Außerdem ist die Wartung
sorgfältig durchzuführen und auf Reinheit der Hydraulikflüssigkeit zu
achten.

Seit einiger Zeit hat sich im Bereich mittlerer IR-Traglasten der
elektrische Antrieb durchgesetzt. Er vereinigt hier die Vorteile der
hydraulischen Antriebe, wie schnelle Beschleunigungsänderung und
-umkehr sowie einen großen fein variierbaren Geschwindigkeitsbereich
mit einer unkritischen, wartungsarmen Technik. Geeignet sind Scheibenläufermotoren mit Gleichstromspeisung und permanentmagnetischem Feld,
die bis zu Leistungen von 10 KW verfügbar sind (Bild 2). Diese nach

Bild 2: Scheibenläufermotor und Barlowsches Rad
        (Quelle: BBC)

dem Prinzip des Barlowschen Rades arbeitenden Motoren geben in einem
Drehzahlbereich von ca. 1 : 5000 ein Drehmoment ab, das in guter Nähe-
rung linear vom Ankerstrom abhängt. Damit ist eine Beschleunigungsregelung des Antriebes vom Prinzip her einfach möglich.

Die Drehzahl dieser Motoren muß durch Getriebe reduziert werden. Aus
Gründen der Genauigkeit und Spielfreiheit setzt man, wie beim Gerät
VW-R30, oft Harmonic-Drive-Getriebe ein, die allerdings teuer sind,
eine sehr sorgfältige Montage erfordern und hohe Reibung aufweisen.

Der hohe <u>Leistungsbedarf der Antriebe</u> (siehe Abschnitt 2) für die
Achsen Z1 und Z2 ist mit der heute verfügbaren Technologie bei Lei-
stungshalbleitern nur durch Thyristor-Stellglieder steuerbar. Bei
6-phasigen Thyristor-Stellgliedern ist deren mittlere Ansprechver-
zögerung von ca. 2 msec für die Steuerung von IR-Antrieben ohne Bedeutung. Vorteil der Thyristor-Stellglieder ist die Möglichkeit, die
Bremsenergie ins Netz zurückzuspeisen. Diese erwünschte Energiespar-
maßnahme ist bei den auch leistungsschwächeren Transistor-Zerhacker-
Stellgliedern, die für die weiteren Antriebe der Achsen Z3 bis Z6
eingesetzt sind, nicht gegeben; hier wird die Bremsenergie in Wider-
ständen vernichtet.

Unter Abwägung aller vorstehenden Gesichtspunkte erscheint der elektrische Antrieb, wie er in dem als Erprobungsträger dienenden IR
VW-R30 eingesetzt ist, besonders geeignet. Zur Realisierung einer
Beschleunigungsregelung der Antriebe ist in der Ansteuerelektronik für
die Scheibenläufermotoren dafür zu sorgen, daß zumindest der Ankerstrom linear vom Steuersignal abhängt. Sie wurde für die 6 Achsenantriebe des IR auf der Grundlage der Baureihe **BBC**-Axodyn realisiert.

4. Steuerung

Aufgabe der Steuerung innerhalb eines HHS ist das Bereitstellen und
die Koordination aller Betriebsmittel für die mittels der Regelung [3]
bewirkten Bewegungsführung der Greiferhand auf vorgegebenen Bahnen an
vorgegebene Punkte im Bewegungsraum unter Einhaltung von vorgegebenen
Bedingungen, wie maximale Bahnabweichung, Zeitbedingungen u. a. m.
Diese Vorgaben sind abhängig von einer Bahnprogrammierung, von den
Signalen externer Sensoren sowie ggf. von einem übergeordneten Ablauf-
programm. Die Steuerung und auch Regelung eines HHS hat neben der jeweiligen Handhabungsaufgabe für einen sicheren und störungsarmen Betrieb des HHS zu sorgen. Zur Sicherheit gehört insbesondere das Aus-
weichen vor Hindernissen - ggf. durch externe Sensoren detektiert -

und das Überführen des HHS in einen sicheren Zustand bei Störungen.
Der hohe Energieinhalt sich schnell bewegender IR erzwingt solche
Sicherheitsmaßnahmen, insbesondere in einer Umgebung, in der Menschen
arbeiten. Der störungsarme Betrieb wird unterstützt durch Fehlerdetek-
tionseinrichtungen sowie durch geeignete Systemredundanz und deren
Aktivierung.

Eine Steuerung besteht damit aus den in Bild 3 dargestellten Grund-
funktionen. Betriebsmittel sind sowohl Antriebe und deren Ansteuerun-

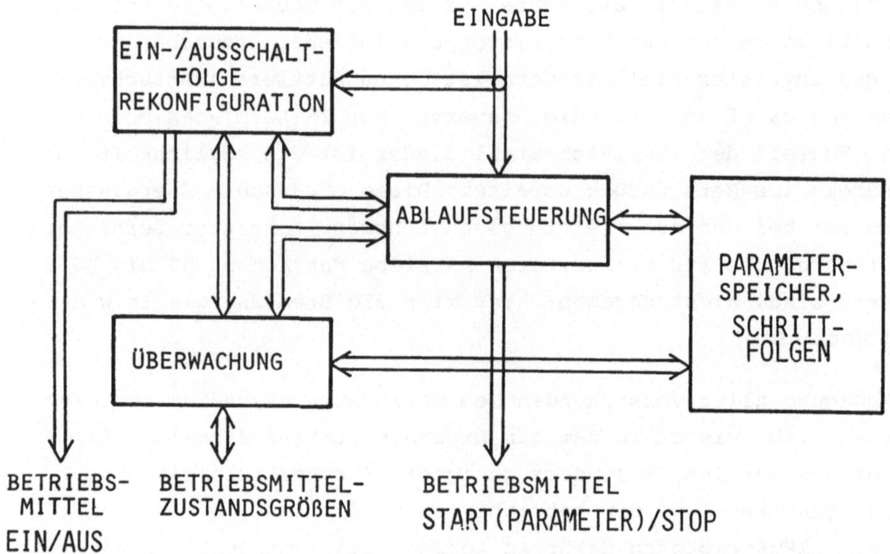

<u>Bild 3:</u> Grundfunktion einer Steuerung

gen als auch Rechner mit Stromversorgung und E/A-Geräten, bestimmte
Programmodule wie die der Regelung, Sensoren u. s. w. Die Grundfunk-
tionen können in einer einheitlichen Technologie, z. B. mit Mikro-
rechnern oder mit Bausteinen der Industrieelektronik, realisiert werden oder auch hybrid mit einer Mischung aus beiden Technologien. In
der ersten Stufe dieses hier beschriebenen Projektes wurde eine hybride
Realisierung gewählt: Ein-/Ausschaltfolge und Überwachung in Elektro-
nik-Bausteinen, die Ablaufsteuerung mit Parameter- und Schrittfolge-
Speicher mit Mikroprozessoren (Prozeßrechnersystem).

Da Struktur und Eigenschaften des Prozeßrechnersystems (Mehrprozessor-
system) in [1] erläutert sind, soll hier ausführlicher auf die in
Bild 3 erwähnte Komponente "Überwachung" eingegangen werden.

5. Maßnahmen zur Verbesserung des Ausfallverhaltens von HHS

Die große Zahl von Funktionen eines HHS und damit die Zahl der Geräte
und Programme hat eine entsprechende Zahl von Ausfallmöglichkeiten
zur Folge. Diese Ausfälle betreffen sowohl die Nutzbarkeit des HHS
im Produktionsprozeß als auch die Sicherheit von Menschen, Produktions-
anlagen und des HHS selbst, da bei den eingangs genannten Leistungs-
daten im HHS erhebliche Energien auftreten können. Deshalb sind Ausfälle möglichst genau bezüglich des Fehlerortes und möglichst schnell
zu erfassen, um eine Strategie minimaler Funktionsreduktion unter Einhaltung von Sicherheitskriterien abzuleiten, die den jeweiligen Ausfall gerade beherrscht. Zur Einführung von Begriffen seien in einem
mehrdimensionalen Zustandsbeschreibungsraum, in Bild 4 dreidimensional
gezeichnet, Zustandsbahnen und Zustandsbereiche vorgestellt [10]. Das

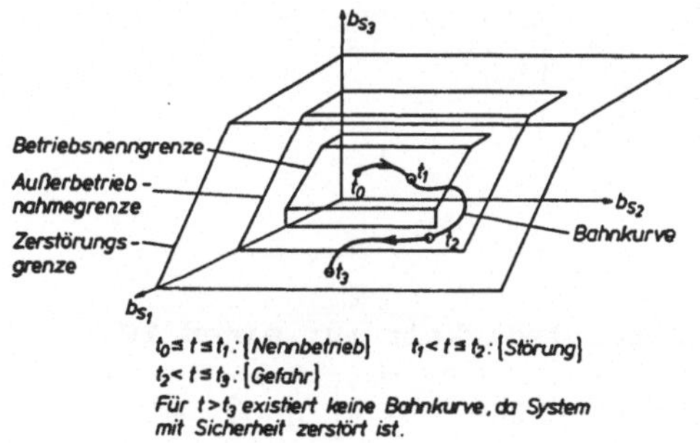

<u>Bild 4:</u>   Zustandsbeschreibungsraum für technische Systeme.

HHS befindet sich normalerweise innerhalb seiner Betriebsnenngrenzen,
die es bei Störungen überschreitet. Eine Überwachungs- und Rekonfigu-
rationseinrichtung muß nun möglichst vor Erreichen der Außerbetrieb-
nahmegrenze, mit Sicherheit aber vor Erreichen der Zerstörungsgrenze
das HHS auf einer Zustandsbahn minimalen Funktionsverlustes wieder in
den Betriebsbereich zurückführen. Ist dies nicht möglich, muß das HHS
vor Erreichen der Zerstörungsgrenze stillgesetzt oder besser vor Erreichen der Außerbetriebnahmegrenzen in einen sicheren Ruhezustand
gebracht werden.

Ein Beispiel soll solche Bewegungen in einem System-Zustandsraum zeigen. In Bild 5 ist als Sonderfall eine Zustandsebene dargestellt, beschrieben durch Lage- und Geschwindigkeitskoordinaten q und $\dot{q}$. Auf den dick eingezeichneten Grenzlinien

$$q = \pm\, q \mp \dot{q}^2 \cdot \frac{m}{2F}$$

F = Bremskraft
m = bewegte Masse

liegen alle diejenigen Systemzustände, bei denen der Roboter für eine gegebene Masse m (Eigenmasse + Lastmasse) und eine Bremskraft F noch sicher bei Erreichen der Endanschläge q_E zum Stillstand kommt ($\dot{q}\big|_{q_E} = \emptyset$).

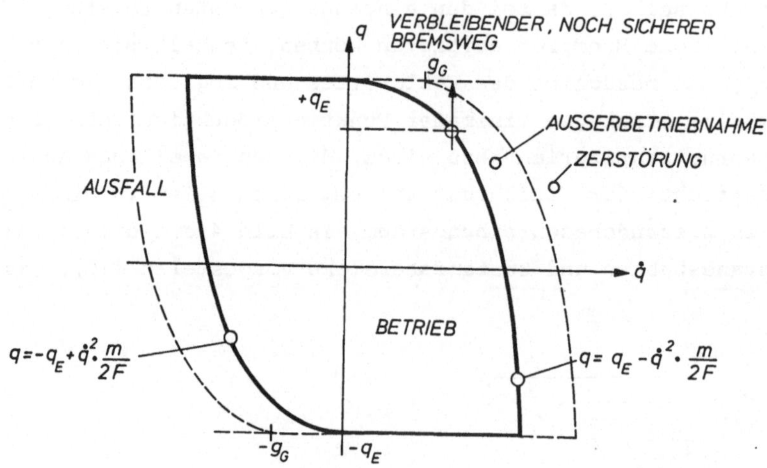

<u>Bild 5:</u> Zustandsebene mit Lage und Geschwindigkeit für einen IR.

Ein Anfahren der Endanschläge mit Geschwindigkeiten $\dot{q}\big|_{q_E} = \dot{q}_G$ möge zur Zerstörung des Roboters führen, z. B. durch Überlastung von Lagern oder Getrieben. Innerhalb der dick gezeichneten Grenzlinien liegt also der Betriebsbereich des Roboters, während zwischen den dick eingezeichneten und den gestrichelten Grenzlinien der Außerbetriebnahmebereich, außerhalb der gestrichelten Grenzlinien der Zerstörungsbereich liegt.

Das Beispiel läßt sich erweitern durch Berücksichtigung des Motorstromes I als Zustandsgröße für den Antrieb (Bild 6). Der Betriebsbereich liegt in diesem Zustandsraum innerhalb einer Scheibe, begrenzt durch parabolisch gekrümmte Flächen (entsprechend Bild 5) sowie durch ebene Flächen, die parallel zur Ebene (q, $\dot{q}$) stehen und durch die Punkte $I = \pm\, I_{max}$ gehen. Bild 6 zeigt rechts einen Bewegungsablauf für die Achse Z1 mit verschiedenen Zuständen P_1 bis P_5. P_1 sei der Ausgangspunkt des Bewegungsablaufes, innerhalb dessen bei P_2 die Regelung des

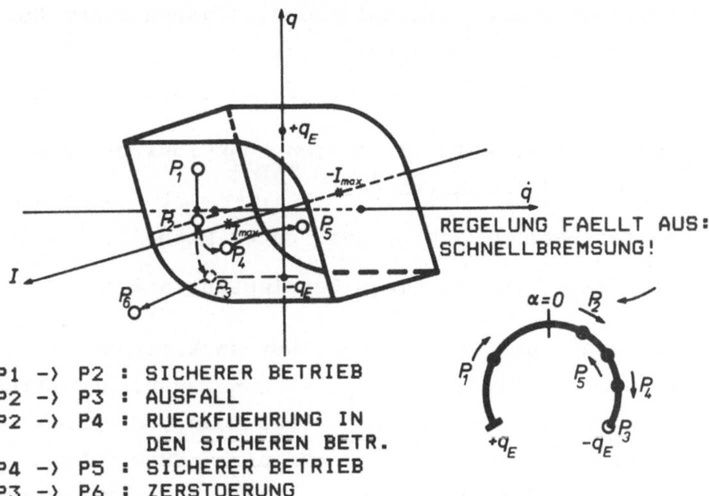


```
P1 -> P2 : SICHERER BETRIEB
P2 -> P3 : AUSFALL
P2 -> P4 : RUECKFUEHRUNG IN
           DEN SICHEREN BETR.
P4 -> P5 : SICHERER BETRIEB
P3 -> P6 : ZERSTOERUNG
```

Bild 6: Prinzipschema eines Teil-Zustandsraumes für einen IR.

IR ausfallen möge. Während P_1 und P_2 im Betriebsbereich liegen, möge ein Ausfall der Regelung bei P_2 die Ansteuerung des Zustandes P_3 bedeuten, bei dem der IR gegen den Anschlag $-q_E$ fährt und sich damit im Außerbetriebnahmebereich befindet. Würde bei P_3 der Antriebsmotor weiter eingeschaltet bleiben, so erreicht der IR den Zustand P_6 im Zerstörungsbereich (Durchbrennen der Motorleiter). Im Zustand P_2 muß daher eine Überwachungseinrichtung den Reglerausfall erkennen und eine Überführung des IR in den Zustand P_4 veranlassen, z. B. durch eine Bremsung. Damit möge sich der IR wieder im Betriebsbereich befinden und kann nun z. B. in dem sicheren Endzustand P_5 stillgesetzt werden.

Die durch die Überwachungseinrichtung im Störungsfalle einzuleitenden Maßnahmen sind abhängig von dem aktuellen Betriebszustand des Systems. So ist z. B. bei Überschreiten der Betriebsgrenzen und bei gleichzeitig funktionsfähigem Antrieb eine Gegenstrombremsung sinnvoll, da sie mit einem hohen, das Nennmoment des Antriebes u. U. kurzzeitig übersteigenden Bremsmoment eingreifen kann und zudem in Form der Nutzbremsung keine Wärme erzeugt. Für eine Bremsung bei ausgefallenem Netz ist dagegen eine federbelastete Reibungsbremse mit entsprechender Wärmeentwicklung notwendig, die in der Lage sein muß, daß Robotersystem selbständig abzubremsen. Setzt man diese beiden Bremseinrichtungen gemeinsam ein, so erhält man zusätzlich den Vorteil einer Redundanz für die Bremsung des Systems; die Ausfallwahrscheinlichkeit für die Bremseinrichtung insgesamt ist dann nur gleich dem Produkt aus den beiden Einzel-Ausfallwahrscheinlichkeiten.

Mit diesen Beispielen werden die folgenden Aufgaben einer Überwachungs- und Sicherheitseinrichtung deutlich:

- Vollständige Erfassung der Ausfälle und Einteilung in Fehlerklassen;

- Ableitung der Gegenmaßnahme geringsten Funktionsverlustes unter Vermeidung eines Gefahrenanstieges;

- Durchführung der Gegenmaßnahme, ggf. unter Mithilfe des DDC-Systems;

- Anzeige der Störung und des neuen Betriebszustandes.

Um trotz der Störungen den Funktionsverlust so klein zu halten, daß das HHS noch Aufgaben ausführen kann, muß man redundante Strukturen einsetzen. Neben der bekannten stand-by-Redundanz, die aber aus Arbeitsplatz- und Kostengründen bei HHS oft nicht durchführbar ist, kann man durch Unterteilung der HHS-Funktionen nach ihrer Wichtigkeit und einer dem Betriebszustand des HHS angepaßten Zuweisung von intakten Betriebsmitteln zu den wichtigsten Funktionen eine Teilverfügbarkeit der HHS-Funktionen trotz Störungen erreichen. Man bezeichnet diese Methode auch als funktionsbeteiligte Redundanz. Sie ist in [1] ausführlicher dargestellt; ihre Auswirkung auf die Programmierung von Rechnersystemen ist in [10] behandelt.

Funktionsbeteiligte Redundanz bei HHS kann z. B. gegeben sein durch dynamische

- Austauschbarkeit von Sensoren: Ermittlung der IR-Lageinformation durch externe Sensoren bei Ausfall der internen Lagesensoren;

- Austauschbarkeit von Verfahren zur Bahnprogrammierung: Ersatz sensorunterstützter IR-externer Verfahren durch herkömmliches Teach-in;

- Austauschbarkeit von Freiheitsgraden des IR bei bestimmten Aufgabenstellungen: Einplanung einzelner redundanter Freiheitsgrade ist kostengünstiger als die Bereitstellung eines redundanten IR;

- Austauschbarkeit von Regelungs-/Steuerungskomponenten: Übernahme von Funktionen eines ausgefallenen Rechners durch einen anderen Rechner im Mehrrechnersystem .

Letztere Ausprägung der funktionsbeteiligten Redundanz erfordert für die Programmierung von Mehrrechnersystemen geeignete Programmiersprachen, wie sie in [10] und [11] behandelt sind (PEARL für Mehrrechnersysteme).
Damit ist die funktionsbeteiligte Redundanz das Hilfsmittel zum Umlenken einer Systemzustandsbahn in einen neuen Betriebszustandsbereich bei Auftreten von Störungen einzelner Systemkomponenten. Der Einsatz

dieser Methode benötigt i. a. Rechnerunterstützung; so bedeutet der
Einsatz eines redundanten Freiheitsgrades eine Änderung der Algorithmen zur Koordinatentransformation. Zu diesem Konzept gehören aber
auch rechnerunabhängige Überwachungskomponenten sehr hoher Zuverlässigkeit, um das Überschreiten der Zerstörungsgrenze des Systems zu verhindern. Eine solche Überwachungseinrichtung wurde für den IR VW-R30
in einer ersten Ausbaustufe erstellt.

Bild 7 zeigt die für einen jeden Freiheitsgrad des IR vorgesehenen
Komponenten.

Man erkennt im oberen Bildteil die Einflußgrößen, deren gleichzeitig
vorhandener Normalwert anzeigt, daß sich das HHS innerhalb der Be-
triebszustandsgrenzen befindet. Ist gleichzeitig die Netzenergie vor-

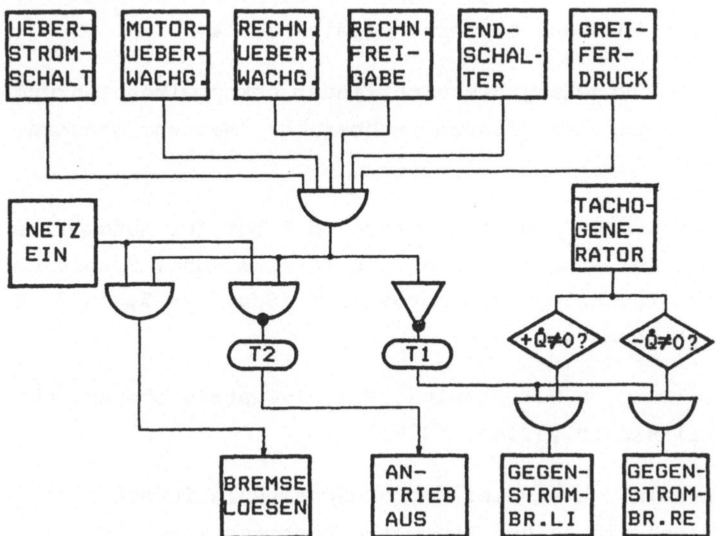

<u>Bild 7:</u> Überwachungseinrichtung für einen IR (Basisfunktionen).

handen, so werden die mechanischen Bremsen des IR gelöst und der IR
ist betriebsbereit. Verläßt eine der Einflußgrößen ihren Normalwert,
so fällt sofort die mechanische Bremse eines jeden betroffenen Freiheitsgrades ein. Um diese Bremsung bei der u. U. hohen kinetischen
Energie im IR zu unterstützen, setzt gleichzeitig eine Gegenstrom-
bremse über die jeweils betroffenen Antriebsmotoren ein, die während
einer auf T1 = ca. 100 msec begrenzten Zeit solange wirkt, bis die
über Tachogeneratoren gemessene Bewegungsgeschwindigkeit der Antriebe

zu Null geworden ist. Nach einer Zeit T2 > T1 schaltet die Überwachungseinrichtung alle von der Störung betroffenen Antriebe aus und stellt
damit den bezüglich Energieinhalt sicheren Zustand her. Der weitere
Ausbau wird das Verfahren des HHS in sichere Positionen bei Störungen
sowie die Reaktion auf externe Sensoren zur Hinderniserkennung umfas-
sen. Der eingeschlagene Weg zur Beherrschung von Störungssituationen
bei HHS, funktionsbeteiligte Redundanz zusammen mit Überwachungs- und
Sicherheitsanordnungen, läßt eine zuverlässige und sichere Arbeits-
weise von HHS erwarten.

6. Literatur

1. Syrbe, M.: Übersicht über ein Projekt "Sehr fortgeschrittene
   Handhabungssysteme". In: diesem Fachbericht "Messen, Steuern,
   Regeln" Bd. 4.

2. Meisel, K.-H.: Bewegungsprogrammierung und -führung. In: diesem
   Fachbericht "Messen, Steuern, Regeln" Bd. 4.

3. Patzelt, W.: Regelung des nichtlinear gekoppelten Mehrgrößen-
   systems Roboter. In: diesem Fachbericht "Messen, Steuern, Regeln,
   Bd. 4.

4. Corwin, Mert: A Computer Controlled Robot for Automotive Manufacturing. In: Proceedings of the International Symposium on
   Automotive Technology and Automation (Sep. 12-15, 1977, Wolfs-
   burg, West Germany).

5. Spur, G.; Auer, B.H.; Sinning, H.: Industrieroboter. München,
   Wien: Carl Hauser Verlag, 1979.

6. BBC, Mannheim: Axem-Gleichstrom-Scheibenläufermotoren. Technische Beschreibung und Kennwerte-Übersichtstabelle. Druckschrift
   DNG 702 13 D, April 1977, Brown, Boveri u. Cie, Mannheim.

7. Unimation, Inc.: PUMA Robot Specifications. Druckschrift (203)
   744-1800, Unimation Inc., Danbury Conn. 06810, USA.

8. Ruppert, M.: Konzept einer Modellfolgeregelung zur Lösung von
   Servoproblemen mit hydraulischen Antrieben. Gesamthochschule
   Duisburg, Fachbereich Maschinenbau, Fachgebiet Meß-, Steuer- und
   Regelungstechnik, Interner Forschungsbericht Nr. 1/79.

9. Schill, W.: Konzeption von OPSI, einem Programmsystem zur optimalen Auslegung von Meßfühlern und Algorithmen zur Prozeßsicherung. In: IITB-Mitteilungen 1975, S. 40-47, Fraunhofer-Institut für Informations- und Datenverarbeitung, Karlsruhe.

10. Steusloff, H.: Ein Mehrrechnersystem und dessen Programmierung. In: diesem Fachbericht "Messen, Steuern, Regeln" Bd. 4.

11. Steusloff, H.: Zur Programmierung von räumlich verteilten, dezentralen Prozeßrechnersystemen. Dissertation an der Universität (TH) Karlsruhe, Fakultät für Informatik, 1977.

REGELUNG DES NICHTLINEAR GEKOPPELTEN MEHRGRÖSSENSYSTEMS ROBOTER

CONTROLLING THE NONLINEAR COUPLED MULTIVARIABLE SYSTEM ROBOT

W. Patzelt

Fraunhofer-Institut für Informations- und Datenverarbeitung (IITB)
7500 Karlsruhe

Summary

The mathematical model of the industrial robot is the base for desig-
ning his control. The model is a nonlinear coupled system of 2. order
with state variables as output. Decoupling is achieved by choosing
the actuating signal as it is given by the equations describing the
motion of the robot. The decoupling can be considered as a feedforward compensation of disturbances and a feedforward adaptive control.
After decoupling one gets decoupled double integrators.

The PD and PID state controller with use of the setpoint's accele-
ration are favourable control methods. A cascade control system with
position- and velocity-control is a special case of the state controller. If there exists a strong limitation of the actuating signal
the state controller reaches almost the speed of the time optimal
control without showing oscillation of the actuating signal near the
resting position.

If the setpoint is given in a sensor's coordinate system the control
should be better done in the robot's coordinatesystem because then
the transformation of the actuating signal can be avoided.

In usual robots the velocity depending couplings are negligible
while those which depend on the robot's position are remarkable.

For the realization of decoupling control a multiprocessor computer-
system is recommended.

1. Problemstellung

Beim Einsatz eines Industrieroboters (IR) ist die Aufgabe gestellt, dessen zeitabhängigen Lagevektor $\underline{q}(t)$, also seine Bahn, mit dem zeitabhängigen Führungsvektor $\underline{w}(t)$ trotz Einwirkung von Störkräften und -momenten $\underline{z}(t)$, z. B. durch Gravitations-, Zentrifugal- und Coriolis-Kräfte in Übereinstimmung zu bringen. $\underline{w}(t)$ ist dabei durch die zu verrichtende Handhabung (z. B. Greifen eines Werkstückes) vorgegeben. Es ist also eine Lageregelung entlang einer Bahn erforderlich.

Die Voraussetzung für den Entwurf dieser Lageregelung ist eine Identifikation des IR, die dessen Modell liefert. An dieses Modell ist die erforderliche Regelung anzupassen.

2. Identifikation des IR

Bei der Identifikation gilt es, Struktur und Parameter des IR zu bestimmen. Der IR stellt ein mechanisches System dar, das gewöhnlich als steif und spielfrei konstruiert angenommen wird. Die Struktur erhält man deshalb durch Auswertung der Lagrangeschen Gleichungen [1], wodurch sich die Bewegungsgleichungen des IR ergeben. Sie weisen die folgende Form auf [2]:

$$\underline{Q} = \underline{M}(\underline{q}) \cdot \underline{\ddot{q}} + \underline{N}(\underline{q},\underline{\dot{q}}) \tag{1}$$

Darin ist $\underline{q}$ der Lagevektor des IR (in dessen Bewegungskoordinaten ausgedrückt), $\underline{\dot{q}}$ ist sein Geschwindigkeitsvektor, $\underline{\ddot{q}}$ sein Beschleunigungsvektor. Die Matrix $\underline{M}(\underline{q})$ enthält die lageabhängigen Trägheitsmomente und Massen, der Vektor $\underline{N}(\underline{q},\underline{\dot{q}})$ beschreibt die additiven Verkopplungen des IR. $\underline{Q}$ ist der Vektor der in Richtung der Bewegungskoordinaten eingeprägten Momente oder Kräfte.

Gl. (1) ist ohne weiteres nach den höchsten Ableitungen $\underline{\ddot{q}}$ auflösbar, weil $\underline{M}(\underline{q})$ invertierbar ist:

$$\underline{\ddot{q}} = \underline{M}^{-1}(\underline{q}) \cdot [\underline{Q} - \underline{N}(\underline{q},\underline{\dot{q}})] \tag{2}$$

Mit Gl. (2) liegt die Modellgleichung des IR in einer für die Auslegung der Regelung günstigen Form vor, wie sich später zeigen wird.

Es handelt sich offentsichtlich um eine verkoppelte, nichtlineare Differentialgleichung 2. Ordnung. Besonders sei hervorgehoben, daß die Zustandsgrößen $\underline{q}$ und $\underline{\dot{q}}$, also Lage und Geschwindigkeit des IR, gleich-

zeitig dessen Ausgangsgrößen sind. Es erübrigt sich daher, einen nichtlinearen Beobachter zu verwenden, weil die Zustandsgrößen direkt meß-
bar sind. Das führt beim Entwurf der Regelung zu erheblichen Vereinfachungen.

Nachdem die Struktur des IR mit Gl. (2) festliegt, können die Parameter
aus den Konstruktionsdaten des IR ermittelt werden. Die Parameter bestehen aus den Massen, den Trägheitstensoren und den konstanten Komponenten der Schwerpunktvektoren aller beweglichen Roboterteile.

Nun beschreibt Gl. (2) den IR noch nicht vollständig. Vielmehr sind
gewöhnlich die Reibungen von Bedeutung. Ihre Berücksichtigung kann auf
zweierlei Weise geschehen: sind sie bekannt, so können sie dem Vektor
$\underline{N}(\underline{q},\dot{\underline{q}})$ zugeschlagen werden; sind sie nicht bekannt, so sind sie den
Störungen $\underline{z}(t)$ hinzuzuschlagen.

3. Entkopplung des IR

Da der IR ein nichtlineares verkoppeltes System darstellt, könnte es
naheliegen, die nichtlineare Systemtheorie zur Entkopplung und Regelung
auf ihn anzuwenden. Das ist auch in [3] geschehen. Berücksichtigt man
aber die Struktur des IR in Gl. (2) und besonders die Tatsache, daß
die Ausgangsgrößen die Zustandsgrößen sind, so gelangt man auch ohne
Benutzung der nichtlinearen Systemtheorie auf viel einfachere Weise
zu derselben Entkopplungsvorschrift. Die grundsätzliche Überlegung ist
dabei, daß die Modellgleichung Gl. (2) aus Gl. (1) durch Auflösung
nach $\ddot{\underline{q}}$ entstanden ist. Setzt man also den Stellgrößenvektor $\underline{Q}$ nach
Gl. (1) in Gl.(2) ein, so entsteht die Gleichung

$$\ddot{\underline{q}}_2 = \underline{M}_2^{-1}(\underline{q}) \cdot [\underline{M}_1(\underline{q}) \cdot \ddot{\underline{q}}_1 + \underline{N}_1(\underline{q},\dot{\underline{q}}) - \underline{N}_2(\underline{q},\dot{\underline{q}})] \tag{3}$$

In Gl. (3) kennzeichnen die Indices $_1$ und $_2$ aus welcher der beiden Gln.
(1) und (2) die auftretenden Größen stammen. Stimmen nun die den realen
IR kennzeichnenden Größen $\underline{M}_2(\underline{q})$ und $\underline{N}_2(\underline{q},\dot{\underline{q}})$ mit den durch eine Entkopplung bereitzustellenden Größen $\underline{M}_1(\underline{q})$ und $\underline{N}_1(\underline{q},\dot{\underline{q}})$ überein, so entsteht aus Gl. (3) die Identität

$$\ddot{\underline{q}}_2 = \ddot{\underline{q}}_1 \tag{4}$$

Das sind aber entkoppelte Doppelintegratoren, deren Eingang $\ddot{\underline{q}}_1$ noch frei
wählbar ist. Diese Freiheit ist zur Auslegung der Regelung auszunutzen.

Da die Zustände $\underline{q}$ und $\underline{\dot{q}}$ bekannt sind, lassen sich die zur Entkopplung nötigen $\underline{\underline{M}}_1(\underline{q})$ und $\underline{N}_1(\underline{q},\underline{\dot{q}})$ auch tatsächlich bilden.

Somit erweisen sich die Bewegungsgleichungen (1) des IR gleichzeitig als die Stellgrößen, die zu seiner Entkopplung führen.

Über die Entkopplung hinaus führen sie auch noch zu entkoppelten Systemen besonderer Art, nämlich zu Doppelintegratoren. Die Regelung hat sich also ausschließlich mit linearen Eingrößensystemen einfachster Art auseinanderzusetzen, eine bedeutende Vereinfachung des Problems.

Die Voraussetzung für eine genaue Entkopplung, daran sei erinnert, ist die Übereinstimmung von $\underline{\underline{M}}_1(\underline{q})$, $\underline{N}_1(\underline{q},\underline{\dot{q}})$ mit den realen $\underline{\underline{M}}_2(\underline{q})$, $\underline{N}_2(\underline{q},\underline{\dot{q}})$ des IR, d. h. die genaue Realisierung der Entkopplung, für die wieder die genaue Kenntnis des IR Voraussetzung ist. Ist diese nicht gegeben, so läßt sich aus Gl. (3) eine Beschleunigungsstörung $\underline{z}$ abschätzen, die dieser Nichtübereinstimmung entspricht.

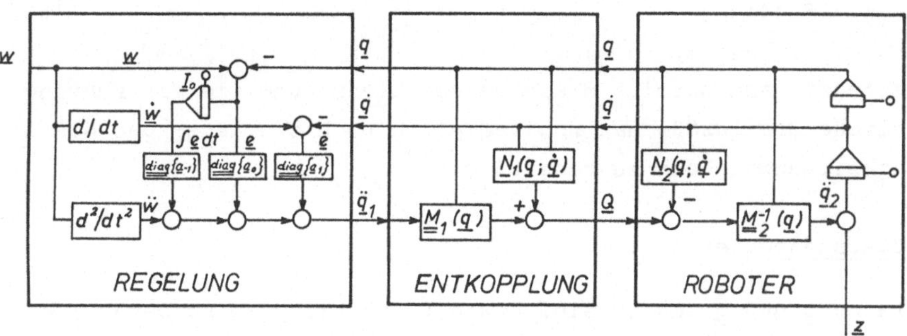

<u>Bild 1</u>: Entkopplung und Regelung mit PID-Zustandsregler bei einem Industrieroboter

In Bild 1 ist die Gleichung (3) durch die Kästen "Entkopplung" und "Roboter" als Blockdiagramm dargestellt. Daraus ist erkennbar, daß die Entkopplung gewissermaßen durch den Aufbau eines "inversen" Teilsystems des IR gelingt. Dieses "inverse" Teilsystem enthält zudem keine Dynamik, deshalb entsteht auch kein Realisierungsproblem.

4. Entkopplung, Störgrößenaufschaltung und gesteuerte Adaption

Aus Bild 1 ist eine Beziehung der Entkopplung zu den beiden Begriffen "Störgrößenaufschaltung" und "gesteuerte Adaption" ablesbar.

Die additive Kompensation des Vektors $\underline{N}_2(\underline{q},\underline{\dot{q}})$ durch $\underline{N}_1(\underline{q},\underline{\dot{q}})$ ist nichts weiter als eine Störgrößenaufschaltung, nämlich der Störgrößen, die z. B. als Gravitations-, Flieh- und Corioliskräfte auf die Achsen des IR einwirken.

Die multiplikative Kompensation der Matrix $\underline{\underline{M}}_2^{-1}(\underline{q})$ durch $\underline{\underline{M}}_1(\underline{q})$ ist eine gesteuerte Adaption an die lageabhängigen Trägheiten $\underline{\underline{M}}_2(\underline{q})$.

Damit ist die Entkopplung des IR auch als eine Störgrößenaufschaltung und eine gesteuerte Adaption interpretierbar.

5. Regelung

5.1 Die Führungsbeschleunigung

Ist die Entkopplung erfolgt, so liegen als Regelstrecken entkoppelte Doppelintegratoren vor, deren Eingang die Stellgröße $\underline{\ddot{q}}$ ist. Ziel der Regelung ist es nun, die Lage $\underline{q}$ mit der Führung $\underline{w}$ in Übereinstimmung zu bringen. Hierfür bieten sich mehrere Regelungsprinzipien an. Von vornherein ist es aber sinnvoll, die Führungsbeschleunigung $\underline{\ddot{w}}$ zu ermitteln und sie zu einem Summanden der Stellgröße zu machen:

$$\underline{\ddot{q}} = \underline{\ddot{w}} + \text{Regelung} \tag{5}$$

Der IR erfährt dann bereits dieselbe Beschleunigung wie die Führung $\underline{w}$. Die restliche Stellgröße hat nun lediglich noch die Lage- und die Geschwindigkeitsabweichung zu beseitigen.

5.2 PD-Zustandsregler

Die Zustände $\underline{q}$ und $\underline{\dot{q}}$ des IR sind bekannt. Es bietet sich deshalb ein PD-Zustandsregler für die Ausregelung der Lage- und Geschwindigkeitsabweichung an. Dazu ist allerdings die Führungsgeschwindigkeit $\underline{\dot{w}}$ erforderlich. Mit den Lage- und Geschwindigkeitsabweichungen

$$\underline{e} = \underline{w} - \underline{q} \tag{6a}$$

$$\underline{\dot{e}} = \underline{\dot{w}} - \underline{\dot{q}} \tag{6b}$$

ergibt sich der PD-Zustandsregler zu

$$\underline{\ddot{q}} = \underline{\ddot{w}} + \underline{\underline{diag}}(\underline{a}_1) \cdot \underline{\dot{e}} + \underline{\underline{diag}}(\underline{a}_o) \cdot \underline{e} \; ; \tag{7}$$

$\underline{\underline{diag}}(\underline{a}_1)$ und $\underline{\underline{diag}}(\underline{a}_o)$ sind Diagonalmatrizen.

Die Regelabweichung $\underline{e}$ gehorcht der aus Gl. (7) folgenden homogenen linearen Differentialgleichung 2. Ordnung:

$$\underline{\ddot{e}} + \underline{diag}(\underline{a}_1)\cdot\underline{\dot{e}} + \underline{diag}(\underline{a}_o)\cdot\underline{e} = \underline{0} \tag{8}$$

Durch die Parameter $\underline{diag}(\underline{a}_1)$ und $\underline{diag}$ $(\underline{a}_o)$ läßt sich das Abklingverhalten eines Systems 2. Ordnung einstellen. Für den IR ist der aperiodische Grenzfall günstig. Dieser vermeidet ein Überschwingen, was zum unerwünschten Zusammenstoß mit einem zu greifenden Werkstück führen würde und führt andererseits zu schnellem Einschwingen.

Es sei darauf hingewiesen, daß bei dieser Regelung die Lage $\underline{q}$ auf jede glatte Führung $\underline{w}$ mit der durch $\underline{diag}(\underline{a}_1)$ und $\underline{diag}(\underline{a}_o)$ festgelegten Zeitkonstante einschwingt. Voraussetzung dafür ist natürlich, daß die erforderlichen Stellgrößen innerhalb der Stellgrößenbegrenzungen liegen und keine Störung $\underline{z}$ vorhanden ist. Ist dieses nicht der Fall, so entsteht eine Abweichung von der Führungsgröße auch nach der Einschwingzeit.

5.3 PID-Zustandsregler

Die Annahme fehlender Störungen $\underline{z}$ ist natürlich unrealistisch. Reibungen, Lasten und ungenau kompensierte Verkopplungen ergeben solche Störungen. Bleibende Störungen $\underline{z}_b$ führen bei einem PD-Zustandsregler zu bleibenden Regelabweichungen $\underline{e}_b$ der Größe

$$\underline{e}_b = \underline{diag}^{-1}(\underline{a}_o)\cdot\underline{z}_b \tag{9}$$

Diese können durch kleine Zeitkonstanten klein gehalten werden. Liegen jedoch für die Zeitkonstanten untere Grenzen vor (z. B. durch die Abtastperiode bei digitaler Regelung), so ist die Hinzunahme eines I-Anteils empfehlenswert. Der PID-Zustandsregler hat dann die Form:

$$\underline{\ddot{q}} = \underline{\ddot{w}} + \underline{diag}(\underline{a}_1)\cdot\underline{\dot{e}} + \underline{diag}(a_o)\cdot\underline{e} + \underline{diag}(\underline{a}_{-1})\cdot\int_o^t \underline{e}d\tau + \underline{I}_o \tag{10}$$

Daraus ergibt sich das Abklingverhalten der Regelabweichung $\underline{e}$ nach Gl. (11):

$$\underline{\dddot{e}} + \underline{diag}(\underline{a}_1)\cdot\underline{\ddot{e}} + \underline{diag}(\underline{a}_o)\underline{\dot{e}} + \underline{diag}(\underline{a}_{-1}) = 0 \tag{11}$$

Dieses ist eine homogene lineare Differentialgleichung 3. Ordnung.
Durch geeignete Wahl der $\underline{\underline{\mathrm{diag}}}(\underline{a}_i)$ und der Anfangswerte $\underline{I}_0$
sich aber derselbe aperiodische Grenzfall wie beim PD-Zustandsregler
erzielen.

Die PID-Zustandsregelung schwingt im Endwert auf jede glatte Führung $\underline{w}$
mit der durch $\underline{\underline{\mathrm{diag}}}(\underline{a}_1)$, $\underline{\underline{\mathrm{diag}}}(\underline{a}_0)$ und $\underline{\underline{\mathrm{diag}}}(\underline{a}_{-1})$ festgelegten Zeitkonstante ein, selbst wenn eine konstante Störung $\underline{z}$ vorhanden ist. Voraus-
gesetzt ist dabei wieder, daß die erforderlichen Stellgrößen innerhalb
der Stellgrenzen liegen.

Ist die Stellgrenze überschritten worden, so ist bei Rückkehr in den
linearen Bereich der Integratoranfangswerte $\underline{I}_0$ neu zu setzen, um das
aperiodische Verhalten eines Systems 2. Ordnung zu erzielen.

In Bild 1 ist eine PID-Zustandsregelung mit Berücksichtigung der Führungsbeschleunigung $\underline{\ddot{w}}$ dargestellt.

5.4 Kaskadenregelung

Die häufig verwendete Kaskadenregelung ist in Bild 2 dargestellt. Dabei
wird der Drehzahlregelkreis mit einem PI-Regler geregelt, der eine Führungsgröße aus dem überlagerten Lageregelkreis erhält. Es ist ersicht-

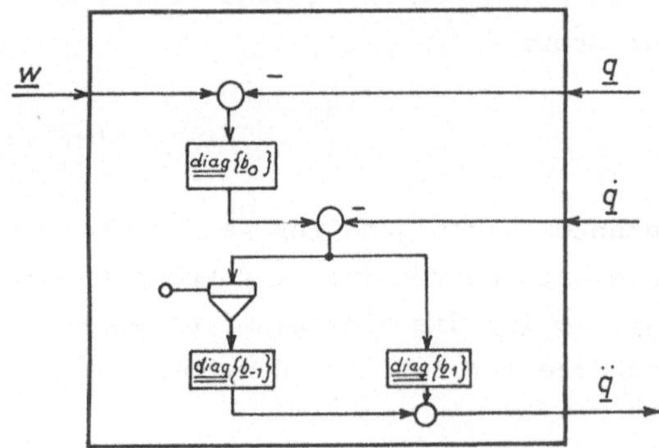

<u>Bild 2:</u> Kaskadenregelung

lich, daß diese Regelung einen Sonderfall des PID-Zustandsreglers darstellt. Die Kaskade geht aus dem PID-Zustandsregler mit

$$\underline{\underline{\mathrm{diag}}}(\underline{a}_1) = \underline{\underline{\mathrm{diag}}}(\underline{b}_1) \qquad (12a)$$

$$\underline{\underline{\mathrm{diag}}}(\underline{a}_0) = \underline{\underline{\mathrm{diag}}}(\underline{b}_0) \cdot \underline{\underline{\mathrm{diag}}}(\underline{b}_1) + \underline{\underline{\mathrm{diag}}}(\underline{b}_{-1}) \qquad (12b)$$

$$\underline{\underline{\mathrm{diag}}}(\underline{a}_{-1}) = \underline{\underline{\mathrm{diag}}}(\underline{b}_0) \cdot \underline{\underline{\mathrm{diag}}}(\underline{b}_{-1}) \qquad (12c)$$

hervor. Zusätzlich wirkt auf diesen die Beschleunigungsstörung

$$\underline{z} = -\underline{\underline{diag}}(\underline{b}_{-1}) \cdot \underline{w} \tag{13}$$

und es ist statt der Führungsgeschwindigkeit und -beschleunigung

$$\dot{\underline{w}} = \ddot{\underline{w}} = \underline{0} \tag{14}$$

zu setzen.

5.5 Zeitoptimaler Regler

Während bei den PD- und PID-Zustandsreglern, die ja linear sind, die Stellgrenze als Nichtlinearität deren Wirkung verschlechtert, beruht die Funktion des zeitoptimalen Reglers auf der Berücksichtigung dieser Nichtlinearität. Die Stellgröße wird immer mit größtmöglichem Betrag gewählt, der Regler hat lediglich das Vorzeichen anzugeben. e,w,q seien jetzt je eine Komponente der Vektoren $\underline{e},\underline{w},\underline{q}$. Dann ist die Beschleunigungsdifferenz

$$\ddot{e} = \ddot{w} - \ddot{q} \tag{15}$$

Sind $\ddot{e}_-$ und $\ddot{e}_+$ deren negative und positive Begrenzung, so ergibt sich das gesuchte e aus den folgenden Fallunterscheidungen:

$$\ddot{e} = \ddot{e}_+ \text{ bei } \begin{cases} \dot{e} > 0 \; ; \; e < \dfrac{\dot{e}^2}{2\ddot{e}_-} & \text{(16a)} \\[2ex] \qquad \text{oder} \\[2ex] \dot{e} < 0 \; ; \; e < \dfrac{\dot{e}^2}{2\ddot{e}_+} & \text{(16b)} \end{cases}$$

$$\ddot{e} = \ddot{e}_- \text{ bei } \begin{cases} \dot{e} > 0 \; ; \; e > \dfrac{\dot{e}^2}{2\ddot{e}_+} & \text{(16c)} \\[2ex] \qquad \text{oder} \\[2ex] \dot{e} < 0 \; ; \; e > \dfrac{\dot{e}^2}{2\ddot{e}_+} & \text{(16d)} \end{cases}$$

Für den verbleibenden Fall verschwindender Lage- und Geschwindigkeitsabweichung, also den eingeschwungenen Zustand, gilt:

$$\ddot{e} = 0 \quad \text{bei} \quad \dot{e} = 0, \quad e = 0 \tag{16e}$$

Die tatsächliche Stellgröße $\ddot{q}$ ist danach aus Gl. (15) zu berechnen:

$$\ddot{q} = \ddot{w} - \ddot{e} \tag{17}$$

Der Betrag der Beschleunigungsdifferenz ist also kleiner anzusetzen
als die maximal zur Verfügung stehende Beschleunigung $\ddot{q}$.

Bei der Realisierung des zeitoptimalen Reglers ist die Bedingung (16c)
auf eine Umgebung um den Nullpunkt des Zustandsraumes aufzuweiten, um
ein häufiges Umschalten der Stellgröße im eingeschwungenen Zustand zu
vermeiden.

5.6 Zustandsregler und zeitoptimaler Regler

Die Zustandsregler sind verglichen mit dem zeitoptimalen Regler lang-
samer, weil sie die mögliche Stellgröße nicht immer voll ausschöpfen.
Hingegen vermeiden sie, wenn erst einmal die Regelabweichung ausgere-
gelt ist, ein Springen der Stellgröße wie es beim zeitoptimalen Regler
im eingeschwungenen Zustand auftritt. Es bietet sich daher eine Struk-
turumschaltung zwischen zeitoptimalem und Zustandsregler an: bei großen
Regelabweichungen zeitoptimal, bei kleinen Zustandsregler.

Während der PD-Regler hier problemlos ist, muß beim PID-Regler der
Integratoranfangswert in geeigneter Weise gesteuert werden.

6. Koordinatentransformation

Häufig wird der IR die Komponenten w der Führungsgröße von einem externen Sensor erhalten. Damit liegt der Führungsvektor $\underline{w}$ in dem Koordinatensystem des Roboters und der Sensor liefert einen Führungsvektor $\underline{\tilde{w}}$
in seinem Sensorkoordinatensystem. Die Lage $\underline{q}$ und die Geschwindigkeit
$\underline{\dot{q}}$ hingegen liegen durch Messung mit internen Sensoren wieder im Koordinatensystem des Roboters vor. Es stellt sich nun die Frage, ob die Regelung im Sensor-Koordinatensystem (durch $\sim$ gekennzeichnet) oder im Robo-
ter- Koordinatensystem durchzuführen ist. Mit T sei die Transformation
aus dem Sensor-Koordinatensystem in das Roboter-Koordinatensystem, mit

T^{-1} die umgekehrte Transformation bezeichnet.

Bei der Regelung im Roboter-Koordinatensystem sind die Transformationen

$$w = T(\underline{\tilde{w}}) \tag{18a}$$

$$\dot{w} = \left[\frac{dT}{d\underline{\tilde{w}}}\right]^{T} \cdot \underline{\dot{\tilde{w}}} \tag{18b}$$

$$\ddot{w} = \left[\frac{dT}{d\underline{\tilde{w}}}\right]^{T} \cdot \underline{\ddot{\tilde{w}}} + \underline{\dot{\tilde{w}}}^{T} \cdot \left[\frac{d^{2}T}{d\underline{\tilde{w}}^{2}}\right] \cdot \underline{\dot{\tilde{w}}} \tag{18c}$$

erforderlich, bei der Regelung im Sensor-Koordinatensystem hingegen sind

$$\tilde{q} = T^{-1}(\underline{q}) \tag{19a}$$

$$\dot{\tilde{q}} = \left[\frac{dT^{-1}}{d\underline{q}}\right]^{T} \cdot \underline{\dot{q}} \tag{19b}$$

$$\ddot{q} = \left[\frac{dT}{d\tilde{q}}\right]^{T} \cdot \ddot{\tilde{q}} + \dot{\tilde{q}}^{T} \cdot \left[\frac{d^{2}T}{d\tilde{q}^{2}}\right] \cdot \dot{\tilde{q}} \tag{19c}$$

durchzuführen.

Bei der Regelung in Sensorkoordinaten ist auf jeden Fall die aufwendige Gleichung (19c) auszuwerten, denn die Stellgröße muß in den Roboterkoordinaten eingeprägt werden. Die aufwendigen Gleichungen (18b) und (18c) hingegen können durch eine numerische Differentiation umgangen werden. Damit ist der Regelung in Roboterkoordinaten der Vorzug zu geben.

7. Vereinfachungen in den üblichen Betriebsbereichen

Das vorstehend beschriebene Regelungskonzept erfordert eine ständige Berechnung aller Komponenten der Matrix $\underline{M}_1(\underline{q})$ und des Vektors $\underline{N}_1(q,\dot{q})$ während der Bewegung des IR. Um diesen Aufwand zu reduzieren, sollen im folgenden mögliche und technisch sinnvolle Vereinfachungen untersucht werden.

7.1 Entkopplung

Abschätzungen an einem üblichen IR (VW R 30) ergaben, daß die geschwin-
digkeitsabhängigen Terme in dem Vektor $\underline{N}(\underline{q},\dot{\underline{q}})$ bei den zulässigen Geschwindigkeiten kleiner als die auftretenden Reibungen sind. Hingegen
behalten die lageabhängigen Terme einige Bedeutung. $\underline{N}(\underline{q},\dot{\underline{q}})$ kann in diesem Falle durch $\underline{N}(\underline{q})$ angenähert werden.

In der Matrix $\underline{\underline{M}}(\underline{q})$ dominiert die Diagonale, da infolge von starken Ge-
triebeuntersetzungen die Motorträgheitsmomente hervortreten. $\underline{\underline{M}}(\underline{q})$ wird
näherungsweise zu einer Diagonalmatrix.

7.2 Regelung

Die auftretenden Geschwindigkeiten $\dot{\underline{w}}$ und Beschleunigungen $\ddot{\underline{w}}$ sind bei
üblichen Werkstückgeschwindigkeiten (Bewegung auf Förderband) hinrei-
chend klein, so daß ihre Vernachlässigung zulässig ist.

8. Realisierung

Zur Realisierung der Entkopplung und Regelung bietet sich der Mikroprozessor an. Er ist zur Durchführung der zur Entkopplung nötigen Addi-
tionen und Multiplikationen gut geeignet. Ebenso bietet er bei der Regelung hinsichtlich der Veränderbarkeit von Reglerstruktur, Parameter
oder Anfangswerten Vorteile. Weiter liegt die Führungsgröße gewöhnlich
in digitaler Form vor (als Ergebnis einer Koordinatentransformation),
was ihre weitere Verarbeitung im Digitalrechner nahelegt. Ebenfalls in
digitaler Form ist gewöhnlich die Lage des Roboters durch Messung mit
Winkelcodierern bekannt.

Als nachteilig kann sich beim Einsatz des Mikroprozessors eine zu
große Rechenzeit erweisen. Diese führt zu einem langsamen oder unge-
nauen Roboter. Hier ist der Schritt zum Mehrprozessorrechner der Ausweg.

Vorläufig wurde im IITB ein Einprozessorrechner verwendet, der Teil des
endgültigeinzusetzenden, im IITB entwickelten Mikroprozessorsystems
RDC ist. Dieser Rechner regelt einen IR VW R 30 beim Greifen von Werkstücken von einem laufenden Förderband. Das realisierte Regelsystem
zeigt das Bild 3. Es ist ein PID-Zustandsregler mit zustandsabhängigem
Integratoranfangswert. Die Führungsgeschwindigkeit $\dot{\underline{w}}$ und -beschleu-
nigung $\ddot{\underline{w}}$ sind vernachlässigt.

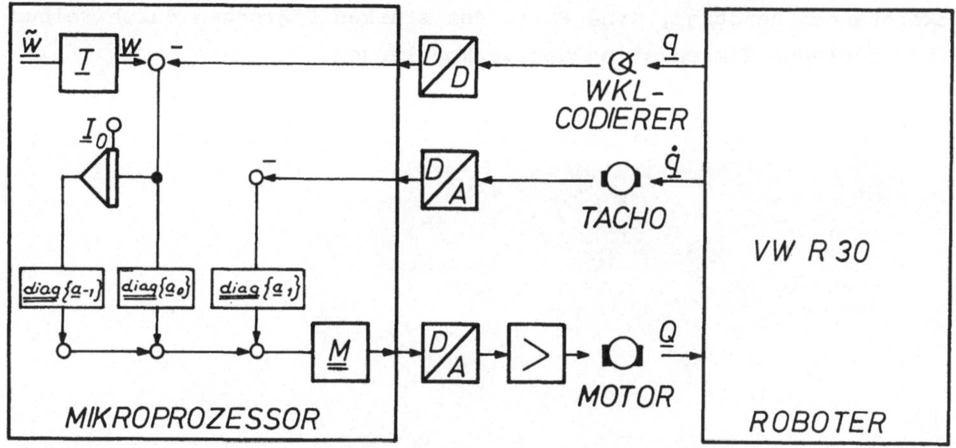

Bild 3: Realisierter PID-Zustandsregler

Die Lagen und Geschwindigkeiten wurden mit vorhandenen Winkelcodierern
und Tachogeneratoren aufgenommen und über Digital- bzw. Analogeingänge
dem Mikroprozessor zugeführt, die berechneten Stellmomente über Analog-
ausgänge auf die Verstärker der Stellmotoren gegeben.

Die Rechenzeit des Mikroprozessors betrug 90 ms. Davon entfielen etwa
60 ms auf die Transformation der Führungsgröße und 30 ms auf die Regelung. Diese Tastperiode ließ als kleinste Zeitkonstante 0,5 s für das
Abklingen der Regelabweichung im aperiodischen Grenzfall zu.

Die Führungsgröße $\tilde{w}$ wird durch einen Sensor vorgegeben, der die Lage
des zu greifenden Werkstückes erfaßt. Dieser Sensor ist in [4] beschrieben.

Den Gesamtaufbau für den "Griff auf's laufende Band" gibt das Bild 4
wieder.

Insgesamt bestätigten sich die Erwartungen.

Der integrale Anteil des Reglers erlangt wegen der großen Zeitkonstanten und den entsprechend kleinen Stellgrößen entscheidende Bedeutung
für die Ausregelung der Regelabweichung. Er überwindet die beträcht-
lichen Reibungen und die nicht kompensierten Verkopplungen. Insbesondere der je nach Regelabweichung und deren Geschwindigkeit gewählte
Integratoranfangswert garantiert aperiodisches Einschwingen.

Der Roboter folgt dem Werkstück auf dem Band auch ohne Vorgabe von $\dot{w}$
und $\tilde{w}$ gut. Allerdings werden zur Ausregelung auf wenige Prozent mehrere

Zeitkonstanten benötigt, eine Folge der starken Störungen durch Reibungen und fehlende Kompensation der Verkopplungen.

Bild 4: Versuchsaufbau beim "Griff auf's laufende Band"

Im Bild 5a sind die Zeitverläufe der Führungsgröße $\underline{w}$ und des Lagevektors $\underline{q}$ des Roboters beim "Griff auf's laufende Band" in Form eines Meßschriebes wiedergegeben. Die Indices der Komponenten sind den Achsenbezeichnungen in Bild 6 zugeordnet. Zur Veranschaulichung der räumlichen Bewegung des Greiferendpunktes ist aus Bild 5a die qualitative Skizze Bild 5b konstruiert worden. Darin ist die Führungsgröße fett und die Lage dünn gezeichnet.

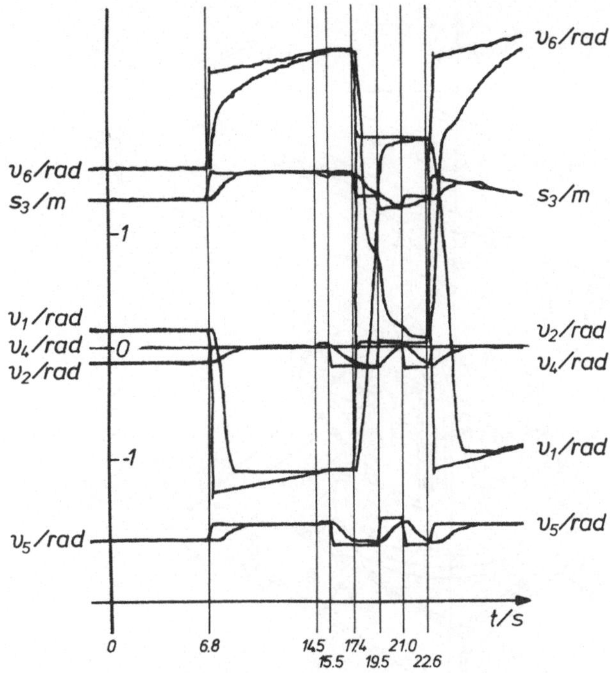

Bild 5a: Meßschrieb von $\underline{w}(t)$ und $\underline{q}(t)$ beim "Griff auf's laufende Band"

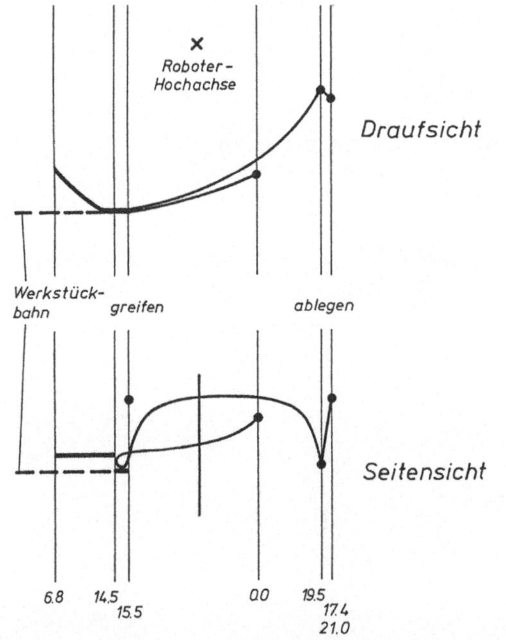

Bild 5b: Qualitative räumliche Skizze zum Bild 5a

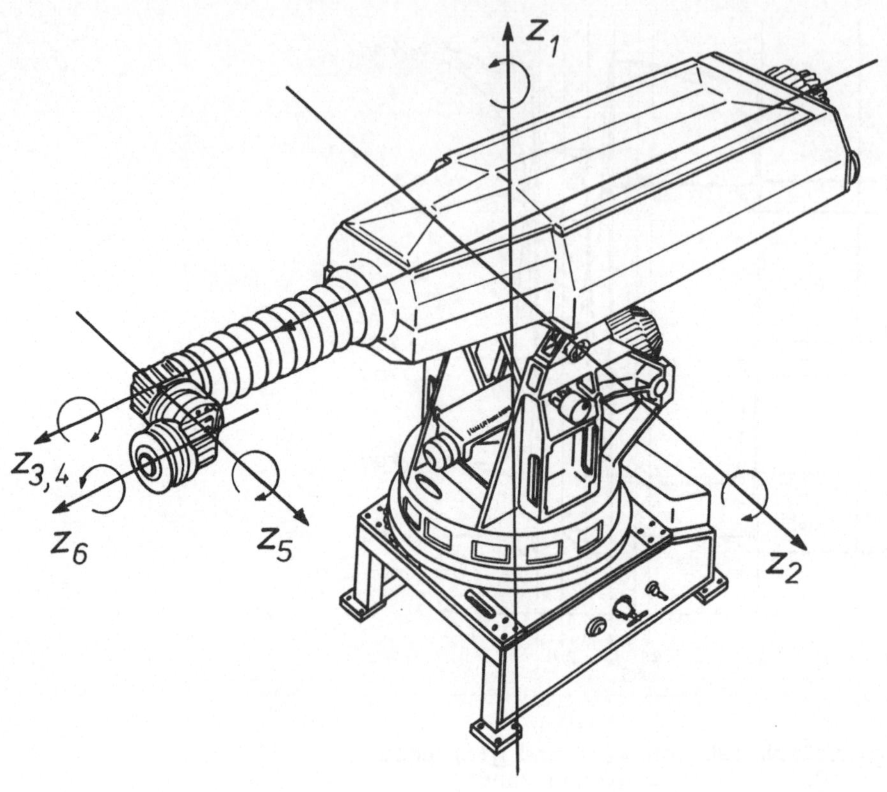

Bild 6: Die Freiheitsgrade (Achsen) des IR VW R 30

9. Zusammenfassung

Grundlage für den Regelungsentwurf ist das Modell des Industrieroboters (IR). Es erweist sich als nichtlineares verkoppeltes System 2. Ordnung, dessen Zustandsgrößen die Ausgangsgrößen sind. Die Entkopplung gelingt sofort durch die Einprägung einer Stellgröße, wie sie durch die Bewegungsgleichungen des IR festgelegt ist. Die Entkopplung läßt sich auch als Störgrößenaufschaltung und gesteuerte Adaption deuten. Nach der Entkopplung liegen entkoppelte Doppelintegratoren vor.

Günstige Regelungen sind der PD- und der PID-Zustandsregler unter Berücksichtigung der Führungsbeschleunigung, wenn kleine Regelabweichungen vorliegen. Die Kaskadenregler sind ein Sonderfall der Zustandsregler. Bei großer Regelabweichung ist der zeitoptimale Regler vorteilhaft.

Liegt die Führungsgröße in einem Sensor-Koordinatensystem vor, so ist die Regelung nicht in diesem, sondern im Roboter-Koordinatensystem vorzunehmen, denn dann entfällt die aufwendige Stellgrößentransformation.

Bei heutigen IR sind die geschwindigkeitsabhängigen Verkopplungen vernachlässigbar klein während die lageabhängigen spürbaren Einfluß aufweisen.

Die Realisierung der Entkopplung und Regelung ist mit einem Mehrprozessorrechner durchführbar.

Literatur

1. Joos, G.: Lehrbuch der theoretischen Physik. Akademische Verlagsanstalt.

2. Patzelt, W.: Nichtlineare Regelung von Handhabungssystemen hoher Arbeitsgeschwindigkeit. DFG-Bericht.

3. Freund, E., Syrbe, M.: Control of Industrial Robots by Means of Microprocessors. Proceedings Internat. Symposium on New Trends in System Analysis, IRIA, Versailles, Nov. 1976.

4. Foith, J.: Optischer Sensor für Erkennung von Werkstücken auf laufendem Transportband, realisiert mit einem modularen System. Fachberichte Messen, Steuern, Regeln, Band 4 "Wege zu sehr fortgeschrittenen Handhabungssystemen". Springer-Verlag Berlin-Heidelberg-New York, 1979.

PROGRAMMIERUNG UND FÜHRUNG VON ROBOTERBEWEGUNGEN

PROGRAMMING AND GUIDANCE OF ROBOT MOTIONS

K.-H. Meisel

Fraunhofer-Institut für Informations- und Datenverarbeitung (IITB)
7500 Karlsruhe

Summary

This paper deals with the calculation of the reference input of a
industrial robot controller. Treated in detail are the problems of
the transformation of coordinates, particularly from "world"-coordi-
nate systems into the joint coordinate systems. These transformations
are an essential part for the calculation of reference input of industrial robots. They are necessary if using external sensors as well
as teaching the robot using external coordinate systems. Hereby it is
shown that the configuration of robots (number of joints, prismatic
or revolute joints, arrangement of joints) makes a considerable dif-
ference for the solvability respectively for the fast and exact solu-
tion of the coordinate transformation.

A further crucial point treated in this paper is the calculation of
robot paths. Depending on intermediate path points, forbidden areas
and given velocities the paths of robot motions are computed. For the
trajectories of the robot motions polynomials are determined. Deter-
mining these polynomials various optimization criteria (length, time,
energy consumption, minimum stress imposed on material) can be taken
into consideration.

1. Einführung und Problemaufgliederung

Die Bewegungsprogrammierung bzw. Bewegungsführung von Industrierobotern bildet das Bindeglied zwischen Mensch und/oder Sensoren auf der einen, und dem Roboter auf der anderen Seite. Informationen über Arbeitsabläufe werden in Eingangsgrößen für die Robotersteuerung umgewandelt. Dabei ergeben sich sehr unterschiedliche Aufgaben: Das Einlernen von Arbeitsabläufen sollte möglichst einfach sein und vom Bediener wenig Abstraktionsvermögen erfordern. Deshalb müssen einfache, auch von nicht datenverarbeitungsorientierten Personen bedienbare, auf roboterexterne Koordinatensysteme abgestützte Programmiersysteme entwickelt werden, die i.a. nicht optimierte Bewegungsbahnen liefern. Der Einsatz von externen Sensoren ist für die heute absehbaren Einsatzfälle der Industrieroboter von zunehmender Bedeutung.

Aus der Vielfalt der damit zusammenhängenden Problemstellungen werden im folgenden zwei herausgegriffen und näher behandelt. Beim Einsatz von externen Sensoren, aber auch beim Einlernen von Arbeitsabläufen in externen Koordinatensystemen zeigt sich schnell, daß die Koordinatentransformation von externen Koordinatensystemen in das roboterinterne Koordinatensystem eine zentrale Rolle bei der Bewegungsführung fortgeschrittener Robotersysteme spielt. Als weitere Aufgabe wird in Abschnitt 3 die Bestimmung von optimalen Bahnkurven nach unterschiedlichen Kriterien unter Einhaltung von Restriktionen behandelt, deren Berücksichtigung für den Menschen als Bewegungsbahnprogrammierer schwierig ist.

2. Koordinatentransformation

Bei den heute üblichen Bewegungsprogrammierverfahren (Teach-in) für Industrieroboter ist die Aufgabe der Koordinatentransformation meist nicht relevant: Der Roboter wird in die gewünschten Stellungen gefahren. Die so erhaltenen Roboterkoordinaten aus den Koordinatengebern des Roboters werden in einen Speicher übernommen. Bei diesem Lernen in Roboterkoordinaten ist keine Koordinatentransformation notwendig. Der mechanische Aufbau des Roboters ist daher vorwiegend nach maschinenbauorientierten Kriterien konzipiert. Fortgeschrittene Methoden, die das Verfahren des Roboters nicht voraussetzen, und der Einsatz von externen Sensoren zwingen zur Berücksichtigung von externen Koordinatensystemen. Für die Bewegungsführung von Industrierobotern stellt sich damit die Aufgabe der Koordinatentransformation, insbesondere von einem externen (i.a. kartesischen) Koordinatensystem in das roboterspezifische Koordinatensystem.

2.1 Mathematisches Modell

Bei der Lösung und der geschlossenen Lösbarkeit dieser Aufgabe spielt die Robotergeometrie eine erhebliche Rolle. Mit Hilfe eines mathematischen Modells ist es möglich, Roboter bezüglich ihrer Eignung bei der Koordinatentransformation zu klassifizieren /1/. Es wird vorausgesetzt, daß der Roboter starre Rotations- oder Translationsachsen hat. Bei der Klassifizierung eines Roboters wird jedem Gelenk ein rechtsorientiertes kartesisches Koordinatensystem zugeordnet. Die z-Achse zeigt dabei in Richtung der Gelenkachse. Die x-Achse zeigt entlang der gemeinsamen Normalen, und zwar in Richtung von z_{i-1}- nach z_i-Achse. Bild 1 zeigt die Achseneinteilung für den VW-Roboter R30.

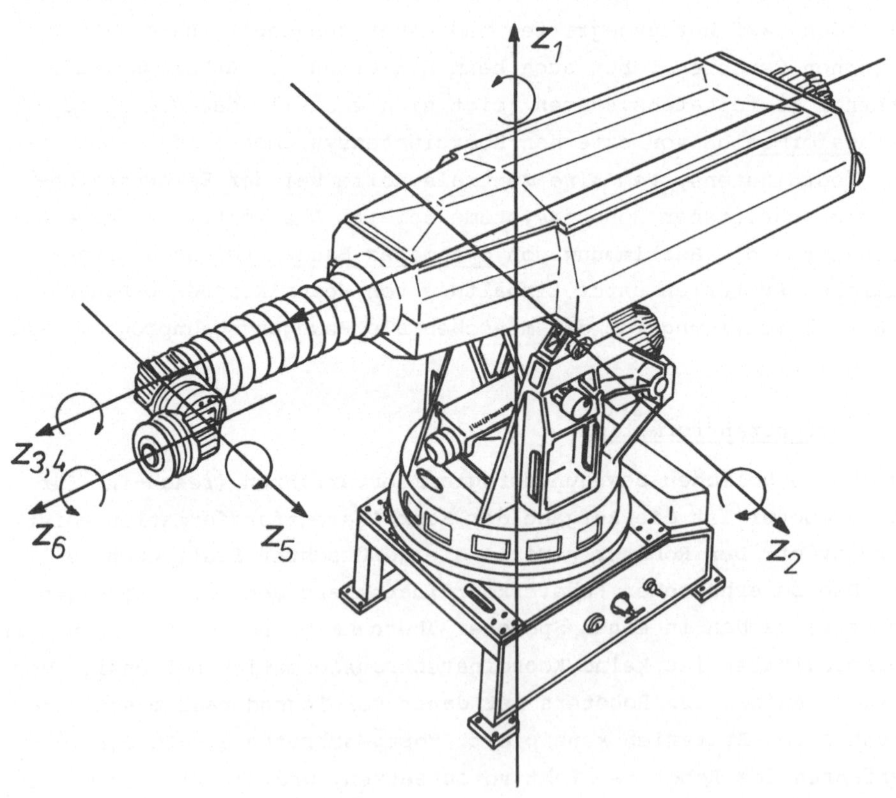

Bild 1: Achseneinteilung des Volkswagen-Roboters R30.

Die Transformation zweier benachbarter Koordinatensysteme K_i und K_{i+1} wird mit Hilfe von 4 Parametern $(\theta_i, s_i, a_i, \rho_i)$ durchgeführt. Das Auffinden der 4 Parameter ist in den Schritten 2b-2e, die in den Bildern 2a, 2b, 2d, 2e illustriert sind, an Hand der Koordinatensysteme K_2 und K_3 des VW-Roboters R30 dargestellt.

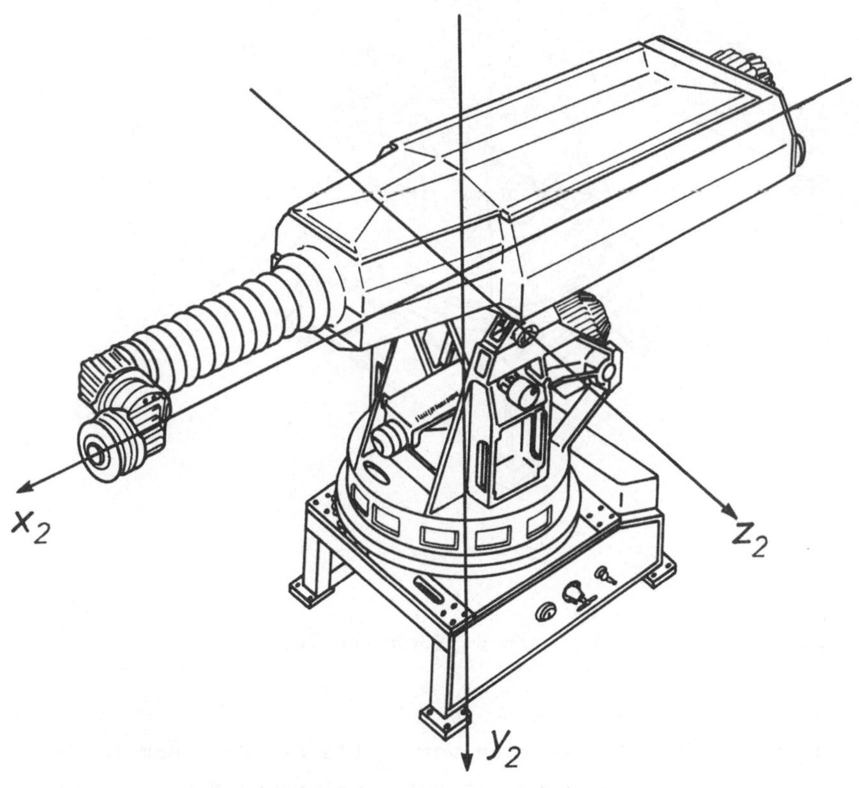

<u>Bild 2a:</u> Koordinatensystem K_2

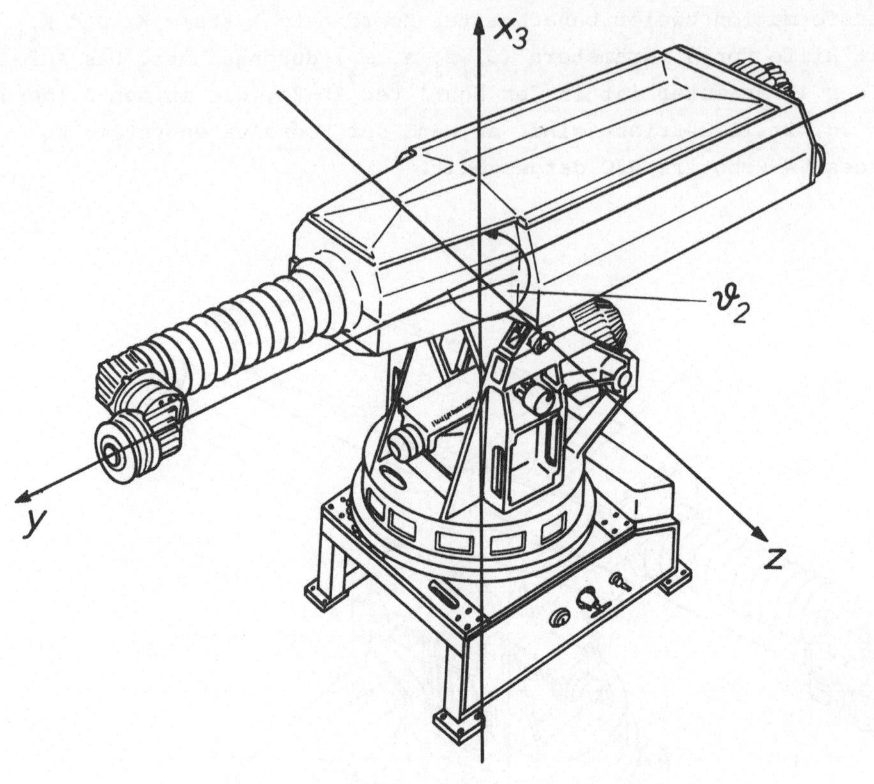

Bild 2b: Drehung bis $x_2 \parallel x_3$ $\Rightarrow$ θ_2 (Schritt 2b)

Schritt 2c (ohne Bild): Translation von K_2 bis der Ursprung im Schnittpunkt der gemeinsamen Normalen von z_2, z_3 und z_2 liegt
$\Rightarrow$ s_2 (entfällt in diesem Beispiel, $s_2 = 0$)

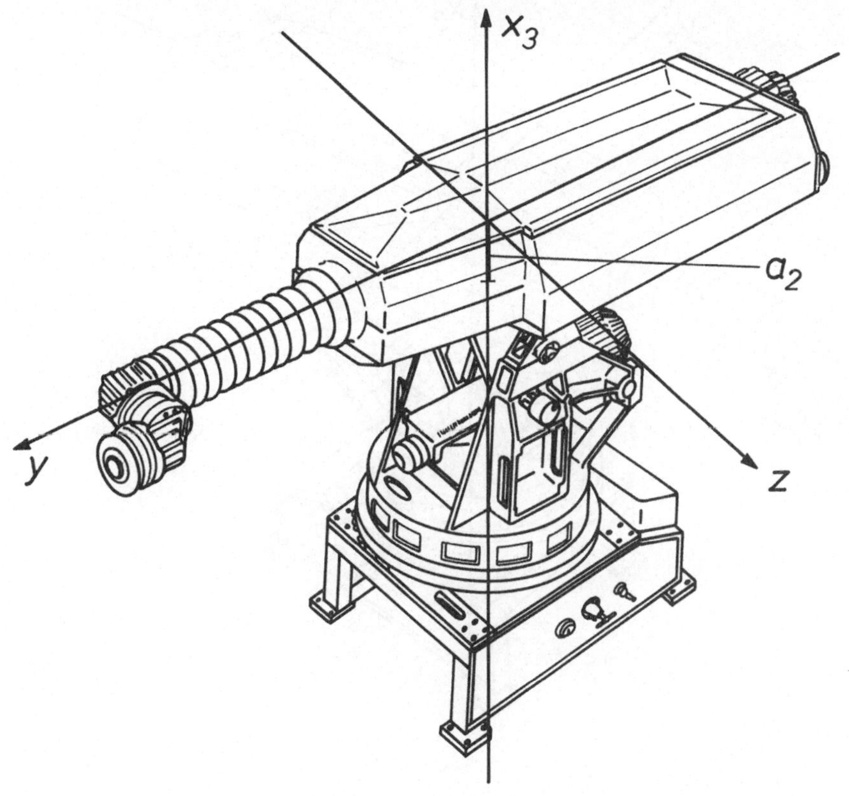

<u>**Bild 2d:**</u> Translation entlang x_3 um die Ursprünge von K_2 und K_3 in Übereinstimmung zu bringen = $\Rightarrow a_2$ (Schritt 2d)

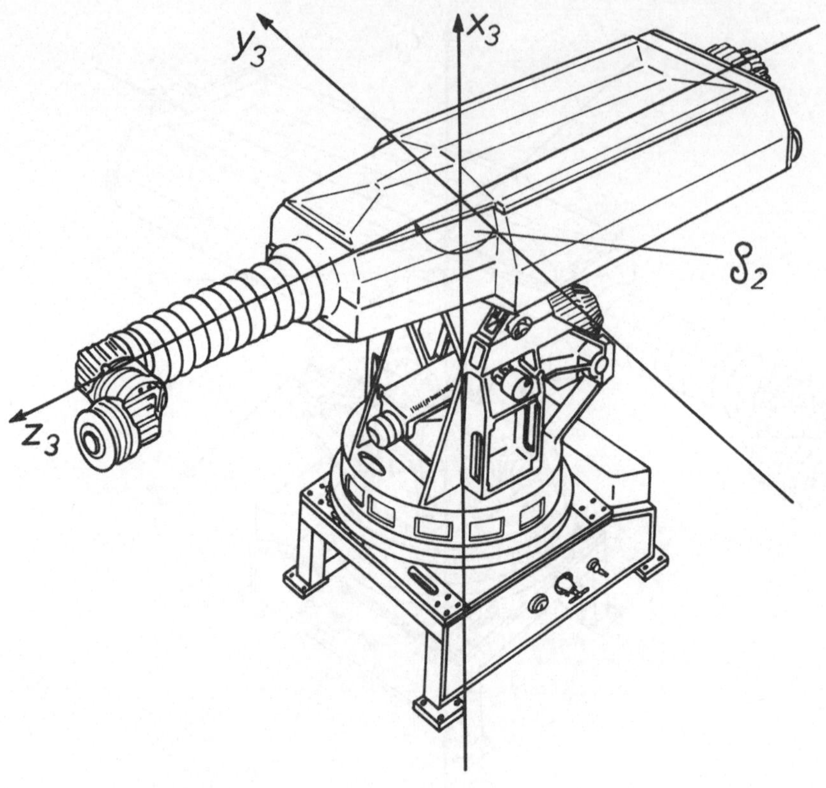

Bild 2e: Drehung um x_3 bis z-Achsen übereinstimmen $= \Rightarrow \rho_2$ (Schritt 2e)

Die Parameter a_i und ρ_i sind immer konstant und aus der Robotergeometrie gegeben. Handelt es sich um eine Rotationsachse, ist s_i konstant und θ_i die Gelenkvariable. Bei einer Translationsachse ist θ_i konstant und s_i variabel.

2.2 Transformationsmatrizen

Ein Punkt P_i im Koordinatensystem K_i sei gegeben durch den Vektor

$$\underline{Pi} = \begin{pmatrix} x_i \\ y_i \\ z_i \\ 1 \end{pmatrix} \quad \text{in } K_i \text{ zu } (x_i, y_i, z_i) \tag{1}$$

Die 4. Komponente 1 wird ergänzt, um die Multiplikation mit den Matrizen in den Gleichungen (3), (5) und (7) zu ermöglichen.

Mit Hilfe der Parameter θ_i, s_i, a_i, ρ_i wird die Transformationsmatrix $\underline{\underline{A_i}}$ für eine Koordinatentransformation von K_{i+1} in K_i aufgestellt.

Die dazugehörige Transformationsgleichung lautet:

$$\underline{P_i} = \underline{\underline{A_i}} \cdot \underline{P_{i+1}} \tag{2}$$

Die 4x4 Matrix $\underline{\underline{A_i}}$ besteht hauptsächlich aus einer 3x3 Drehmatrize (links oben), einem Translationsvektor (4. Spalte). Die Komponenten der Matrix ergeben sich aus Kombinationen von θ_i, s_i, a_i und ρ_i bzw. ihren Winkelfunktionen /6/.

$$\underline{\underline{A_i}} = \begin{pmatrix} \cos\theta_i & -\sin\theta_i\cos\rho_i & \sin\theta_i\sin\rho_i & a_i\cos\theta_i \\ \sin\theta_i & \cos\theta_i\cos\rho_i & -\cos\theta_i\sin\rho_i & a_i\sin\theta_i \\ 0 & \sin\rho_i & \cos\rho_i & s_i \\ 0 & 0 & 0 & 1 \end{pmatrix} \tag{3}$$

Die Transformationsgleichung vom Koordinatensystem K_i in K_{i+1} lautet:

$$\underline{P_{i+1}} = \underline{\underline{\overline{A_i}}} \cdot \underline{P_i} \tag{4}$$

Dazu ist die zu $\underline{\underline{A_i}}$ inverse Matrix $\underline{\underline{\overline{A_i}}}$ notwendig.

$$\overline{\underline{\underline{A_i}}} = \begin{pmatrix} \cos\theta_i & \sin\theta_i & 0 & -a_i \\ -\sin\theta_i\cos\rho_i & \cos\theta_i\cos\rho_i & \sin\rho_i & -s_i\cos\rho_i \\ \sin\theta_i\sin\rho_i & -\cos\theta_i\sin\rho_i & \cos\rho_i & -s_i\cos\rho_i \\ 0 & 0 & 0 & 1 \end{pmatrix} \qquad (5)$$

Bei der Koordinatentransformation von Roboterkoordinaten in ein raumfestes kartesisches Koordinatensystem (speziell K_1) benötigt man die Matrix

$$\underline{\underline{A}}_{\text{Gesamt}} = \underline{\underline{A}}_1 \cdot \underline{\underline{A}}_2 \cdot \underline{\underline{A}}_3 \cdot \ \cdots \ \cdot \underline{\underline{A}}_n \qquad (6)$$

Sie ist leicht durch Matrizenmultipliklation zu erhalten, da alle Parameter θ_i, s_i, a_i und ρ_i für alle Matrizen A_i bekannt sind, entweder aus der Robotergeometrie (a_i, ξ_i, s_i oder θ_i) oder den bekannten Robotervariablen (s_i oder θ_i). Hat man nun einen Punkt P_{n+1} ($x_{n+1}, y_{n+1}, z_{n+1}$) in einem roboterspezifischen Greiferkoordinatensystem, so wird er mit

$$\underline{P}_1 = \underline{A}_{\text{Gesamt}} \cdot \underline{P}_{n+1} \qquad (7)$$

in das raumfeste Koordinatensystem K_1 transformiert.

2.3 Lösbarkeit und Lösung

Verwendet man Lernverfahren mit kartesischen Koordinaten oder setzt externe Sensoren ein, ist jedoch die umgekehrte Transformation notwendig. Aus Werten von raumfesten kartesischen Koordinatensystemen (speziell K_1) müssen die Roboterkoordinaten (θ_i bzw. s_i) gewonnen werden. Diese Aufgabe ist erheblich schwieriger:

Bekannt ist die Gesamtmatrix :

$$\underline{A_{\text{Gesamt}}} = \begin{pmatrix} f_1 & g_1 & h_1 & p_1 \\ f_2 & g_2 & h_2 & p_2 \\ f_3 & g_3 & h_3 & p_3 \\ 0 & 0 & 0 & 1 \end{pmatrix} \qquad (8)$$

$$\underline{f} = (f_1, f_2, f_3) \qquad \text{Einheitsvektor ausgerichtet nach x-Achse von } K_{n+1} \qquad (9)$$

$$\underline{g} = (g_1, g_2, g_3) \qquad \text{Einheitsvektor ausgerichtet nach} \atop \text{y-Achse von } K_{n+1} \qquad (10)$$

$$\underline{h} = (h_1, h_2, h_3) \qquad \text{Einheitsvektor ausgerichtet nach} \atop \text{z-Achse von } K_{n+1} \qquad (11)$$

$$\underline{p} = (p_1, p_2, p_3) \qquad \text{Ursprung von } K_{n+1} \text{ in } K_1 \qquad (12)$$

Bild 3 zeigt diese Einheitsvektoren in einem realen Robotersystem.

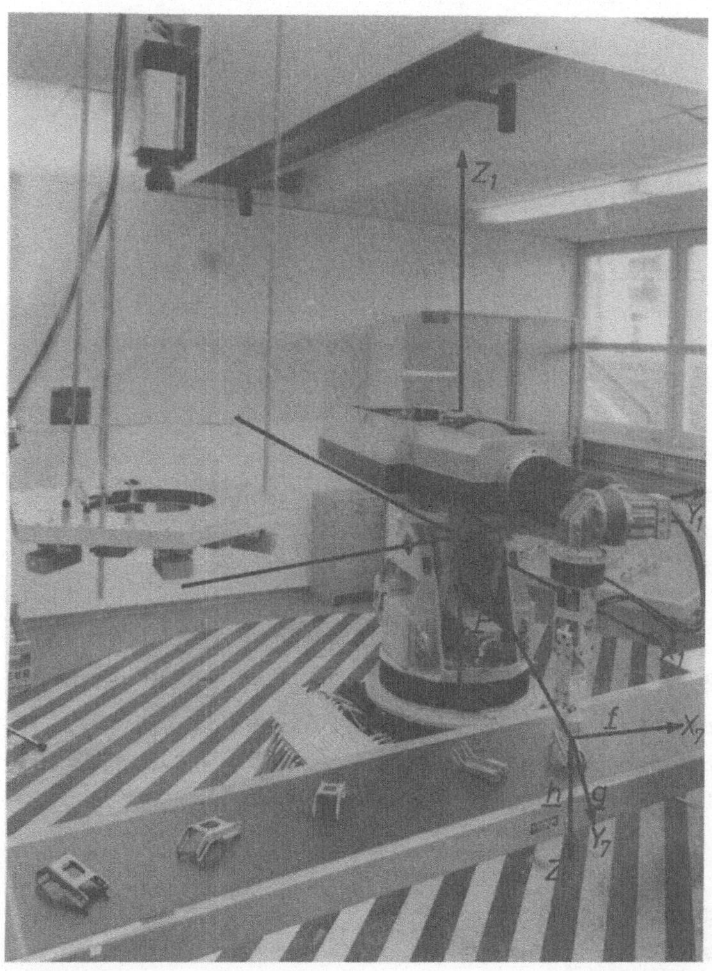

Bild 3: Einheitsvektoren $\underline{f}$, $\underline{g}$, $\underline{h}$ und Vektor $\underline{p}$ bei einem 6-achsigen
Roboter im Werkstückkoordinatensystem K_7. Der Roboter ist
kurz vor dem Zugriff, muß aber seine Handachse noch drehen,
damit sein Greiferkoordinatensystem damit übereinstimmt.

P_{n+1} ist ebenso bekannt wie P_1. P_{n+1} ist der Greifpunkt im Greiferkoordinatensystem K_{n+1}. Er ergibt sich aus dem Greifwerkzeug bzw. dem
Werkstück. P_1 ist der Greifpunkt in K_1. Im allgemeinen ist der Greifpunkt nicht unbedingt in K_1 gegeben. Werden andere externe raumfeste
Koordinatensysteme benutzt (z.B. Sensorblickfeld), so kann durch einfache Transformation P_1 in K_1 gewonnen werden. Somit sind alle Teile
aus (7) bekannt. Die Koordinatentransformation vom raumfesten kartesischen Koordinatensystem K_1 in das Roboterkoordinatensystem besteht
nun darin, die s_i bzw. θ_i in allen $\underline{\underline{A}}_i$ (i = 1, ..., n) so zu bestimmen,
daß (6) erfüllt ist, d.h. $\underline{\underline{A}}_{Gesamt} = \underline{\underline{A}}_1 \cdot \underline{\underline{A}}_2 \cdot \ldots \cdot \underline{\underline{A}}_n$.

Die Lösung bzw. die geschlossene Lösbarkeit dieser Aufgabe hängt ab
von der

- Anzahl der Roboterfreiheitsgrade
- Art der Freiheitsgrade
- Anordnung der Freiheitsgrade.

Bei der Anzahl der Freiheitsgrade gilt die Faustregel, je weniger
Freiheitsgrade, je einfacher die Lösung. Bei wenigen Freiheitsgraden
ist jedoch zu beachten, daß nicht mehr jeder Punkt im Raum mit beliebiger Orientierung der Roboterhand erreicht werden kann.

Bei der Lösung der Aufgabe sollen Roboter mit 6 Freiheitsgraden betrachtet werden. Aus dem Gleichungssystem (6) werden 6 unabhängige
Gleichungen für θ_i bzw. s_i (i=1,...,6) extrahiert. Die Lösung dieses
Gleichungssystems läßt sich auf das Auffinden von Polynomwurzeln zurückführen.

Definition der Lösbarkeit

Die Aufgabe der Koordinatentransformation von einem raumfesten kartesischen in ein Roboterkoordinatensystem ist dann lösbar, wenn der Polynomgrad so niedrig ist, daß das Auffinden der Wurzeln noch genügend
genau und genügend schnell möglich ist.

Die Definition von genügend genau und genügend schnell hängt von der
speziellen Aufgabenstellung des Roboters ab. Im allgemeinen sollte der
Polynomgrad jedoch nicht > 4 sein,

Daraus ergeben sich bestimmte Anforderungen an die Konstruktion von
Robotern. Es können Robotergeometrien angegeben werden, für die die
Koordinatentransformation im obigen Sinne lösbar ist. Beispiele hier-

für sind Roboter mit 6 Freiheitsgraden, bei denen gilt:

- die ersten 3 Achsen (Translations- oder Rotationsachsen) schneiden sich in einem Punkt
- die letzten 3 Achsen (Translations- oder Rotationsachsen) schneiden sich in einem Punkt
- 3 benachbarte Rotationsachsen schneiden sich in einem Punkt
- mindestens 3 Translationsachsen sind in beliebiger Anordnung vorhanden.

2.4   Auswege bei Unlösbarkeit

Aber auch bei Unlösbarkeit der Koordinatentransformation gemäß obiger Definition sind Auswege möglich, die es erlauben, mit externen raumfesten Koordinatensystemen zu arbeiten. Durch eine günstige Arbeitsplatzgeometrie können Sonderfälle gewonnen werden, für die die Transformation wieder lösbar wird. Als Beispiel sei wieder der VW-Roboter R30 erwähnt. Er ist ein 2R-T-3R, $a_2 s_3 s_5 s_6$-Typ. Dies bedeutet, er hat in Reihenfolge 2 Rotations-, 1 Translations- und 3 Rotationsachsen. Die Parameter $a_1 = a_3 = a_4 = a_5 = a_6$ und $s_1 = s_2 = s_4$ sind O. Die Koordinatentransformation ist für ihn nicht trivial lösbar.

Mögliche Aussage in einem solchen Fall:

a) Wählt man jedoch den Sonderfall des senkrechten Griffs auf eine Arbeitsfläche, die parallel zu der x_1, y_1-Ebene des Koordinatensystems K_1 ist, so läßt sich die Koordinatentransformation auf die Auswertung von quadratischen Gleichungen und Berechnung einfacher trigonometrischer Funktionen zurückführen. Dies wurde an Hand des Griffes auf ein laufendes Band durchgeführt /2/.

b) Bei manchen Anwendungen ist es nicht notwendig, die Koordinatentransformation innerhalb der Tastperiode der Regelung durchzuführen. In solchen Fällen ist der Einsatz von, allerdings meist zeitaufwendigen, Iterationsverfahren denkbar /1/, /3/. Beispiele zeigen, daß selbst der Griff auf ein laufendes Band durch Vorwegnahme der Koordinatentransformation und späterer Interpolation während der Tastperiode gelöst werden kann /4/.

3. Optimale Bahnvorgabe

Die Vorgabe von Führungsgrößen für die Regelung beinhaltet i.a. nicht
nur die Vorgabe des Ortes $\underline{w}$ (t), sondern auch die Vorgabe der Geschwindigkeit $\underline{\dot{w}}$ (t) für die Roboterbewegung. Bei manchen Regelstrategien
wird außerdem die Führungsbeschleunigung $\underline{\ddot{w}}$ (t) als weitere Führungsgröße gefordert.

Bei der Verfolgung von bewegten Objekten durch den Roboter wird der
Ort des Objektes vornehmlich über externe Sensoren vorgegeben. Er muß
dann in das Roboterkoordinatensystem transformiert werden. Geschwindigkeiten und Führungsbeschleunigungen werden, falls erforderlich,
durch einmaliges bzw. zweimaliges numerisches Differenzieren innerhalb
einer Tastperiode der Regelung ermittelt /2/.

Ist jedoch die Bahn des Roboters vorher bekannt, sind andere Strate-
gien anwendbar. Die Bahn des Roboters sei durch eine endliche Anzahl
von Punkten $P(t_j)$ (j=1,...,m) in einem kartesischen Koordinatensystem
gegeben. Weiterhin sei die Orientierung der Roboter-Hand $O(t_j)$
(j=1,...,m) in diesen Punkten bekannt. Mit der Koordinatentransformation (siehe oben) erhält man daraus für jeden Roboterfreiheitsgrad
Führungsgrößen $w_i(t_j)$ (j=1,...,m) für alle $P(t_j)$ und $O(t_j)$. Die Geschwindigkeiten $\dot{w}_i(t_j)$ sind zumindest in einigen Punkten zwingend vorgegeben (z.B. beim Ablegen eines Werkstückes $\dot{w}_i(t_j)$ (i=1,...,n)=0).
Die Berechnung der Führungsgrößen für die Regelung besteht nun darin,
aus diesen Werten die Roboterbewegung festzulegen. Die einfachste Strategie gibt der Regelung so lange den Sollpunkt $w_i(t_j)$ (j=1,...,m) vor,
bis die Regelabweichung

$$| w_i(t_j)-q_i(t_j) | \leqslant \varepsilon \quad i=1,..,n \tag{13}$$

$q_i(t_j)$ ist die Regelgröße, ε eine vorgegebene Toleranz.

Um eine gute Genauigkeit zu erreichen, muß diese Toleranz klein bzw.
= 0 gewählt werden. Dies bedeutet jedoch i.a., daß $\dot{w}_i(t_j)$=0 (j=1,...,m)
wird, d.h. der Roboter hält an allen Punkten an. Dies ist das bei vielen Robotern geläufige Punkt-zu-Punkt-Fahren.

Diese Art der Führungsgrößenvorgabe für die Regelung hat erhebliche
Nachteile. Die Geschwindigkeit geht in allen Zwischenpunkten fast auf
0 zurück. Über den Weg und die Geschwindigkeit zwischen zwei Punkten
kann im voraus keine Aussage gemacht werden.

3.1 Bahnvorgabe

Es ist erheblich besser, die Roboterbewegungen mittels Bahnen $w_i(t)$ vorzugeben. Dabei bietet sich die Optimierung dieser Roboterbahnen an. Kriterien für die Optimierung können sein:

- kürzester Weg
- kürzeste Zeit
- geringster Energieverbrauch
- hohe Materialschonung (keine Sprünge von negativen zu positiven Beschleunigungen und umgekehrt).

Bei der Erstellung dieser Bahnen $w_i(t)$ eignen sich Polynome besonders gut /5/. Sie haben die Eigenschaft, daß aus ihnen leicht die Geschwindigkeit $\dot{w}_i(t)$ und die Führungsbeschleunigungen $\ddot{w}_i(t)$ abgeleitet werden können. Polynome hohen Grades sind ungeeignet für die Auswertung innerhalb der Tastperiode der Regelung. Man kann den Polynomengrad niedrig halten, wenn man nicht zwischen allen Punkten $w_i(t_j)$ interpoliert, sondern immer nur zwischen zwei benachbarten. Es stellen sich also folgende Aufgabentypen:

Interpolation zwischen zwei benachbarten Punkten

$$w_i(t_1) \quad \text{und} \quad w_i(t_2)$$

Ohne Beschränkung der Allgemeinheit werden die beiden Punkte

$$w_i(t_1) \quad \text{und} \quad w_i(t_2)$$

herausgegriffen.

a) Bekannt sind:
$$w_i(t_1) \ ; \ w_i(t_2)$$
$$\dot{w}_i(t_1) \ ; \ \dot{w}_i(t_2)$$
$$\ddot{w}_i(t_1)$$
$$t_1 ; t_2$$

gesucht : $\quad w_i(t) \quad\quad\quad\quad$ für alle $i=1,\ldots,n$

Diese Aufgabenstellung führt immer auf die Lösung eines linearen Gleichungssystems.

b) bekannt sind: $\quad w_i(t_1)$; $w_i(t_2)$

$\qquad\qquad\qquad \dot{w}_i(t_1)$; $\dot{w}_i(t_2)$

$\qquad\qquad\qquad \ddot{w}_i(t_1)$

$\qquad\qquad\qquad t_1$

gesucht: $\qquad\quad w_i(t)\quad$ und $\quad t_2 \qquad\qquad$ für alle i=1,...,n

$\qquad\quad w_i(t)$ sind Polynome für die Ortskurve über t.

Aufgabenstellung b) führt auf nichtlineare Gleichungssysteme.

Die Lösung beider Aufgaben vereinfacht sich, wenn z.B. $\dot{w}_i(t_2)$ und/
oder $\ddot{w}_i(t_1)$ nicht fest vorgeschrieben sind. Beim Erstellen dieser
Polynome ist zu beachten, daß $w_i(t_1)$ und $\dot{w}_i(t_1)$ immer durch das vorhergehende Polynom schon festgelegt sind, da Ort und Geschwindigkeiten
auf der gesamten Roboterbahn keine Sprünge machen können. Weiterhin
sind folgende Restriktionen einzuhalten und bei der Erstellung der
Polynome zu berücksichtigen:

$\quad -|\ddot{w}_i(t)| \leq$ maximale Antriebsbeschleunigungen $\qquad\qquad\qquad\qquad$ (14)

Die maximal zulässige Führungsbeschleunigung für jeden einzelnen
Freiheitsgrad hängt von den verfügbaren Antriebsmomenten ab. Es
ist zu beachten, daß die Beschleunigung für einen jeden Freiheitsgrad nicht allein aus seiner Führungsbeschleunigung besteht, sondern auch Beschelunigungen zur Überwindung von statischen und dynamischen Verkopplungen der Freiheitsgrade des Roboters benötigt
werden.

$\quad -\ |\dot{w}_i(t_1)| \leq$ maximale Antriebsgeschwindigkeiten $\qquad\qquad\qquad$ (15)

Die Geschwindigkeitsrestriktionen ergeben sich hauptsächlich aus
den maximalen Antriebsgeschwindigkeiten.

$\quad -$ Untere Bewegungsraumgrenzen $\leq w_i(t) \leq$ obere Bewegungsraum- $\qquad$ (16)
$\quad$ grenzen

Untere und obere Bewegungsraumgrenzen folgen aus der Robotergeometrie bzw. den Endanschlägen für die einzelnen Freiheitsgrade. Aber auch Hindernisse können verbotene Bereiche für
$w_i(t)$ ergeben.

$$- \text{(bei b))} \qquad t_2 > t_1 \tag{17}$$

Die Restriktionen sollen zeitinvariant sein.

3.2 Beispiele zur Bahnvorgabe

Nachstehend seien zwei Beispiele zur Berechnung von Roboterbahnen für einen Freiheitsgrad gegeben. Als gegeben wird vorausgesetzt:

$$w(t_o)=2, \quad w(t_1)=3, \quad w(t_2)= -1 \tag{18}$$

$$\dot{w}(t_o)=0, \quad \dot{w}(t_1)=-1, \quad \dot{w}(t_2)=0 \tag{19}$$

$$t_1 = 0 \tag{20}$$

als Restriktionen sollen gelten:

$$- 4,0 \triangleq w(t) \triangleq 4,0 \tag{21}$$

$$- 3,0 \triangleq \dot{w}(t) \triangleq 3,0 \tag{22}$$

$$- 1,5 \triangleq \ddot{w}(t) \triangleq 1,5 \tag{23}$$

Im ersten Beispiel ist die zeitoptimale Bahn gesucht, die die Restriktionen (18) - (23) erfüllt.

Als Ergebnis ergibt sich für $t_1=2,55$ und $t_2=5,28$.
Die Bahn lautet für

$$0 \triangleq t \triangleq 0,94 \qquad : \quad w(t) = 0,75\ t^2 + 2,00 \tag{24}$$

$$0,94 \triangleq t \triangleq 3,59 \quad : \quad w(t) = - 0,75\ t^2 + 2,83 + 0,65 \tag{25}$$

$$3,59 \triangleq t \triangleq 5,28 \quad : \quad w(t) = 0,75\ t^2 - 7,93\ t - 19,94 \tag{26}$$

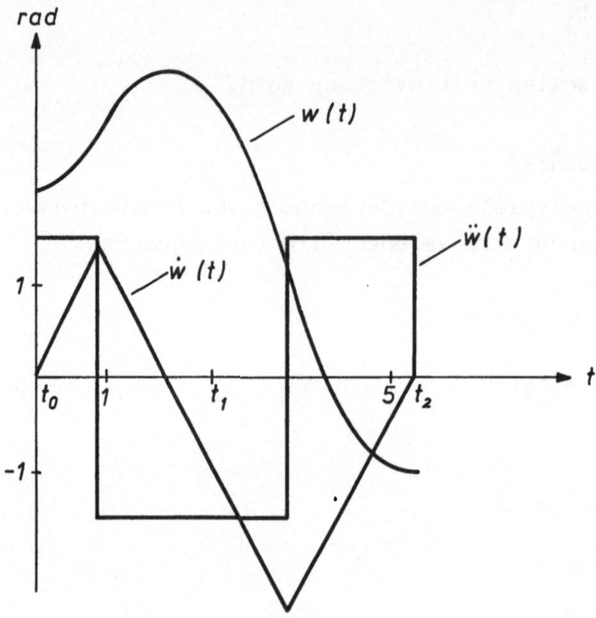

Bild 4 :   Zeitoptimales Bahnfahren

Im zweiten Beispiel sei eine Roboterbahn gesucht, die materialschonen-
der ist, d.h. es sollen keine Sprünge von positiven zu negativen Beschleunigungen und umgekehrt vorkommen. Als Lösung mit einem Polynom
3. Ordnung, das wiederum die Restriktionen (18) - (23) erfüllt, ergibt sich für

$$t_1 = 6,00 \quad \text{und} \quad t_2 = 9,48$$

Für die gegebene Anfangsbeschleunigung $\dot{w}$ $(t_0)=0,5$ lautet die Bahn für

$$0 \leqq t \leqq 6,00 \quad : \quad w(t) = - 0,04\, t^3 + 0,25\, t^2 + 2,00 \tag{27}$$

$$6,00 \leqq t \leqq 9,48 \quad : \quad w(t) = 0,11\, t^3 - 2,35\, t^2 +15,60t -29,20 \tag{28}$$

Die Polynomfaktoren sind auf 2 Stellen nach dem Komma gerundet.

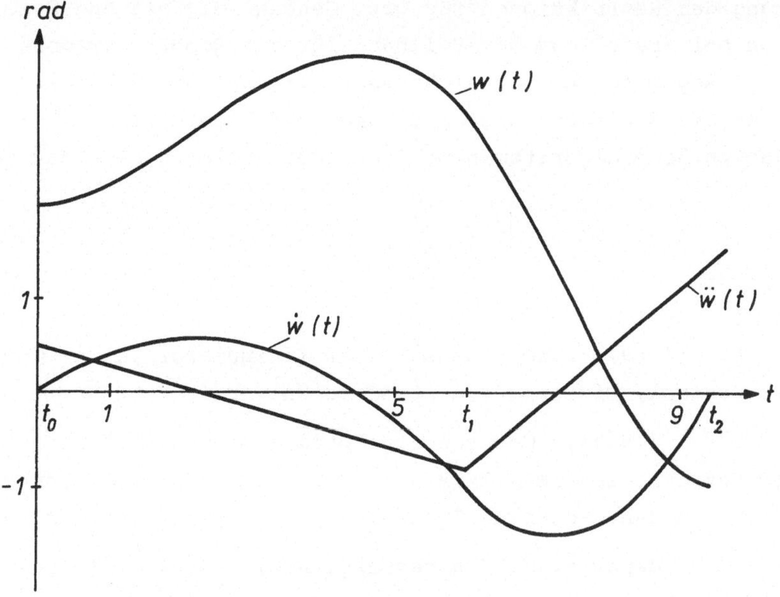

<u>Bild 5 :</u> Materialschonendes Bahnfahren

4. Zusammenfassung

Bei der Konstruktion neuer Handhabungssysteme sollten unbedingt die
Auswirkungen auf die Koordinatentransformation (Abschnitt 2) beachtet
werden. Deshalb soll in weiteren Arbeiten u.a. eine genaue Übersicht
erstellt werden, welche Wechselbeziehungen zwischen Kinematik und Koordinatentransformation bei unterschiedlichen Robotertypen bestehen.
Damit soll dem Konstrukteur ein Hilfsmittel zur Konstruktion von für
die Koordinatentransformation günstigen Robotern zur Verfügung gestellt werden. Die Roboter werden dabei gemäß Abschnitt 2 klassifi-
ziert.

Bei der Berechnung optimaler Sollbahnen hat das Kriterium der Zeit-
optimalität sicherlich die größte Bedeutung, obwohl auch die anderen
Kriterien bei speziellen Aufgabenstellungen interessant sein können.

Die Beachtung der Restriktionen für Ort, Geschwindigkeit und Beschleunigung schon bei Erstellung der Sollbahn für die Roboterbewegung erleichtert die Regelung. Es ist sichergestellt, daß die Roboterrege-
lung nicht an die Stellgrößenbeschränkung läuft. Damit ist es mit relativ einfachen Regelalgorithmen möglich, der Sollbahn sehr gut zu
folgen.

<u>Literatur</u>

1. Pieper, D. (1969). The Kinematics of Manipulators under Computer Control, Dissertation Stanford University.

2. Meisel, K.H. (1979). Methods for Optimal Guidance of Industrial
   Robot Motions, 2nd IFAC/IFIP Symposium on Information Control
   Problems in Manufacturing Technology, Stuttgart, October 1979.

3. Uicker, I.J.; Denavit, J.; Hartenberg, R.S. (1964). An Iterative
   Method for Displacement Analysis of Spatial Mechanisms, Journal
   of Applied Mechanics, June 1964, 309 - 314.

4. Paul, R. (1978). Cartesian Coordinate Control of Robots in Joint
   Coordinates. Third CISM-IFT-MM International Symposium on Theory
   and Practice of Robots and Manipulators, Udine, Italy.

5. Paul, R. (1972). Modelling, Trajectory Calculations and Servoing
   of a Computer Controlled Arm. Dissertation Stanford University,
   August 1972.

6. Denavit, J.; Hartenberg, R.S. (1955). A Kinematic Notation for
   Lower Pair Mechanisms Based on Matrices, Journal of Applied
   Mechanics, vol. 22, Trans. ASME, vol. 77, 215 - 221.

EIN-/AUSGABE-FARBBILDSCHIRMSYSTEM ZUR BAHNVORGABE

INPUT-/OUTPUT-COLOUR-SCREEN-SYSTEM FOR PROGRAMMING

OF ROBOT PATHS

B. Büchsenschütz, R. Grimm, R. Rudolf

Fraunhofer-Institut für Informations- und Datenverarbeitung (IITB)
7500 Karlsruhe

Summary

This paper describes the goals for a system to program and guide
robot paths by means of a graphically programmable I/O-Color-Screen-
System (IOC-system) combined with T.V. cameras for the real scenes
of the robot environment.

The devices and the programming tool of the IOC-system are described
shortly. By means of a test-setup first steps are studied to solve
the special problems of graphical programming in real scenes. These
are in particular the representation of the three-dimensional room by
two-dimensional planes, the limited resolution of T.V. pictures, and
the programming of hidden objects and surfaces.

1. Einführung

Bei der Einsatzprogrammierung von Handhabungssystemen überwiegt heute
die sog. Teach-in-Methode. Dabei werden entweder durch Verfahren der
einzelnen Roboterachsen nacheinander die gewünschten Punkte im Bewegungsraum erreicht oder aber mittels einer Koordinatentransformation
das Verfahren (z. B. der Handwurzel) des Roboters bei koordinierter,
gleichzeitiger Bewegung der Roboterachsen in einem externen Koordinatensystem ermöglicht. Diese Methoden benötigen den Roboter selbst
zur Kontrolle der Richtigkeit angefahrener Raumpunkte sowie zur Ab-
speicherung der Bewegungsbahnpunkte durch Abgriff der internen Lagesensoren. Die erstere Methode hat sich als sehr aufwendig erwiesen.
Die zweite Methode ist durch Verwendung eines roboterexternen, auf-
gabenbezogenen Koordinatensystems wesentlich verbessert.

Eine rein aufgabenbezogene, roboterunabhängige Einsatzprogrammierung
versucht man durch textuelle operative Programmiersprachen, wie AL
oder VAL [1], die jedoch zu ihrer Anwendung Kenntnisse in der Datenverarbeitung verlangen. Wie in [2] weiter ausgeführt, kann sich an
diese Verfahren eine Optimierung der Bahnkurven anschließen.

Ziel des in [3] ausführlich beschriebenen Ein-/Ausgabe-Farbbildschirm-
systems (EAF-System) zur Bahnvorgabe ist es, die Programmierung der
Bahnkurven von Handhabungssystemen rein aufgabenbezogen, d. h. ohne
Verfahren des Roboters sowie ohne spezielle Ausbildung in der Datenverarbeitung möglich zu machen. Nach einer kurzen Einführung in die
Gerätetechnik und Programmstruktur des EAF-Systems werden die notwendigen Erweiterungen sowie der Versuchsaufbau hierzu geschildert. Notwendige Arbeitsschritte zur Lösung der besonderen Problematik bei der
bildgestützten Programmierung in realen Szenen werden aufgeführt.

2. EAF-System

2.1 Gerätetechnische Funktionsaufteilung

Das Blockschaltbild zeigt den Geräteaufbau des EAF-Systems mit den für
die Einblendung realer Szenen erforderlichen Video-Baugruppen (Bild 1).

Die Sichtgerätesteuerung, bestehend aus Zeilenwiederholspeicher,
Kurvengenerator, Symbolgenerator, Videostufe und Takterzeugung, liefert die fernsehgerecht aufbereitete Information für den Farbfernsehmonitor aus dem Prozeßrechner. Die Versorgung der Steuerung mit der
Bildinformation erfolgt interrupt-gesteuert aus dem im Arbeitsspei-
cher des Miniprozeßrechners integrierten Bildwiederholspeicher, der

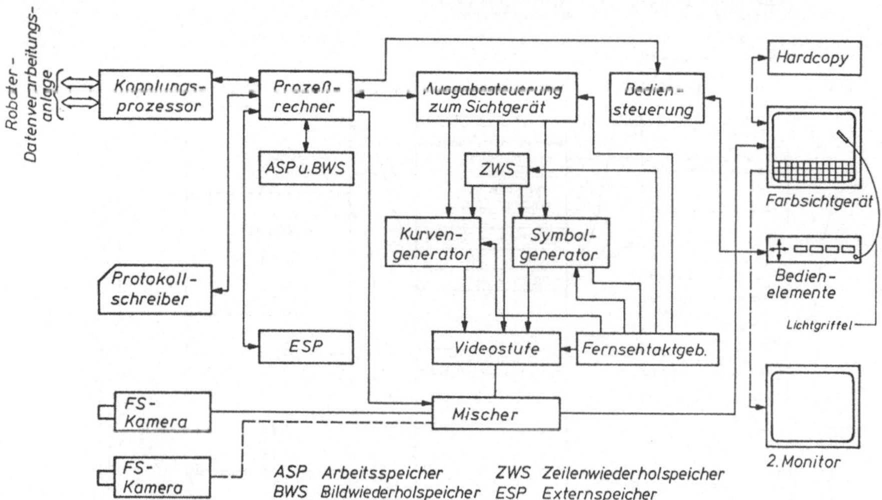

Bild 1: Blockschaltbild des EAF-Systems

50 mal in der Sekunde ausgelesen wird. Die reale Szene, d. h. das Umfeld
des Roboters, wird mittels Fernsehkamera erfaßt und im Mischer mit dem
in der Sichtgerätesteuerung erzeugten Bild vereint und zur Darstellung
auf den Farbfernsehmonitor geführt.

Die Bediensteuerung gibt Lichgriffeleingaben am Monitor, Mehrrich-
tungsgeberstellungen und Funktionsbefehle von realen Tasten an den
Rechner. Sie macht außerdem Ausgaben für Alarmanzeigen sowie Aufforderung zur Bedieneingabe möglich. Der integrierte Prozeßrechner übernimmt die Steuerung dieser Funktionen. Auf seinem Externspeicher sind
die erforderlichen Programme, die Prozeßabbildungen mit ihren Listen
und die Meßwerte abgespeichert. Über eine Kopplungsstation wird das
EAF-System an das Prozeßdatenverarbeitungssystem des Roboters angeschlossen. Eine Hardcopyeinheit ermöglicht das Kopieren des gerade
auf dem Monitor dargestellten Bildes.

2.2 Übersicht über die Programmtechnik

Das EAF-System besitzt zum Aufbau der Prozeßabbildungen einschließlich
Programmierung (auch für Bahnvorgaben und Hindernisse) und für die
Bedienungsaufgabe zwei von der jeweiligen Anwendung unabhängige Stan-
dardprogrammpakete ("Bildaufbau" und "Prozeßführung"), die über gemeinsame Daten in einer Listenstruktur und Grundprogramme kommunizie-
ren (Bild 2).

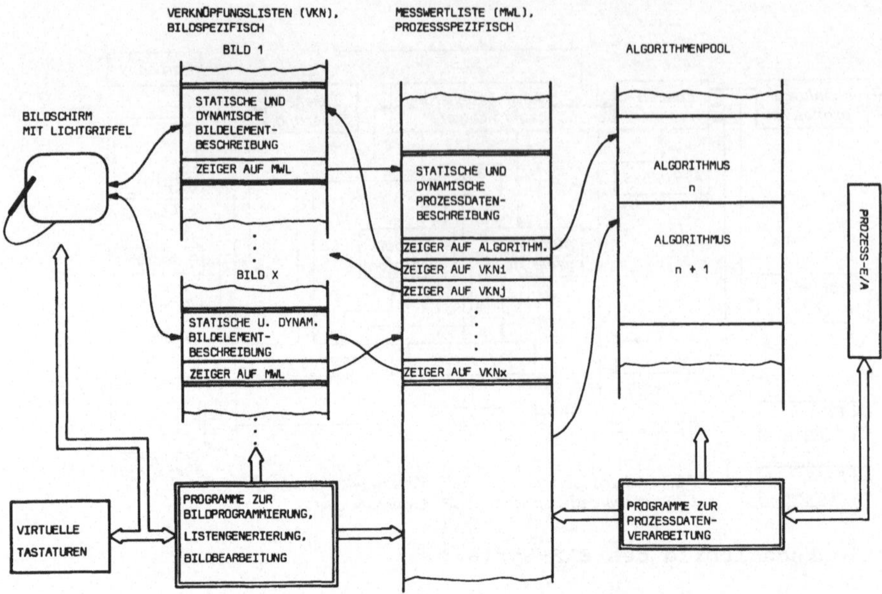

Bild 2: Grundstruktur der Daten und Programme zum EAF-System

Zur Betriebsart Bildaufbau gehören die Phasen

- Allgemeines Zeichnen mit Symboldefinition,
  Zeichnen der Prozeßabbildungen einschließlich
  Bahnkurven und Hindernisse.

- Listenerstellung
  Definieren von Prozeßelementen im Bild mit
  Eintrag der bildspezifischen Daten in die
  Verknüpfungslisten. In dieser Phase werden
  die im Allgemeinen Zeichnen eingetragenen
  Bahnkurven und Hindernisse für das Verarbei-
  tungssystem parametrisiert.

- Wert- und Anschlußzuweisung mit

  o Zuweisen von prozeßspezifischen Werten

  o Zuordnen von Berechnungsalgorithmen
    (z. B. für Bahnkurven)

o   Generieren des Anwenderprogramms für die
    Prozeßführung.

Die Programmstruktur für die Bildaufbauphasen zeigt das Bild 3.

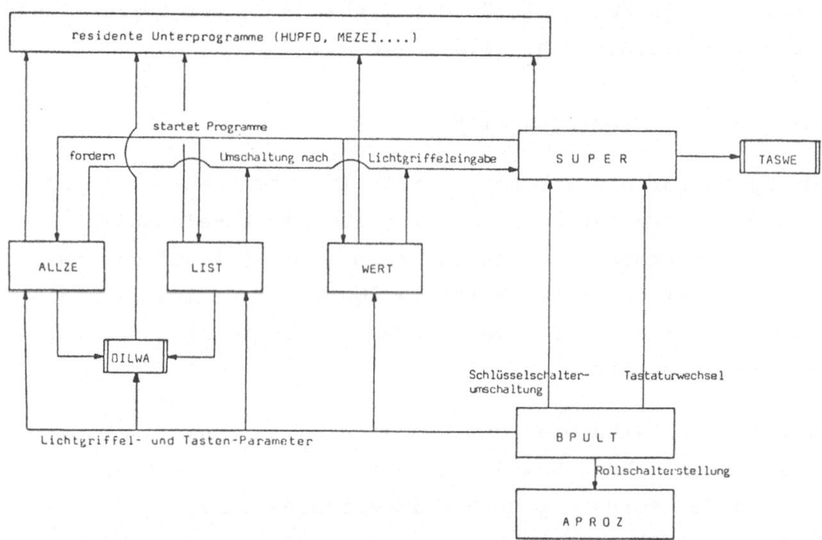

Bild 3: Programmstruktur für den Bildaufbau

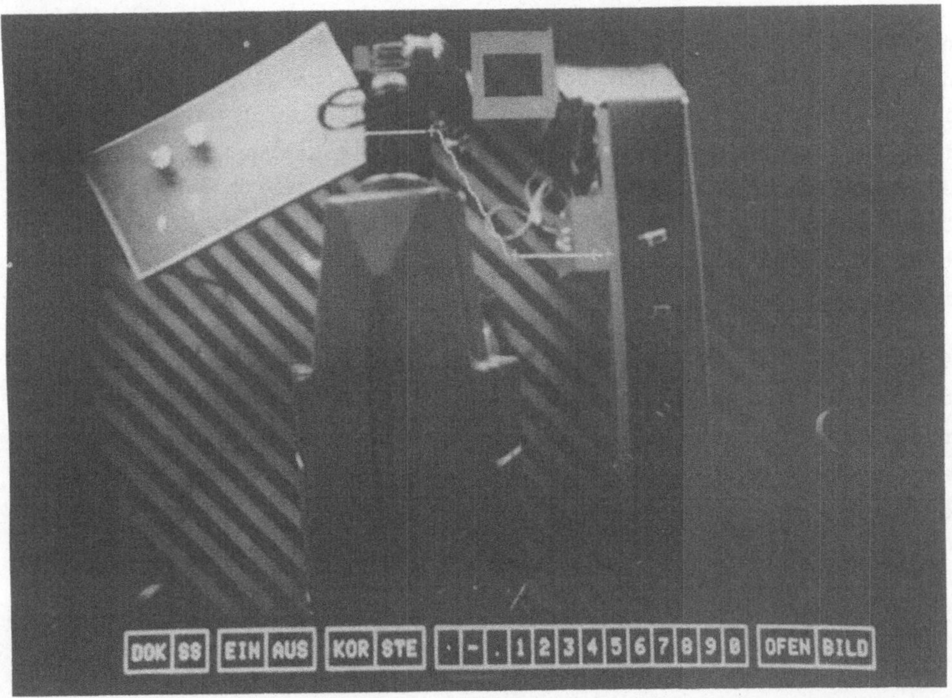

Bild 4: Einblendung der realen Szene mit Bahnkurve und Hindernis

2.3 Versuchsaufbau

Der Versuchsaufbau geht von einer gerätetechnischen Schaltung wie in
Bild 1 wiedergegeben aus. Zur Erfassung des Roboterumfeldes dient eine
Schwarzweiß-Kamera. Ein Beispiel für die Einblendung der realen Szene
mit Bahnkurve und Hindernis gibt Bild 4 wieder.

3. Problemstellung und Arbeitsschritte

Bei der Bahnvorgabe für die Roboter mittels Zeichnen und "Parametri-
sieren" in realen Szenen ist u. a. das Problem der eineindeutigen
Abbildung des dreidimensionalen Raumes (Roboterumfeld) auf die zweidimensionale Ebene (Sichtgeräteschirm) zu lösen. Einen Ansatz hierzu
stellt das Arbeiten mit zwei Fernsehkameras und damit zwei Schnitt-
ebenen im dreidimensionalen Raum dar.

Die Notwendigkeit von Farbe oder das Ausreichen von Schwarzweißdar-
stellung ist zu untersuchen. Bei der Synchronisation ist darauf zu
achten, daß wegen der Forderung nach Flimmerfreiheit mit einer Bild-
wiederholfrequenz von 50 Hz gearbeitet werden muß. Zu untersuchen
sind ferner Anforderungen an die Umgebungshelligkeit und die Notwendigkeit zielgerichteter Beleuchtung.

Eine weitere Problematik ergibt sich aus der begrenzten Auflösung
von Fernsehbildern (bedingt durch die Fernsehnorm). Bei doppelter
Zeilenwiederholfrequenz von 50 Hz wird das Bild durch max. 312 Raster-
zeilen dargestellt. In der Breite werden 448 Rasterpunkte genutzt.
Dies entspricht bei einer geforderten Auflösung von 0,1 mm einer
Fläche von rd. 30 x 45 cm^2, bei 1 mm von 3 x 4,5 m^2. U. U. muß daher
mit einer zweistufigen Auflösung im Grob- und Feinbereich gearbeitet
werden.

Als weiteres Problem stellt sich die Forderung, auch dem Kameraauge
nicht zugängliche, weil verdeckte Kanten und Hohlräume als Zielorte
für die Greifbewegung über den Bildschirm programmieren zu können.
Hier liefern Verfahren aus dem Bereich der CAD Gedankenansätze [4]
und [5].

4. Literatur

1. Unimation, Inc.:User's Guide to VAL, A Robot Programming and Control System. Unimation, Inc., Shelter Rock Lange, Danbury Conn. 06810, 1979.

2. Meisel, K.-H.: Programmierung und Führung von Roboterbewegungen. In diesem Band.

3. Grimm, R. et. al.: Bildprogrammierbares Ein-/Ausgabe-Farbbildschirmsystem (EAF) als Warte – Grundprinzipien, Realisierung, Erprobung. PDV-Berichte KfK-PDV 134, Kernforschungszentrum Karlsruhe, Dezember 1978.

4. Machover, C.: Trends in U.S. graphics hardware. Proceedings of EUROGRAPHICS 79, Bologna, Italy, 25-27 Oct. 1979, p. 80-87.

5. Armstrong, G.T., Bloor, M.S., De Pennington, A., Swift, J.S.: Computer representation of parts in mechanical engineering. Proceedings of EUROGRAPHICS 79, Bologna, Italy, 25 - 27 Oct, 1979, p. 219-235.

EIN MEHRRECHNERSYSTEM UND DESSEN PROGRAMMIERUNG

A MULTICOMPUTER SYSTEM AND SUITED PROGRAMMING AIDS

H. Steusloff

Fraunhofer-Institut für Informations- und Datenverarbeitung (IITB)
7500 Karlsruhe

Summary

The control of a complex industrial robot today requires digital com-
puters in a multicomputer arrangement, specially when the algorithms
for decoupling the degrees of freedom, for the coordinate-transfor-
mation and for supervision and security are concerned. Programming
such a multicomputer system by use of a higher level realtime language
will reduce costs and increase the transparency and maintainability
of the software system. After a discussion of the necessary language
elements and a suited language structure the design of an appropriated
language is shown. The design is implemented on the basis of the
language PEARL (Process and Experiment Automation Realtime Language),
extended by language divisions and elements for the description of
the structure of hardware and software in multicomputer systems.
A Dynamic Loader, carrying out the software configuration and recon-
figuration in case of failures is explained.

1. Einführung

Die Regelung und Steuerung komplexer Handhabungssysteme (HHS) ist
heute wegen der Vielzahl der einzusetzenden mathematisch anspruchs-
vollen und in Echtzeit auszuführenden Algorithmen wirtschaftlich nur
durch den Einsatz von Digitalrechnern realisierbar. Berücksichtigt
man in fortgeschrittenen HHS die nichtlineare Verkopplung der Freiheitsgrade [1], die durch Einsatz externer Sensoren erforderliche
Koordinatentransformation [2] und die vielfältigen Überwachungs- und
Sicherheitsanforderungen [3], so ist nachweisbar und auch einsichtig,
daß nur ein Mehrrechnersystem die Echtzeitanforderungen erfüllen kann
[4]. Der Fortschritt der Halbleiterintegration, sichtbar in der Verfügbarkeit preisgünstiger Mikrorechnersysteme, läßt den wirtschaftlich vertretbaren Einsatz von Mehrrechnerstrukturen auch für HHS-
Steuerungen zu.

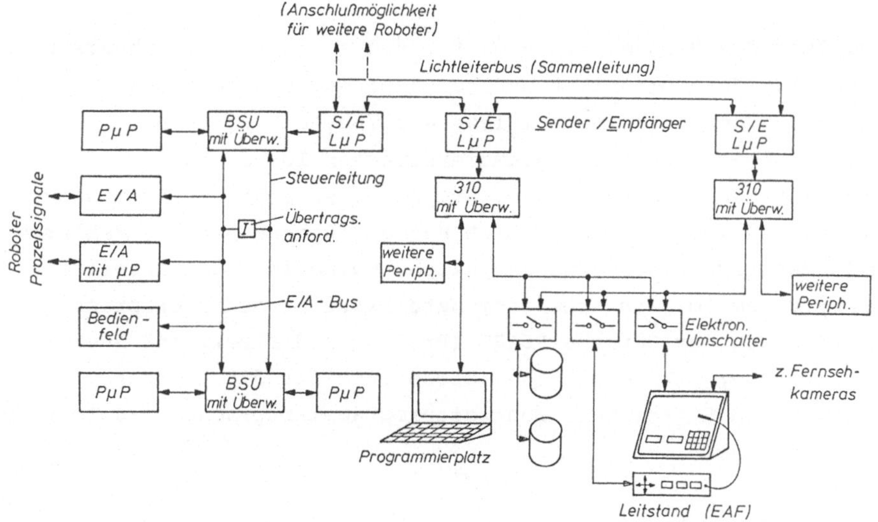

<u>Bild 1</u>: Blockschaltbild des vollständigen Prozeßrechner-Systems
für die Roboter-Steuerung

Das Mehrrechnersystem nach Bild 1 (siehe auch [4]) besteht aus drei
Teilsystemen, den Rechnereinheiten PµP, für die Ausführung der Rege-
lungs- und Steuerungsalgorithmen des HHS. Der Roboter ist über die
E/A-Einheiten mit dem Mehrrechnersystem verbunden, wobei ein Teil
dieser E/A-Einheiten durch weitere Mikroprozessoren (µP) spezielle

Funktionen selbständig ausführen kann, wie etwa die direkte digitale
Regelung einzelner Achsenantriebe. Alle diese Teilsysteme kommuni-
zieren untereinander über ein Bussystem, gesteuert und überwacht
durch die Busschaltereinheiten BSU. Eine weitere Kommunikation besteht über einen speziellen Kommunikationsprozessor LμP mit einem
lichtgriffelgestützten, graphischen Bildschirmsystem zur Einsatzprogrammierung des Roboters sowie einem Rechnerprogrammierplatz. Letzte-
rer ist nur erforderlich, wenn die Rechnerprogramme der HHS-Steuerung
entwickelt oder geändert werden sollen, dient aber über die Umschalter
auch als Redundanz für den Einsatzprogrammierplatz. Ein Rechnersystem
nach Bild 1 bietet aufgrund der zahlreichen Funktions- und Verarbeitungseinheiten die Möglichkeit, durch Anwendung des Prinzips der
funktionsbeteiligten Redundanz [5] die Verfügbarkeit des Gesamtsystems
zu steigern ohne die Zahl der Einheiten zu vervielfachen. Es werden
vielmehr die notwendigen Einheiten (z.B. PμP in Bild 1) soweit über-
dimensioniert, daß bei Ausfällen noch ausreichende Verarbeitungska-
pazität für die betrieblich unverzichtbaren Funktionen vorhanden ist.

Die Erstellung der Rechnerprogramme für ein solches Mehrrechnersystem
unter Einschluß der Kommunikation und unter Nutzung der funktionsbeteiligten Redundanz ist eine komplexe Aufgabe, die wirtschaftlich nur
unter Einsatz höherer Prozeßprogrammiersprachen lösbar ist. Da die
heute verbreiteten Sprachen dieser Art keine Sprachmittel zur Beschreibung der Struktur, der Kommunikation und der Behandlung von Fehlerzu-
ständen in Mehrrechnersystemen enthalten, wurde für ein verteiltes
Mehrrechnersystem im IITB eine geeignete Prozeßprogrammiersprache
durch Erweiterung der Sprache PEARL (Process and Experiment Automation
Realtime Language) entwickelt [6]. Diese auch für die Rechnerpro-
grammierung von HHS geeignete Echtzeitprogrammiersprache wird im folgenden beschrieben.

2. Konzept einer Echtzeit-Programmiersprache für verteilte Mehrrech-
nersysteme (Prozeßrechnersysteme)

Zunächst sei die Auslegung einer solchen Sprache erläutert. Wie in [6]
eingehend untersucht, kann die wünschenswerte Struktur der Sprache aus
Hierarchiemodellen der Entscheidungstheorie abgeleitet werden; ein
Dualitätsprinzip der Systemtheorie führt auf die erforderlichen Sprachelemente. Die Gesamtstruktur einer Echtzeit-Programmiersprache für
verteilte Mehrrechnersysteme zeigt Bild 2.

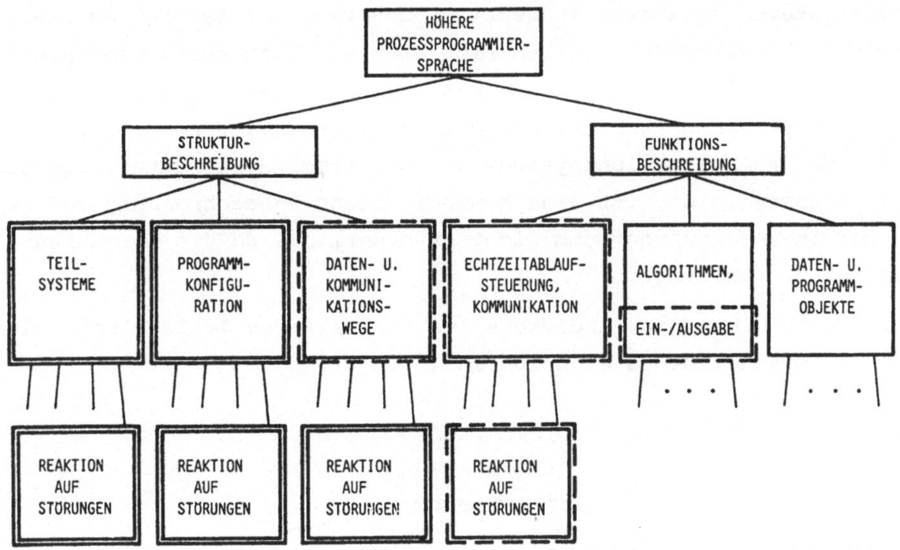

<u>Bild 2:</u>   Gesamtstruktur einer Echtzeitprogrammiersprache für ver-
teilte Mehrrechnersysteme

Durch doppelte Umrahmung sind diejenigen Merkmale hervorgehoben, die in der
überwiegenden Zahl heute verbreiteter höherer Prozeßprogrammiersprachen fehlen. Merkmale gelten dann als nicht vorhanden, wenn keine
problemspezifischen Sprachelemente existieren, wobei der Unterpro-
grammaufruf durch "CALL name (parameter)" wegen seiner rechnerspezi-
fischen Interpretationsnotwendigkeit nicht als problemspezifisches
Sprachelement gewertet ist.

Generell fällt auf, daß explizite Beschreibungsmittel für die Reaktion auf Störungen im Prozeßrechnersystem, für die Struktur des Prozeßrechnersystems sowie für die Kommunikation zwischen den Teilsystemen fehlen. Dagegen weisen alle heute verfügbaren Sprachen Elemente
zur Beschreibung von Algorithmen und Datenobjekten auf. Im algorithmischen Teil sehr moderner höherer Prozeßprogrammiersprachen sind
auch Beschreibungsmöglichkeiten für die Steuerung des Algorithmenab-
laufes in Abhängigkeit von Zeitbedingungen und Ereignissen vorhanden
sowie Anweisungen zur Prozeßdaten-E/A, wobei in Einzelfällen auch
Beschreibungsmittel für E/A-Datenwege existieren.

Spezielle Sprachelemente zur Beschreibung der Kommunikation zwischen

den Teilsystemen sind zwar in heutigen höheren Prozessprogrammier-
sprachen nicht vorhanden, lassen sich aber vielfach durch E/A-Anwei-
sungen formal gleiche Sprachkonstruktionen ersetzen. Wieweit eine Beschreibung der Kommunikationswege erforderlich ist, hängt von der
Struktur der Kommunikationssysteme ab. Bei einer Busstruktur, wie sie
in Bild 1 gezeigt ist, ist eine Kommunikationswegbeschreibung auf der
Ebene der Anwendungsprogramme nicht erforderlich, da die Kommunika-
tionsstruktur festliegt.

Für die Beschreibung der individuellen Merkmale von Teilsystemen sind
spezielle Sprachelemente einzuführen (Bild 3).

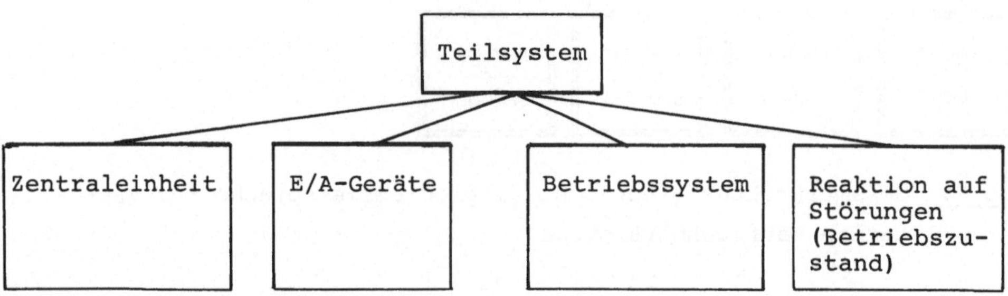

<u>Bild 3:</u> Beschreibung von Teilsystemen

Entsprechend der Grundstruktur von Prozeßrechnern seien gerätetechnisch
die Zentraleinheiten und die Prozeßdaten-Ein/Ausgabegeräte zu beschreiben. Zur Beschreibung der Prozeß-E/A-Geräte ist in [6] eine klassenein-
heitliche Grundstruktur vorgeschlagen. Die individuelle E/A-Gerätebe-
schreibung besteht dann aus einer geordneten Aufzählung der im Einzel-
fall vorhandenen Strukturelemente. Die Beschreibung einer Zentralein-
heit sei auf wenige individuelle Merkmale beschränkt, wie Kennzeich-
nung des Befehlssatzes und Angabe von Arbeitsspeichergrenzen bzw. Registeradressen. Da bei höheren Prozeßprogrammiersprachen die Merkmale
des dabei programmierten abstrakten Rechners wesentlich durch das vorhandene Betriebssystem bestimmt sind, gehört zur Beschreibung der Teil-

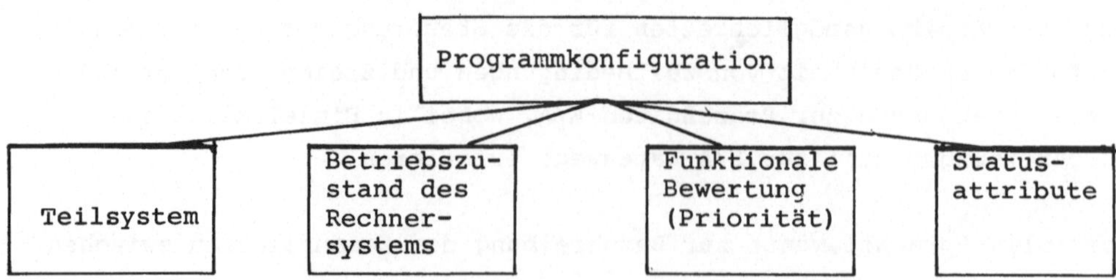

<u>Bild 4:</u> Beschreibung der Programmkonfiguration

systeme zumindest eine Aufzählung der Funktionen des lokalen Betriebs-
systems. Zur Reaktion auf Störungen sind die Betriebszustandsanzeigen
eines Teilsystems zu beschreiben.

Durch betriebszustandsangepaßte Zuordnung von Programmen zu Teilsystemen (Bild 4) können die Auswirkungen von Teilsystemstörungen auf die
Leistung des Mehrrechnersystems reduziert werden. Die Planung solcher
Maßnahmen ist Sache des Herstellers einer HHS-Steuerung. Sie müssen aber
programmiersprachlich formulierbar und fixierbar sein, u.a. um das
Systemverhalten im Störungsfall zu dokumentieren. Die Sprachelemente
werden später anhand eines Beispiels im einzelnen erläutert.

Ähnliches gilt für die Prozeßdaten-Ersatzwege und -Ersatzwerte bei
Störungen der Prozeßperipherie. Die hierzu erforderlichen programmier-
sprachlichen Beschreibungsmittel sollten unabhängig sein von den Be-
schreibungsmitteln für die Algorithmen und für jeden Betriebszustand
sinnvolle Prozeß-E/A-Daten vorgeben (Bild 5).

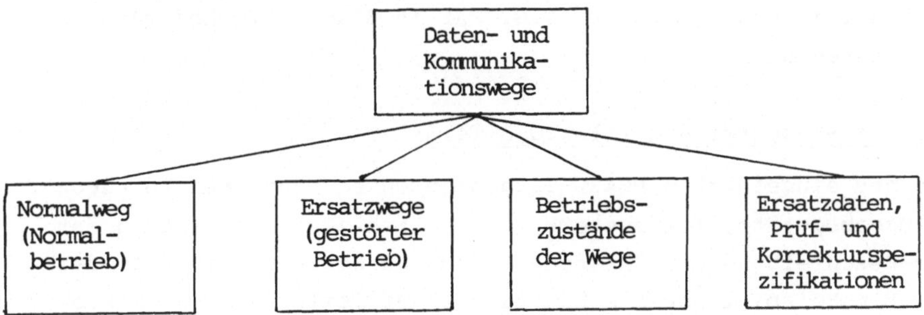

<u>Bild 5:</u> Beschreibung der Daten- und Kommunikationswege

Grundsätzlich sei vorgeschlagen, bei der Behandlung von Störungssituationen der expliziten Beschreibung von Reaktionen mittels besonderer
Programmiersprachmittel den Vorzug zu geben gegenüber impliziten System-
reaktionen oder dem Einbeziehen in die Formulierungen der Regelungs-
und Steuerungsalgorithmen. Neben einer Invarianz der Algorithmen gegenüber z.B. gerätetechnischen Änderungen der Teilsysteme erreicht man
damit eine Prüfbarkeit des Systemverhaltens bei Störungsfällen, bei
entsprechender Auslegung der Sprachelemente auch durch Personen ohne
spezielle Rechnerkenntnisse (Prüfbehörden).

3. <u>Realisierung einer Prozeßprogrammiersprache für verteilte Rechner-</u>
<u>systeme</u>

Bei der Realisierung einer solchen Prozeßprogrammiersprache wurde
postuliert, wenn möglich eine vorhandene Sprache geeignet zu erweitern

und nicht eine neue Sprache zu entwickeln, u.a. um Ermessensfestle-
gungen, wie sie in jeder Sprachentwicklung entstehen, nicht erneut
zu machen und damit Diskussionen zu vermeiden, welche die Problematik
der Mehrrechnersysteme eigentlich nicht berühren. Zur Auswahl einer
ggf. geeigneten vorhandenen Sprache wurde eine quantitative Wertana-
lyse durchgeführt.

Den höchsten Nutzwert erreichte die schon erwähnte Sprache PEARL [7],
eine Sprache, die insbesondere auch durch ihre Strukturierung in Module, aufgeteilt in einen Systemteil zur Datenwegbeschreibung und einen Problemteil zur Algorithmenbeschreibung dem in Bild 2 vorgestellten
Strukturvorschlag entgegenkommt. Die fehlenden Sprachelemente wurden
daher im Rahmen von PEARL ergänzt.

Im folgenden sind die wesentlichen PEARL-Sprachergänzungen für Mehrrechnersysteme anhand von Beispielen vorgestellt. Als Teilsystem ist
gemäß Abschnitt 1. jeder Rechner (z.B. PµP in Bild 1) im Mehrrechnersystem zu verstehen.

3.1 Teilsystem-Beschreibung (STATIONS-Teil)

Die in den neu eingeführten PEARL-Sprachelementen benutzten Bezeichner
für Ein-/Ausgabegeräte, Teilsysteme und Betriebszustände sind in der
Teilsystem-Beschreibung mit Geräteadressen und Betriebszustandscodes
verknüpft. Ein Beispiel für die Notation einer Teilsystem-Beschreibung
gibt Bild 6. Eine Teilsystem-Beschreibung wird eingeleitet durch den
Namen des Teilsystems und eine Zahl, die als globale Teilsystemadresse
dient. Es folgt eine Charakterisierung des Prozessortyps, z.B. der
Name des Codegenerators für diesen Prozessortyp. Das Schlüsselwort

```
STATIONS;
NAME                    :   STA1,56;
PROCTYPE                :   IITB
WORKSTOR                :   5600000, 5649152;
STATEID                 :  (STA1PR:H'188'),(STA1COM:H'430');

OPSYS                   :  (ACTIVATE, TERMINATE, SUSPEND, CONTINUE),
                           (AT ALL, UNTIL, WHEN), (ENABLE, DISABLE, TRIGGER),
                           NONE, NONE, NONE;
NAME                    :   STA2,57;
   .
   .
DEVICE ANIN5            :   ANINØ, IN, WORD, FIXED (15),
                           H'F101', H'F102', H'F103',
                           NONE, NONE, H'F104', NONE;
DEVICE ANOUT5           :   . . .
   .
   .
STAEND;
```

Bild 6 : Beispiel für die Formulierung von Teilsystembeschreibungen

WORKSTOR kennzeichnet die Notation der Arbeitsspeichergrenzen. Wichtig ist die Verknüpfung von Statusbezeichnern mit Statuscodes: STA1PR möge einen Prozessorausfall, STA1COM den Ausfall der Systemkommunikation für dieses Teilsystem bedeuten (z.B. Fehler der Busankopplung). Die Beschreibung der in einem Teilsystem vorhandenen Betriebssystemfunktionen durch die korrespondierenden PEARL-Schlüsselworte schließt eine Teilsystem-Beschreibung ab.

Es folgen Gerätebeschreibungen als Folge von Eigenschaften und Registeradressen zur Beschreibung der in Abschnitt 2 erwähnten Grundstruktur von E/A-Geräten; im aktuellen Gerät nicht vorhandene Register werden durch NONE markiert. Die Gerätenamen müssen innerhalb eines Mehrrechnersystems eindeutig sein. Obwohl grundsätzlich beliebige Namen möglich sind, ist zur Verbesserung der Lesbarkeit von Programmen eine semantisch aussagekräftige Namensgebung zu empfehlen (z.B. ANIN5 = Analog Input, Gerät Nr. 5).

Die Beschreibung des gesamten Mehrrechnersystems ergibt sich aus der Zusammenfassung aller Teilsystem-Beschreibungen durch die Schlüsselworte STATIONS und STAEND.

3.2 Programmkonfiguration und -rekonfiguration (LOAD-Teil)

Da Sprachelemente zur Beschreibung einer Programmkonfiguration und -rekonfiguration in Abhängigkeit vom Betriebszustand des Rechnersystems bisher in PEARL nicht existieren, sind sie als eigenständiger Teil von PEARL-MODULEs in abgeschlossener Form eingeführt; sie seien Ladeanweisungen genannt (Bild 7). Auch hier möge ein Beispiel die in [6] gegebene Semantik- und Syntaxbeschreibung vertreten. Ladeanweisungen sollen bestehen aus der Angabe eines Teilsystems, aus einer sog.

```
MODULE MOD1;
LOAD;
TO STA1 LDPRIO 5 INITIAL STARTNO1;
TO STA3 LDPRIO 5 ON(STA1PR.AND..NOT. STA3PR)RES;
TO STA2 LDPRIO 5 ON(STA1PR.AND. STA3PR);
SYSTEM;
    .
    .
    .
PROBLEM;
    .
    .
    .
MODEND;
```

__Bild 7:__ Beispiel für die Formulierung eines Lade-Teils

Ladepriorität, aus einer Betriebszustandsbedingung und optionalen
Zusätzen. Die Ladepriorität gibt die Wichtigkeit eines Programm-
moduls relativ zu anderen Modeulen innerhalb eines Teilsystems an
(Funktionspriorität); sie ist zu unterscheiden von der Ablaufpriori-
tät einzelner Teilprogramme. Der Betriebszustand INITIAL bezeichnet
den Urlade- und Normalzustand, während die in Klammern eingeschlossenen
logischen Ausdrücke nicht normale Betriebszustände beschreiben. In diesen logischen Ausdrücken auftretende Bezeichner sind im STATIONS-Teil
mit Betriebszustandsanzeigen der Teilsysteme verknüpft. Die optionale
Angabe einer Startnummer für den Initialzustand beschreibt die Urstart-
Reihenfolge eines Programmsystems. Das optionale Attribut RES[IDENT]
bewirkt ein Urladen von Modulen in Ersatz-Teilsysteme, um dort auch bei
Ausfall der Programm-Ladeeinrichtung im Programmierplatz (Bild 1) verfügbar zu sein oder bei zeitkritischen Programm-Rekonfigurationsfällen
die Ausfallzeit von Programmfunktionen zu verkürzen.

Zur Erläuterung der Bedeutung des Ladeteils von PEARL-Programmen sei
die Wirkungsweise des Dynamischen Laders anhand eines Beispiels dargestellt (Bild 3). Der Dynamische Lader ist ein Systemprogramm, das die
Ladeanweisungen ausführt.

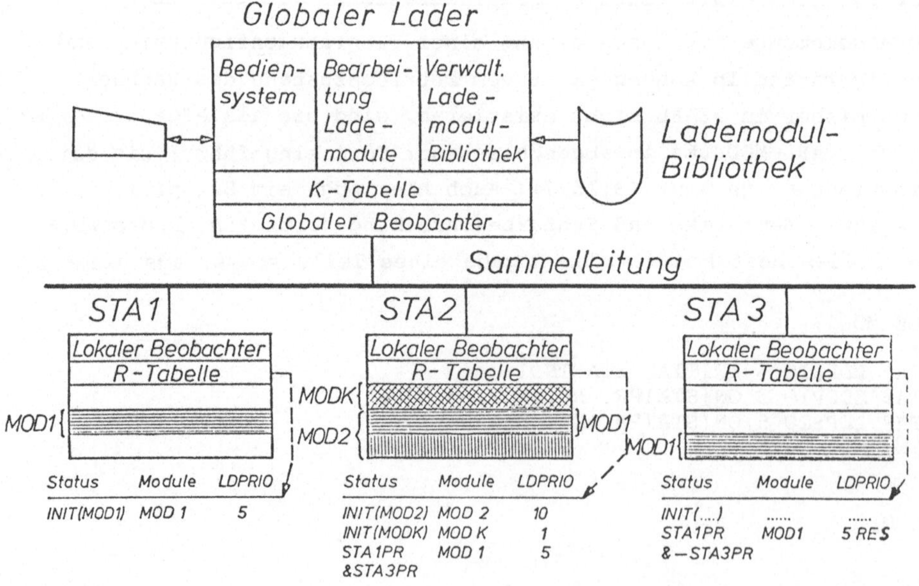

Bild 8: Dynamischer Lader

Der Dynamische Lader ist entsprechend dem dezentralen Aufbau des
Mehrrechnersystems in zwei Funktionseinheiten aufgeteilt: den in
jedem Teilsystem enthaltenen sog. lokalen Beobachter und den globalen
Lader, der die Lademodulbibliothek verwaltet. Es sei festgestellt,
daß ein Verlagern von Modulen im Störungsfall entweder durch Laden
zu verlagernder Module aus der Lademodulbibliothek des Programmier-
platzes (Bild 1) oder durch Aktivieren residenter Ersatzmodule - gekennzeichnet durch das Attribut RESIDENT im Ladeteil - erfolgen soll.

Aufgrund der in den sog. R-Tabellen enthaltenen Betriebszustandsbe-
dingungen und der Meldungen von Betriebszuständen über das Kommuni-
kationssystem bestimmt der lokale Beobachter eines jeden Teilsystems
die erforderlichen Aktionen bezüglich seines Teilsystems ohne Mit-
wirkung einer zentralen Instanz.

Dem Beispiel liegen Ladeanweisungen für zwei Module MOD1 und MOD2 zugrunde. Der globale Lader stellt beim Urladen der Prozessorstationen
die mit dem Initialstatus verknüpfte Programmkonfiguration her. Er
lädt also den MODULE MOD1 in die Rechner STA1 und STA3, den MODULE
MOD2 in den Rechner STA2. Nach dem Urladen wird zunächst MOD1 in STA1
aktiviert, anschließend MOD2 in STA2. Fällt der Prozessor STA1 aus
(Statusmeldung STA1PR) , so ist eine Statusbedingung in der R-Tabelle
von STA3 erfüllt; der lokale Beobachter von STA3 stellt dies fest und
aktiviert den resident geladenen MODULE MOD1. Fällt zusätzlich der Prozessor STA3 aus, so wird die zweite Statusbedingung in der R-Tabelle
von STA2 wahr. Daraufhin ermitteln der globale Lader und der lokale
Beobachter die Ladeadresse des zu verlagernden MODULEs MOD1 in STA2
aufgrund der Ladeprioritäten aller in STA2 vorhandenen Lademodule.
Dabei stellt er fest, daß der Modul MOD2 aufgrund seiner niedrigen
Lade-Priorität zu überladen ist. Während der globale Lader den Lade-
Modul MOD1 absolutiert, terminiert der lokale Beobachter MOD2 und mel-
det anschließend an den globalen Lader, daß MOD1 in STA2 geladen werden kann. Nach dem Ladevorgang aktiviert der lokale Beobachter MOD1
in STA2.

Nach Reparatur des Rechners STA3 stellt der dynamische Lader den Ini-
tial-Zustand des Rechners STA3 (etwa durch Nachladen) wieder her und
veranlaßt die globale Bekanntgabe des Einzelzustandes .NOT.STA3PR. Damit gilt für Rechner STA2 der Initialzustand, der lokale Beobachter in
STA2 terminiert MOD1 und besorgt, zusammen mit dem globalen Lader, das
Laden von MOD2 in den Rechner STA2 sowie dessen Start.

Besteht der Zustand STA1PR weiter, so aktiviert der lokale Beobachter
in STA3 den dort residenten Modul MOD1, nachdem zuvor die Beendigung
von MOD1 in Rechner STA2 festgestellt wurde. Nach Reparatur des Rechners STA1 läuft ein entsprechender Vorgang ab, nach dessen Beendigung
die drei betrachteten Rechner ihre Initial-Programmzuordnung wieder
aufweisen.

3.3 Prozeßdaten-Ersatzwege und Ersatzwerte (SYSTEM-Teil)

Auch die semantisch und syntaktisch in [6] definierten Sprachelemente
zur Beschreibung von Prozeßdaten-Ersatzwegen und -Ersatzwerten bei
Störungen seien anhand eines Beispiels vorgestellt (Bild 9). Sie sind
im PEARL-SYSTEM-Teil angeordnet, um die Funktionen des Datentransports

```
TEMP  :   ->   ANIN5 * 8
   /*$    ->   ANIN6 * 5,
               CORR : TEMP = TEMP/3-16
          ->   ANIN7 * 5,
               CORR : CALL ANPASS (TEMP,2)
          ->     REP : TEMP = 1300,
               PLAUS : (HI=1600,LO=100,
                        DELTA=10)*/;
```

Bild 9: Beispiel für die Formulierung von Prozeßdaten-Ersatzwegen
und -Ersatzwerten im erweiterten PEARL-SYSTEM-Teil

und der Berechnung von Automatisierungsalgorithmen getrennt zu halten.
Der Name TEMP einer Prozeßdatenstelle möge eine einzulesende Temperatur bezeichnen, deren Meßfühler standardmäßig mit dem Gerät ANIN5,
Kanal 8, einem Analogeingang, verbunden sei. Alternative Verbindungen
sollen bestehen zu den Geräten ANIN6 und ANIN7, ggf. auch von weiteren
(redundanten) Meßfühlern her. Bei diesen Alternativen können Korrek-
turalgorithmen zur Anpassung der eingelesenen Werte an unterschiedliche
Geräte- und Datenwegeigenschaften angegeben werden. Die letzte Alternative bezeichnet einen Ersatzwert, in derselben Zeile stehen auch die
Prüfkriterien für Plausibilitätsprüfungen der gewonnenen Meßwerte. Die
Bearbeitung einer solchen Datenwegbeschreibung erfolgt in der Reihenfolge ihrer Notation, abhängig vom Betriebszustand der Datenwege und
dem Ergebnis der Plausibilitätskontrolle. Sind alle Datenwege gestört
oder liefern sie nicht plausible Werte, so gilt der Ersatzwert als
Meßgröße. Damit steht für die mit Prozeß-Ein-/Ausgabedaten korrespondierenden Variablen der algorithmischen Programmteile (PROBLEM-Teil in
PEARL) immer ein gültiger Wert zur Verfügung, ohne die Algorithmen mit
Rekationen auf Betriebszustandsänderungen (Störungen) zu belasten.

4. Schlußbemerkung

Die im vorliegenden Beitrag erläuterte Programmiersprache für verteilte Echtzeit-Mehrrechnersysteme auf der Grundlage von PEARL bedarf, wie jede höhere Programmiersprache, der Unterstützung durch ein Kompiliersystem sowie durch ein Betriebs- und Laufzeitsystem. Als Beispiel für eine Betriebssystemkomponente wurde der Dynamische Lader erläutert. Weitere Systemprogramme sind in [5] beschrieben.

Von wesentlicher Bedeutung für den Einsatz der Vorteile solcher höheren Programmiersprachen bei der Regelung und Steuerung von HHS ist die Effizienz der erzeugten Maschinenprogramme, da die direkte digitale Regelung (DDC) von Robotern hohe Abtastraten erfordert. Bei einer die Zeiteffizienz berücksichtigenden Auswahl der jeweils verwendeten Sprachelemente ist heute eine Erhöhung des Laufzeitbedarfs von Hochsprachenprogrammen gegenüber Assemblerprogrammen um den Faktor 1,5 bis 3 zu erwarten. Ist dies in einzelnen Fällen, wie etwa der Regelung elektrischer Antriebe, nicht tragbar, so müssen besonders zeitkritische Programmteile als Assemblerroutinen eingebunden werden. Ein solches Vorgehen sollte aber auf Sonderfälle beschränkt bleiben und nach Möglichkeit durch die Erhöhung der Zahl der Verarbeitungseinheiten vermieden werden. Letzteres ist aufgrund der Mikroprozessortechnologie wirtschaftlich vertretbar und durch die beschriebenen Sprachelemente zur Beschreibung der Systemstruktur in einer höheren Prozeßprogrammiersprache einfach und fehlerarm einsetzbar.

5. Literatur

1. Patzelt, W.: Regelung des nichtlinear gekoppelten Mehrgrößen-
   systems Roboter. In diesem Band.

2. Meisel, K.-H.: Programmierung und Führung von Roboterbewegungen.
   In diesem Band.

3. Steusloff, H.: Anstriebs- und Steuerungstechnik unter besonderer
   Berücksichtigung des Ausfallverhaltens. In diesem Band.

4. Syrbe, M.: Übersicht über ein Projekt "Sehr fortgeschrittene
   Handhabungssysteme". In diesem Band.

5. Heger, D., Steusloff, H., Syrbe, M.: Echtzeitrechnersystem mit
   verteilten Mikroprozessoren. Forschungsbericht des BMFT DV 79-01.

6. Steusloff, H.: Zur Programmierung von räumlich verteilten, dezentralen Prozeßrechensystemen. Dissertation an der Fakultät für
   Informatik der Universität (TH) Karlsruhe. 1977.

7. Kappatsch, A.: Full PEARL Language Description. Kernforschungszentrum Karlsruhe, Bericht KFK-PDV 130, 1977.

<u>OPTISCHE SENSORSYSTEME FÜR INDUSTRIELLE ANWENDUNGEN</u>

<u>OPTICAL SENSOR SYSTEMS FOR INDUSTRIAL APPLICATIONS</u>

K. Ossenberg

Fraunhofer-Institut für Informations- und Datenverarbeitung (IITB)
7500 Karlsruhe

<u>Summary</u>

An optical sensor system is understood to consist of the imaging device
with the processing up to a classification or a parameter extraction
from the picture. Important application areas for optical sensor systems
are visual inspection, process control, production surveillance, and
handling problems. In industrial applications the working and environ-
mental conditions for o.s.s. can be influenced, important factors being
the picture contrast, the number of parts present in the picture, their
relative position to each other, and the number of degrees of rotational
freedom. Various methods for picture processing, which depend on the
application and the sensor tasks (e.g. measurement of geometric quanti-
ties, or comparison of picture), will be illustrated by some examples.
In these examples only binary pictures will be treated. The hardware
realization of an o.s.s. with a modular system will be described.

1. Einleitung

Das technische Messen befaßte sich bis vor einigen Jahren im wesentlichen mit der Messung einfacher analoger oder binärer Größen wie
Druck, Temperatur, Kontaktabfrage, Lichtschrankenabfrage. In den letzten Jahren gewinnen daneben Sensorsysteme für komplexe akustische [1]
und bildhafte [2] Informationen zunehmend an Bedeutung. Ausgelöst
wurde diese Entwicklung durch die Aufgabe, Arbeitsplätze zu automatisieren, an denen der Mensch monotone (Sichtprüfung, Kleinmontage) oder
schwere (Handhabung schwerer Teile) Arbeit in gesundheitsschädlicher
Umgebung (Hitze, Lärm, Staub) zu verrichten hat. Unterstützt wird dieser Trend durch die technologische Entwicklung; geeignte, preiswerte
Bildwandler (TV-Kamera hoher Genauigkeit, Dioden-Zeile, Dioden-Array)
und billige, schnelle Digitalkomponenten (A/D-Wandler, Speicher,
μ-Prozessoren) stehen zur Verfügung.

Die folgenden Ausführungen sind auf Sensorsysteme für bildhafte Information (IR, sichtbar, UV) beschränkt. Unter einem Sensorsystem wird
dabei der Aufnehmer mit der Verarbeitung bis zu einer Klassifizierung
oder Parameterextraktion aus dem Bild verstanden.

2. Gegenüberstellung der Anwendungen und der meßtechnischen Aufgaben für optische Sensorsysteme (Tabelle 1)

Wichtige Anwendungsgebiete für optische Sensorsysteme sind:

- die Sichtprüfung, z.B. die Güte- und Fehlerprüfung von Produkten bei
  der Eingangs-, Zwischen- und Ausgangskontrolle
- die Fertigungs/Prozess-Steuerung
- die Fertigungs/Ablaufüberwachung
- die Handhabung von Werkstücken, z.B. beim Sortieren in Fehlerklassen
  oder Werkstückklassen, beim Magazinieren sowie beim Einlegen in Bearbeitungsmaschinen
- Montageaufgaben
- Identifizieren von Werkstücken und Behältern auf Grund eines Codes.

Die verschiedenen Anwendungsgebiete führen zu verschiedenen Aufgabentypen für optische Sensorsysteme. Die wichtigsten Aufgaben sind:

- das Messen von Größen im Bild
  - Messen geometrischer Abmessungen von Bildstrukturen wie Länge, Brei-
    te, Fläche, Umfang, Durchmesser, Winkel, Flächenträgheitsmomente
  - Messen von Koordinatenwerten wie Schwerpunktkoordinaten und Dreh-
    winkel, z.B. über die Flächenträgheitsmomente
- der Formvergleich, d.h. das Vergleichen des Bildes oder daraus abge-
  leiteter Größen mit einer oder mehrerer Referenzen
  - Vergleichen des gesamten Bildes oder von Bildausschnitten
  - Vergleichen mit Schablonen, z.B. auf ausgewählten Zeilen oder Krei-
    sen um den Schwerpunkt

Tabelle 1:   ANWENDUNGSGEBIETE UND AUFGABENTYPEN FÜR OPTISCHE SENSORSYSTEME

ANWENDUNGS-GEBIETE	SENSORAUFGABEN	MESSEN		FORMVERGLEICH			
		GEOMETR. ABMESSUNG	KOORDINATEN	BILD, BILD-AUSSCHNITT	SCHABLONE	MERKMALE GEOMETR. ABMESSUNG	FORM-BESCHREIBG.
SICHTPRÜFUNG	MABHALTIGKEIT	X					
	FEHLERPRÜFUNG			X	X		X
FERTIGUNGS-PROZESS-STEUERUNG	WERKZEUG	X					X
	MASCHINE	X					
	PROZESS-PARAMETER	X	X				
FERTIGUNGS-ABLAUF-OBERWACHUNG	WERKSTOCK			X	X		X
	WERKZEUG	X					
	MASCHINE			X	X		X
	ARBEITSRAUM			X			
HANDHABUNG VON WERKSTOCKEN, MONTAGE	WERKSTOCK-ERKENNUNG			X	X	X	X
	AUFLAGEART			X	X	X	X
	LAGEBESTIMMUNG		X	X	X		
IDENTIFIZIEREN	CODEERKENNUNG				X		

- Vergleichen geometrischer Abmessungen

- Vergleichen mit Formmerkmalen wie der Konturfunktion K (φ), der Kreisbogenfunktion B (γ) oder der Zahl von Löchern.

In Tabelle 1 sind die Anwendungsgebiete und die Sensoraufgaben einander gegenübergestellt. Beispiele sind:

· die Fehlerprüfung eines Werkstückes (Gußteil, Stanzteil) auf Formabweichungen. Die Prüfung erfordert einen Bild- oder Schablonenvergleich.

· Für das Einstellen der Werkzeuge bei Bearbeitungsmaschinen (Drehstahl einer Drehbank) sind die Werkzeugkontur oder die Abmessungen des Werkstücks zu vermessen.

· Über die Lagevermessung spezieller Marken wird der Schweißnahtbeginn bestimmt.

· Schweißprozesse werden über aus dem Bild der Schweißstelle ermittelte Prozessgrößen geregelt. In [3] wird dieser Anwendungsfall genauer beschrieben

· Lage und Drehwinkel von Werkstücken werden durch direktes Messen oder durch Vergleich mit einer Referenz in verschiedenen Lagen und Drehwinkeln bestimmt.

Im Kapitel [4] werden einige Anwendungsbeispiele und die erforderliche Bildverarbeitung genauer behandelt.

Für die meßtechnischen Aufgaben wird im allgemeinen eine hohe Genauigkeit und gute Reproduzierbarkeit gefordert. Für solche Aufgaben werden deshalb in zunehmendem Maße Diodenzeilen und Diodenarrays eingesetzt. In [4] werden die wesentlichen Eigenschaften von optischen Sensoren behandelt.

Das <u>Messen</u> geometrischer Abmessungen ist im allgemeinen einfacher und damit weniger aufwendig und schneller als der Bild- oder Schablonenver<u>gleich</u>. Wenn möglich, wird man deshalb messende Verfahren (z.B. bei der Lagebestimmung) bevorzugt einsetzen.

3. Einsatzbedingungen für optische Sensorsysteme

Die Schwierigkeit der Aufgabe für optische Sensorsysteme hängt nicht nur vom Aufgabentyp, sondern in entscheidendem Maße von den Eigenschaften des Bildes ab. Die wichtigsten Faktoren sind :

· der Bildkontrast
· die Anzahl der Teile im Bild und ihre gegenseitige Lage
· die Drehfreiheitsgrade der Teile
· der Bewegungszustand der Teile

In industriellen Anwendungen kann die Umwelt innerhalb gewisser Grenzen so gestaltet werden, daß die Sensoraufgabe einfach und sicher lösbar wird. Dabei ist jedoch zu beachten, daß die notwendigen Maßnahmen zur Gestaltung der Szene oft einen erheblichen Aufwand auf der mechanischen Seite oder bei der Beleuchtung erfordern. Beim praktischen Einsatz von Sensorsystemen ist es deshalb notwendig, das Gesamtsystem mit den Komponenten

Sensorsystem; Beleuchtung; Werkstück;
Vereinzelungs- und Handhabungseinrichtung

in die Lösung einzubeziehen und die Komponenten aufeinander abzustimmen.

3.1 Bildkontrast, Beleuchtung

Bei geringem Bildkontrast wird eine adaptive Schwelle, eine Filterung von Störungen oder eine Grauwertverarbeitung erforderlich. Der Kontrast kann durch eine problemangepaßte Beleuchtung (Abb. 1)

* Durchlicht; empfindlich gegen Verschmutzung und Beschädigung der Auflage
* Auflicht diffus; gleichmäßige Ausleuchtung matter Teile
* gerichtete Beleuchtung (Hell-, Dunkelfeld)
  Ausnutzung unterschiedlicher Reflektionseigenschaften (glänzend/matt) oder unterschiedlicher Neigung der Flächen
* gefilterte Beleuchtung (z.B. IR); Reduzierung von Fremdlicht

verbessert werden.
Lichtschnittverfahren ergeben einen guten Kontrast, sie liefern darüber hinaus 3-D-Information. Sie erfordern deshalb eine kompliziertere Verarbeitung.

3.2 Vereinzelung der Teile

Das Erkennen ungeordnet liegender "geschütteter" Teile, z.B. beim "Griff in die Kiste" mit Hilfe von Sensorsystemen, ist beim heutigen Stand der Bildverarbeitung nicht gelöst. Aus diesem Grund müssen die Werkstücke vereinzelt werden, bevor sie vor den Sensor gelangen. Die mechanische Vereinzelung ist deshalb ein wesentlicher Bestandteil eines Arbeitsplatzes mit einem Sensorsystem.
Abb. 2 zeigt verschiedene Stufen der Vereinzelung
  a) ein einzelnes Teil im Bildfeld
  b) Teile liegen in Bewegungsrichtung hintereinander,
     durch Zeile getrennt
  c) Teile liegen isoliert, ohne weitere Einschränkungen
  d) Teile berühren sich
  e) Teile liegen überlappend.

Der Aufwand für das Sensorsystem und für die Vereinzelungseinrichtung hängt sehr stark vom Grad der Vereinzelung ab. Für die genannten Fälle gilt:

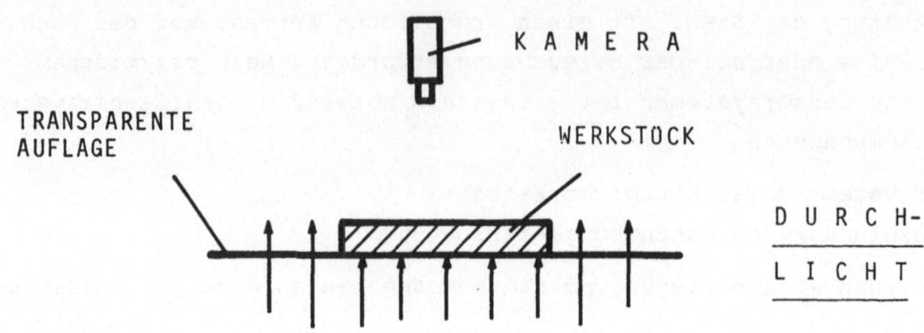

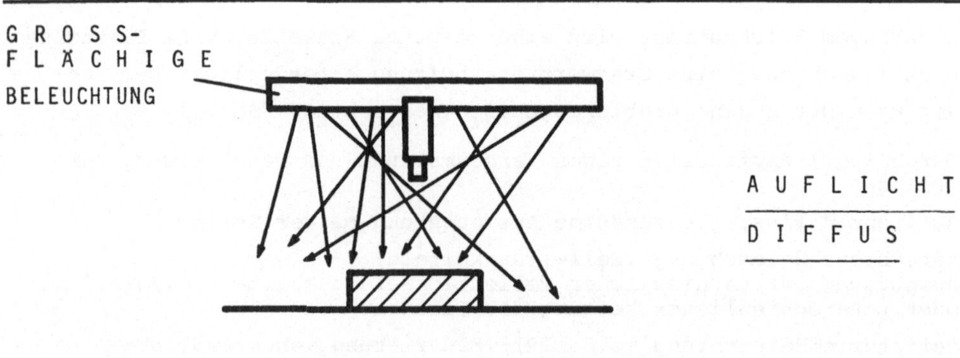

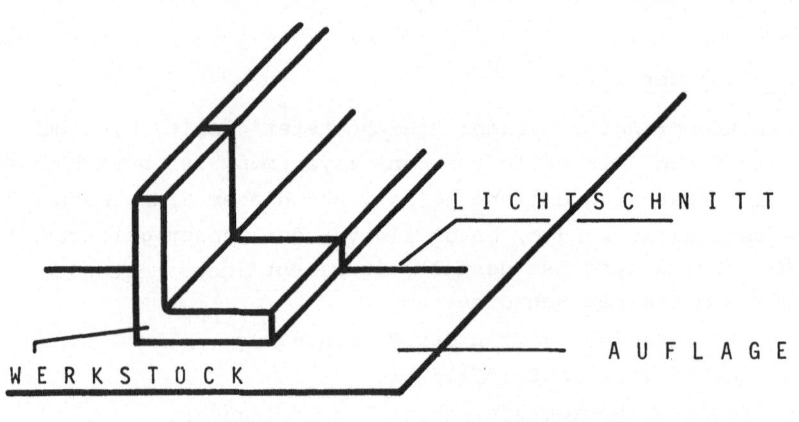

<u>Abb. 1:</u>   BELEUCHTUNGSMASSNAHMEN

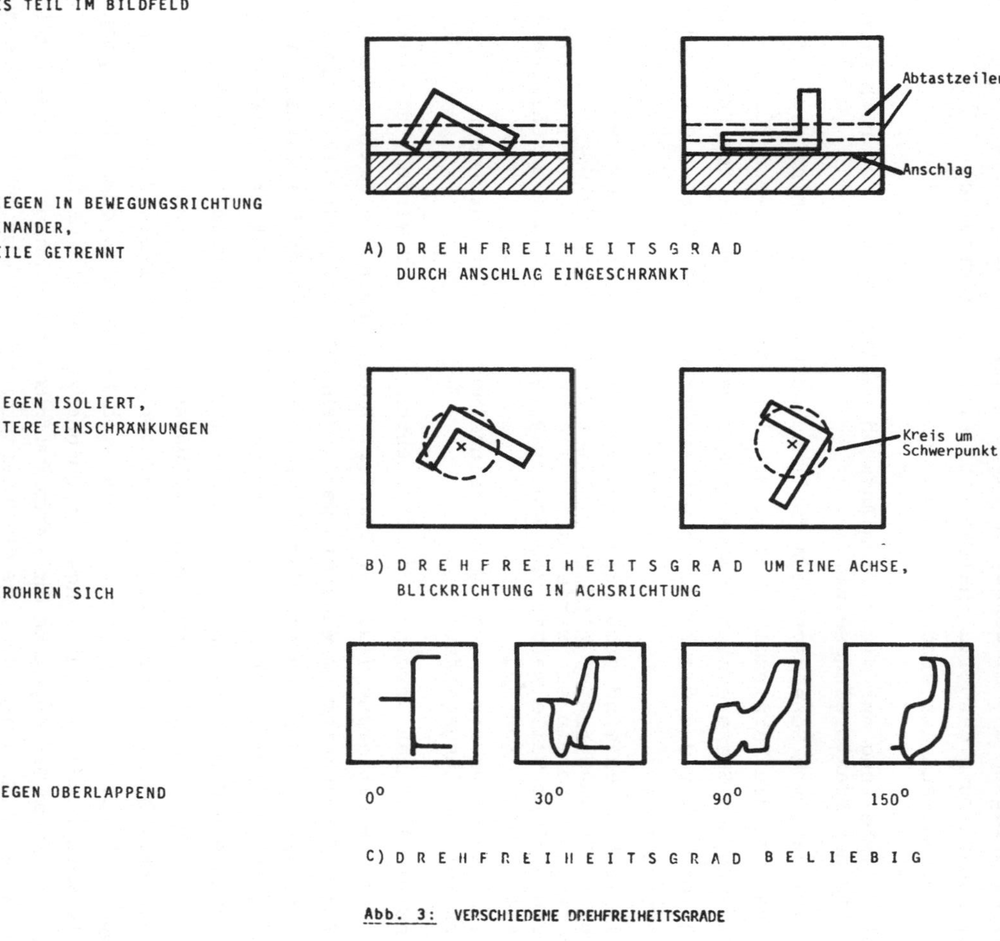

Abb. 2: VERSCHIEDENE STUFEN DER VEREINZELUNG

Abb. 3: VERSCHIEDENE DREHFREIHEITSGRADE

a) Separierung des Bildinhaltes nicht erforderlich

b) Separierung des Bildinhaltes sehr einfach (Leerzeile)

c) Der Aufwand ist erhöht, da Separierung des Bildinhaltes erforderlich ist. Verfahren sind im Einsatz oder kurz davor [5].

d;e) Verarbeitung nur mit großem Aufwand möglich; Verfahren noch nicht
   in der Praxis eingesetzt.

Beim Einsatz von Sensorsystemen für Handhabungssysteme sind die Anforderungen an die Vereinzelung so zu stellen, daß der Aufwand für Vereinzelung und Sensorsystem insgesamt minimal wird, wobei der Durchsatz
erhalten bleibt und die Flexibilität erhöht wird. Es werden zwei Fälle
unterschieden:

· Die Taktzeiten sind groß, z.B. bei der Vereinzelung schwerer Teile.
  Das Handhabungssystem wird zur Vereinzelung und zur Handhabung eingesetzt. Zum Vereinzeln werden die Teile unspezifisch gegriffen. Die
  Vereinzelten Teile werden vom Sensorsystem erkannt und anschließend
  gezielt ergriffen [6].

· Die Taktzeiten sind kurz. Die Vereinzelung erfolgt durch ein spezielles Vereinzelungsgerät.

Prinzipiell können Vereinzelungseinrichtungen gebaut werden, die eine
optimale Vereinzelung (Fall a) leisten. Dann können die Teile aber
häufig auf mechanischem Wege mit wenig Mehraufwand zusätzlich exakt
positioniert werden, so daß das optische Sensorsystem überflüssig ist.
Als günstigen Kompromiß ergibt sich aus heutiger Sicht bei Handhabungssystemen ein Sensorsystem, das mehrere isoliert im Bildfeld liegende
Teile erkennt und mit einer Vereinzelungseinrichtung, bei der die Teile
im wesentlichen isoliert liegen, aber auch sich berührende oder über-
lappende Teile vorkommen dürfen. Die sich berührenden oder überlappenden
Teile werden zur Vereinzelungseinrichtung zurückgeführt [5].
Beim Einsatz von Sensorsystemen für Sichtprüfaufgaben werden heute noch im wesentlichen
Vereinzelungsgeräte eingesetzt, die die Teile vereinzelt in definierter Lage dem Sensor-
system vorführen. Es ist aber auch hier zu erwarten, daß die Anforderungen an die
Sensorsysteme zugunsten einfacherer Vereinzelungsgeräte steigen werden.

3.3 Einschränkung der Drehfreiheitsgrade

Abb. 3 zeigt Beispiele für Teile mit verschieden stark eingeschränkten
Drehfreiheitsgraden.

a) Das Teil liegt auf einer Ebene in definierter Auflage, der Dreh-
   freiheitsgrad wird durch einen Anschlag auf wenige diskrete Lagen
   eingeschränkt oder das Teil wird durch die Vereinzelungsvorrichtung
   ausgerichtet.
   Ein anderes Beispiel sind Teile in definierter Lage am Gehänge
   (Zweipunkt-Aufhängung).

b) Teil mit Drehung um eine Achse, Blickrichtung des Sensors ist die
   Achsrichtung; das Teil liegt in definierter Auflage auf einer Ebene.

c) Drehung des Teiles beliebig.

Für das Sensorsystem bedeuten die unterschiedlichen Fälle:

a) Das Teil erscheint unter wenigen, diskreten Ansichten; die Verarbeitung ist sehr einfach (z.B. mit einigen ausgewählten Zeilen einfacher Maskenvergleich ist möglich [7, 8])

b) Das Teil erscheint unter wenigen Ansichten, die aber kontinuierlich gedreht sein können; die Verarbeitung erfolgt mit drehinvarianten Merkmalen und Kreisschablonen [9 ... 16].

c) Das Teil erscheint unter einem ein-/mehrfachen Kontinuum von Ansichten. Die Verarbeitung ist zeit- und speicheraufwendig [12, 16] .

Beim Einsatz des Sensorsystems für die Sichtprüfung liegt heute noch

oft der Fall a) vor; die Teile sind vereinzelt und ausgerichtet.

Beim Einsatz des Sensorsystems für Handhabungsaufgaben liegt meistens

Fall b) vor, da das Ausrichten zu aufwendig und zeitaufwendig (Anlau-

fen gegen Anschlag) ist (siehe Kap. 3.2). Einen Sonderfall stellen

Teile am Gehänge dar.

Anwendungen zum Fall c) haben geringere Bedeutung.

3.4 Bewegungszustand der Teile

Die Bewegung der Teile führt bei die Fläche abtastenden Sensoren infolge

der Bildspeicherung (TV-Kamera; CCD-Array) zu einer Bewegungsunschärfe,

bei nichtspeichernden Systemen zu geometrischen Verzerrungen. Durch

· Blitzlichtbeleuchtung oder Kurzzeitbelichtung bei speichernden Systemen
· Anhalten der Bewegung; die Bewegungsunterbrechung führt allerdings zu ungünstigem Bewegungsablauf und Materialfluß
· Zeilen-Sensor mit Ausnutzung der Bewegung zur Abtastung

lassen sich die Bewegungseinflüsse vermeiden.

3.5 Gestaltung der Teile

Durch sensorgerechte Gestaltung der Teile, z.B. durch Anbringen von

Marken oder Bohrungen, kann die Erkennung der Teile, ihre Unterschei-

dung und die Vermessung der Lage erleichtert werden.

4. Am IITB bearbeitete Beispiele für die Anwendung optischer Sensorsysteme

An den folgenden Beispielen werden die vielfältigen Einsatzmöglichkei-

ten für optische Sensorsysteme aufgezeigt. Abhängig von verschiedenen

Sensoraufgaben und unterschiedlichen Einsatzbedingungen werden ver-

schiedene Methoden der Bildverarbeitung genauer erläutert. Dabei wird

nur die Verarbeitung von Binärbildern behandelt, da die Verarbeitung

von Grauwertbildern zur Zeit noch im Entwicklungsstadium ist.

4.1 Meßtechnische Anwendungen bei der Qualitätsprüfung und Fertigungssteuerung

4.1.1 Längenmessung bei Dichtringen für die Qualitätsprüfung

Wellendichtringe dienen dazu, den Oelaustritt an einer rotierenden Welle zu verhindern. Die Dicke des Dichtringes muß dazu innerhalb vorgegebener Toleranzen liegen. Der Abrieb beim Einsatz sollte möglichst gering sein, um eine hohe Lebensdauer zu erreichen.
Bei der Überprüfung des Abriebs in Abhängigkeit von der Einsatzdauer in größeren Versuchsserien müssen viele Dichtringe vermessen werden. Zur schnellen Überprüfung wurde ein Gerät entwickelt. Abb. 4 zeigt den schematischen Aufbau. Der Dichtring wird mit einer Optik auf eine Diodenzeile abgebildet. Durch einen telezentrischen Strahlengang wird erreicht, daß unterschiedliche Entfernungen des Dichtringes keinen Einfluß auf den Abbildungsmaßstab haben. Durch Durchlichtbeleuchtung wird ein sehr guter Kontrast erreicht, so daß das Ausgangssingnal der Diodenzeile über eine einfache Schwelle in ein Binärsignal gewandelt wird. Das Binärsignal wird mit Zählschaltungen ausgewertet und das Ergebnis gespeichert.

Der Dichtring wird unter der Diodenzeile gedreht und die Dicke an 128 Stellen des Umfangs gemessen. In einem Prozessor werden die mittlere, die maximale und die minimale Dicke bestimmt.
Für die vorliegende Aufgabe betrug die erforderliche Auflösung 20 μm bei einem Gesamtmeßbereich von 2 mm. Es wurde deshalb eine Diodenzeile mit 256 Dioden eingesetzt.

4.1.2 Volumenmessung heißer Glastropfen (Abb. 5)

Bei der Herstellung von Preßglasflaschen hängt die Wanddicke der Flaschen von dem Volumen des zugeführten Glastropfens ab. Das Volumen des Tropfens ist während des freien Falls auf der Strecke zwischen Speiser und Form zu messen, um damit die Dosiereinrichtung zu steuern. Der Glastropfen ist heiß gegen die Umgebung, so daß bei Messungen im Infraroten ein kontrastreiches Bild entsteht.
Als Bildsensor wird eine FS-Kamera eingesetzt, die intergrierende Eigenschaften besitzt. Durch die Bewegung des Tropfens während der Aufnahme entsteht eine Bewegungsunschärfe, die vermieden werden muß, um hohe Genauigkeiten zu erreichen. Die Unterdrückung der Unschärfe erfolgt durch eine Kurzzeitbelichtung über einen Verschluß. Der Verschluß wird durch eine einfache Schaltung gesteuert, die den Zeitpunkt feststellt, zu dem der Tropfen im Bildfeld ist. Das Binärbild wird gespeichert, ein Prozessor berechnet daraus das Volumen. Die Berechnung

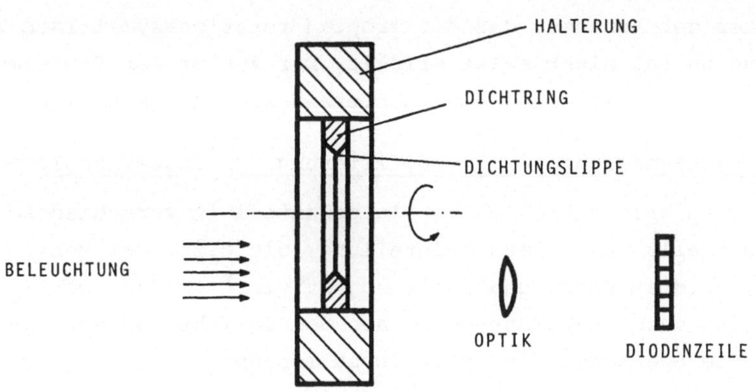

<u>Abb. 4:</u> VERMESSUNG VON DICHTRINGEN

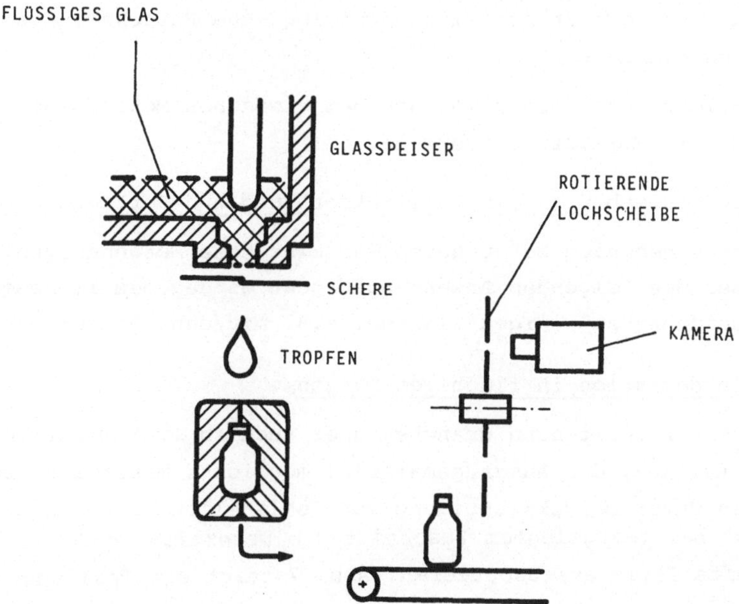

<u>Abb. 5:</u> GLASTROPFENVERMESSUNG

erfolgt unter der Annahme, daß der Tropfen rotationssymetrisch ist.
Diese Bedingung ist nicht exakt erfüllt. Der Fehler der Einzelmessung
wird deshalb durch Mittelung über mehrere Messungen verkleinert.

4.1.3 Speckdickenmessung zur Klassifizierung von Schweinehälften (Abb. 6)

Schweinehälften werden nach ihrem Fleischanteil in verschiedene Handels-
klassen eingeteilt. Die Klasseneinteilung, die z.Zt. der Mensch durchführt, soll automatisiert und damit objektiviert werden. Der Fleischanteil läßt sich dabei näherungsweise aus dem Gewicht und der Speckdicke
bestimmen. Die Speckdicke ist deshalb zu messen.

Das Bild der Schweinehälfte wird über eine Fernsehkamera aufgenommen
und gespeichert, ein Prozessor berechnet die Speckdicke. Gemessen wird
die minimale Speckdicke im Bildausschnitt, durch Mittelung über mehrere
Zeilen werden Ausreißer unterdrückt.
Im Gegensatz zu den vorhergehenden Beispielen ist keine Durchlichtbeleuchtung möglich, der Kontrast ist schlecht, im Binärbild treten Störstellen auf. Blutflecken im Speck führen zu flaschen Werten. Kleine
Störstellen werden durch ein digitales Hardwarefilter vor der Bildspeicherung, größere Störstellen durch logische Entscheidungen softwaremäßig unterdrückt.

Gestörte Bilder erfordern also auch bei einfachen Meßaufgaben einen
erhöhten Hard- und Softwareaufwand.

4.2 Sichtprüfaufgaben in der Qualitätsprüfung und Fertigungssteuerung

Bei den vorhergehenden Meßaufgaben war eine hohe Meßgenauigkeit gefordert. Bei den folgenden Anwendungen geht es dagegen im wesentlichen
um eine Zuordnung zu wenigen Klassen, z.B. mit/ohne Fehler.

4.2.1 Fehlerdetektion in flächigen Teilen

In der lederverarbeitenden Branche, aber auch in anderen Bereichen, besteht die Aufgabe, das Ausgangsmaterial möglichst materialsparend zu-
zuschneiden unter Berücksichtigung von Fehlstellen. Eine wichtige Teil-
aufgabe ist bei festgelegtem Zuschnitt die Detektion von Fehlerstellen,
um schadhafte Teile auszusortieren. Abb. 7 zeigt ein Teil auf einem
Leuchttisch. Es ergibt sich ein kontrastreiches Bild. Die Abtastung
erfolgt über eine Fernsehkamera oder eine Diodenzeile mit Schwingspie-
gel. Die Fehlerdetektion erfolgt durch spezielle Schaltungen, in denen
durch Schwellwertbildung und logische Verknüpfung benachbarter Punkte
nur Fehler ab einer vorgegebenen Größe detektiert werden.
Bei der Oberflächenprüfung von Stahlblechen oder der Prüfung von Kunst-
stoffbahnen liegen ähnliche Aufgaben vor. Zur Abtastung wird in diesen

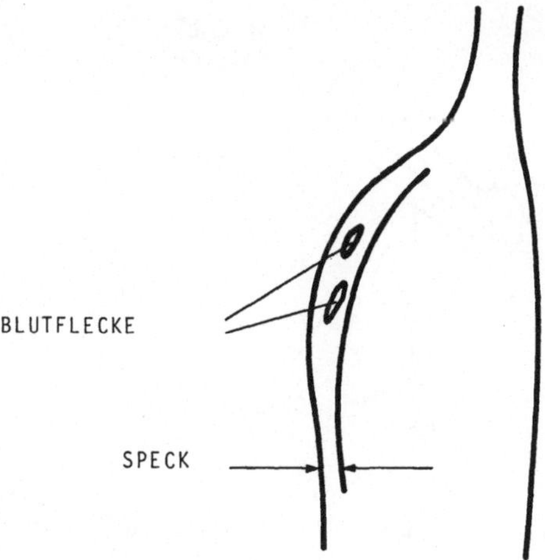

Abb. 6: KLASSIFIZIERUNG VON SCHWEINEHÄLFTEN
AN HAND DER SPECKDICKE

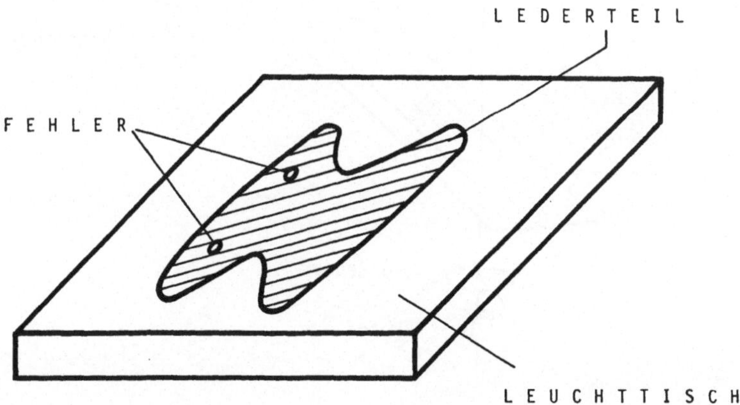

Abb. 7: FEHLERPRÜFUNG VON LEDERTEILEN

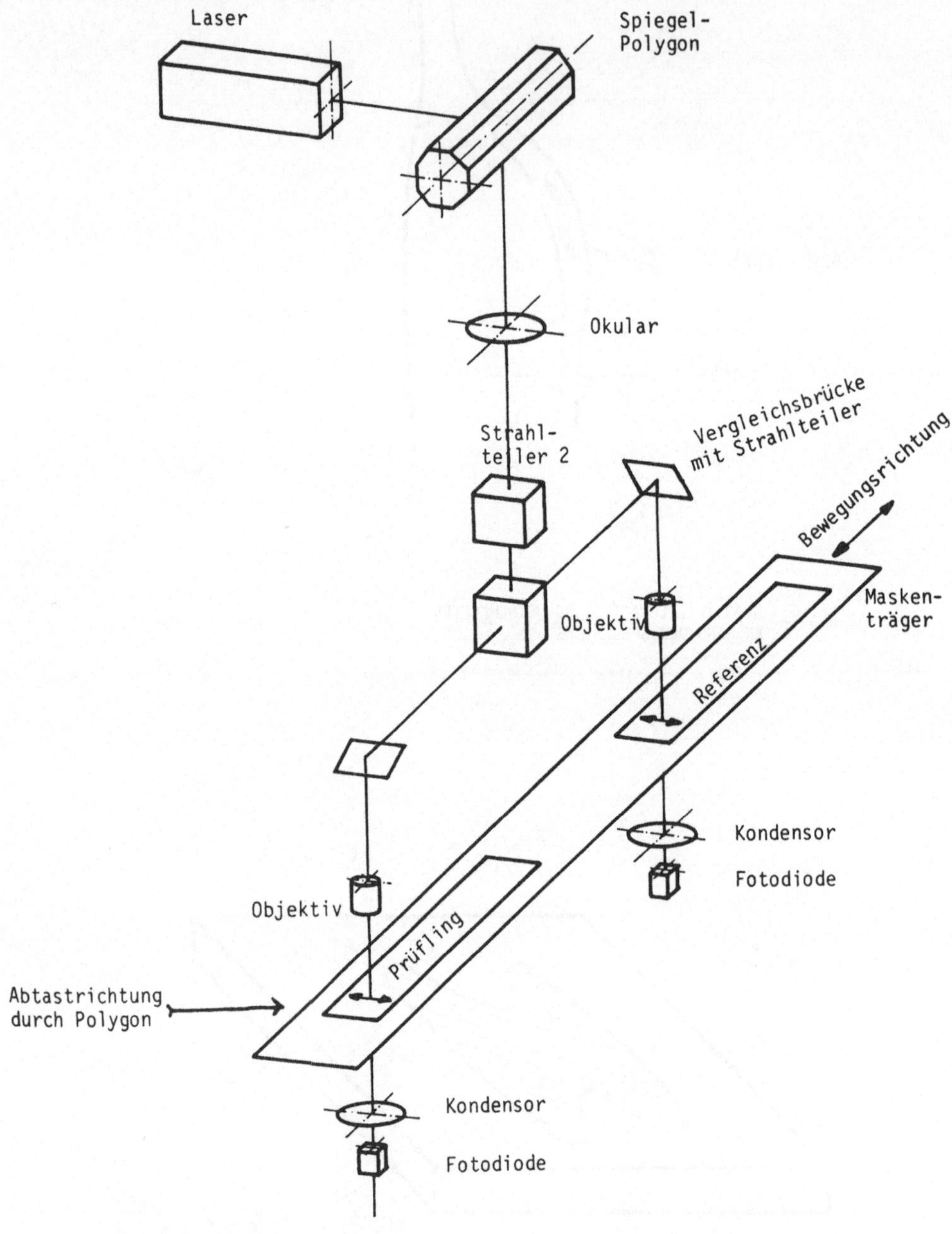

Abb. 8: PRINZIPIELLER OPTISCHER AUFBAU
ALLE NICHT AUF DEM MASKENTRÄGER LIEGENDEN TEILE SIND ORTSFEST

Fällen aber meist keine Fernsehkamera oder Diodenzeile, sondern ein ab-
gelenkter Laserstrahl eingesetzt.

4.2.2 Maskenprüfung

Bei der Herstellung transparenter Masken treten Fehler wie Strichunter-
brechungen und Löcher im Untergrund auf, die eine nachträgliche visuelle Inspektion notwendig machen. Die Masken werden z.Zt. durch den Menschen geprüft. Die Arbeit erfolgt mit Hilfe des Mikroskops, sie ist
sehr anstrengend; bei großen Masken ergeben sich Prüfzeiten bis zu zwei
Stunden. Es wurde deshalb ein optisches Prüfgerät entwickelt. Die Masken haben eine Ausdehnung von 200 x 200 mm², die Strichstärke beträgt
12 µm, die zu detektierenden Fehler 9 x 9 µm². Als Meßprinzip wurde ein
punktweiser Vergleich des Prüflings mit einer fehlerfreien Referenz
durchgeführt. Eine Speicherung der Referenz im Rechner wurde aus Speicherplatzgründen (16 x 10^8 bit) und der erforderlichen Zugriffzeit
(Datenfluß 5 M bit/sec) verworfen.

Abb. 8 zeigt den prinzipiellen Aufbau. Prüfling und Referenz werden
synchron mit einem Laser abgetastet und die Signale verglichen. Die
Abtastung erfolgt in 4,5 µm-Raster. Ein punktgenauer Vergleich ist
nicht möglich, da bei der Abtastung Abweichungen um eine Punktweite erfolgen. Der Vergleich erfolgt deshalb in einer 2 x 2 Punktmatrix. Ein
Fehler wird angezeigt, wenn alle 4 Punkte sich unterscheiden [17] .

4.2.3 Überwachung von Fertigungsabläufen

Bei vollautomatischen Fertigungsabläufen sind viele Einzelschritte zu
überprüfen. Beim automatischen Montieren sind beispielsweise die Teile-
magazine zu überprüfen, ob sie gefüllt sind; das Handhabungssystem ist
zu kontrollieren, ob das jeweils richtige Werkzeug oder Werkstück ergriffen ist; Schrauben sind zu überprüfen, ob sie richtig eingesetzt
wurden usw. Die Aufgabe für den optischen Sensor besteht also darin,
Abweichungen von einem vorher bekannten Bild festzustellen.
Abb. 9 zeigt als Beispiel ein mit Bolzen gefülltes Magazin. Durch ge-
geeignete Beleuchtungsmaßnahmen ist ein guter Kontrast zu erzielen.
Der Sensor hat zu prüfen, ob das Magazin vollständig gefüllt ist und
an der richtigen Stelle steht. Im Prinzip ist ein vollständiger Vergleich mit einem Referenzbild möglich, wie im vorgehenden Abschnitt
beschrieben wurde. Für die Aufgabe ausreichend ist aber ein Vergleich
an einigen vorher festgelegten Stellen. In der Abb. 9 erfolgt der Vergleich entlang von einigen Zeilen. Das Bild wird entlang der vorgegebenen Zeilen mit einem Sensor abgetastet, das Videosignal binarisiert
und die Folge von hellen und dunklen Abschnitten mit Zählschaltungen

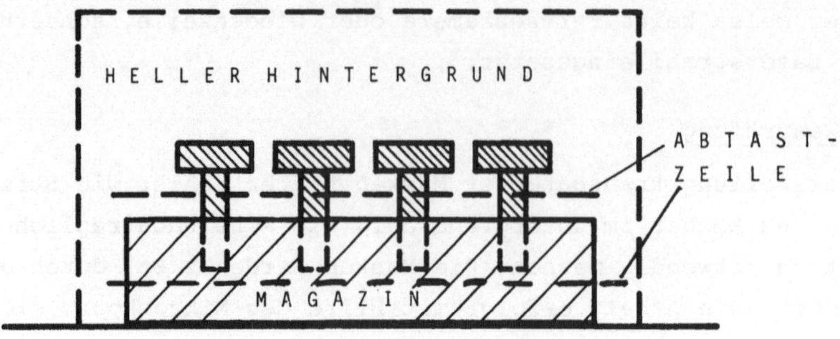

Abb. 9: VOLLSTÄNDIGKEITSPRÜFUNG VON TEILE-MAGAZINEN

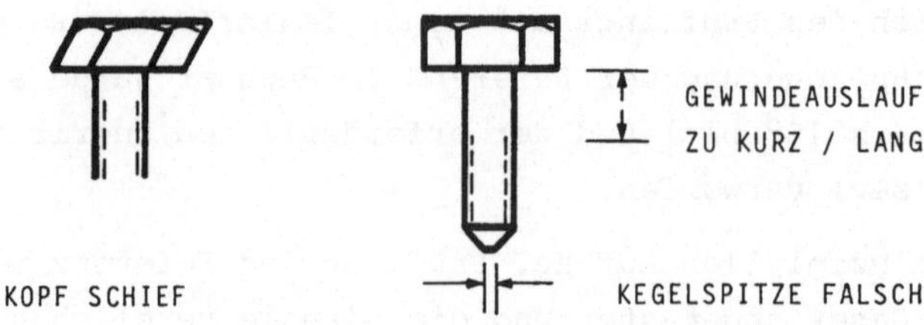

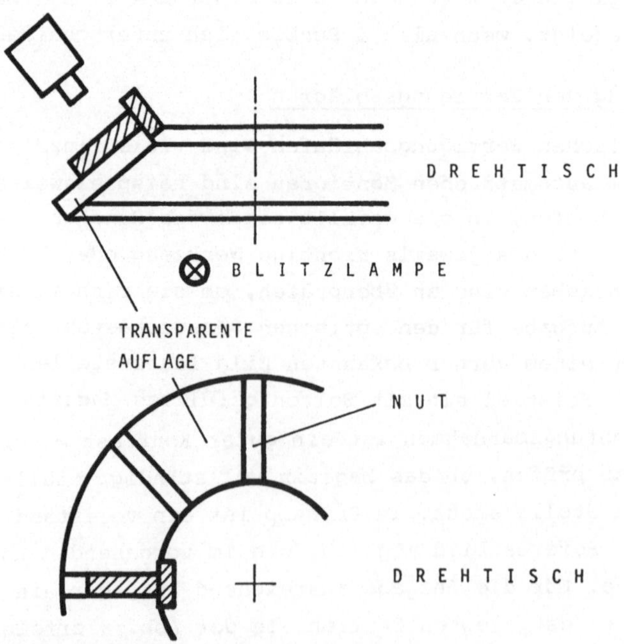

Abb. 10: SCHRAUBENPRÜFUNG

bestimmt und abgespeichert. Ein Prozessor vergleicht die gemessenen Werte mit Referenzwerten und gibt bei Nichtübereinstimmung eine Fehlermeldung ab. Die Position des Magazins ergibt sich aus der Länge des ersten Abschnitts.

Der Vorteil eines Vergleichs an nur wenigen Stellen liegt in der Speicherplatz- und Rechenzeitersparnis. Bei einer Abtastung mit einer Fernsehkamera mit 320 x 320 Punkten ergibt sich bei einer Abtastung entlang von 2 Zeilen ein Speicherplatzgewinn um den Faktor 160; bei 20 Übergängen je Zeile beträgt der Speicherbedarf etwa 40 Worte je Referenz.

Die Überprüfung ist sehr schnell; so beträgt die Zeit für eine Abtastung mit einer Fernsehkamera 20 msec; die Verarbeitungszeit im Rechner liegt in der gleichen Größenordnung. Mit einem Prozessor kann deshalb eine Überprüfung an verschiedenen Stellen einer Maschine oder an verschiedenen Maschinen durchgeführt werden; nur die Anzahl der Kameras ist entsprechend zu erhöhen.

4.2.4 Fehlerprüfung von Schrauben (Abb. 10)

Das vorhergehende Verfahren ist nicht auf die Überwachung von Fertigungsabläufen beschränkt, sondern allgemein bei der Überprüfung von Teilen anwendbar, wenn die Position der Teile (bis auf eine Querverschiebung) bekannt ist. Ein Beispiel ist die Prüfung von Schrauben. Bei der Schraubenherstellung treten Fehler auf wie
• Steilgewinde (Gewinde doppelter Steilheit)
• Ende der Schraube nicht abgeschrägt
• Gewindeauslauf zu kurz oder zu lang
• Kopf sitzt schräg oder nicht mittig
• zwei bzw. keine Unterlegscheibe.

Da der Fehler durch die Einstellung der Fertigungsmaschine bedingt ist, ist die Art des zu prüfenden Fehlers jeweils bekannt. Die Schrauben sind auf diese definierten Fehler zu prüfen.
Abb. 10 zeigt die Prüfeinrichtung. Die Schraube wird über eine Vereinzelungseinrichtung und einen transparenten Drehtisch der Prüfstelle zugeführt. Durch die Durchlichtbeleuchtung entsteht ein kontrastreiches Bild. Die Schrauben werden kontinuierlich am Sensor, einer Fernsehkamera vorbei bewegt; die Bewegungsunschärfe wird durch Blitzbeleuchtung vermieden. Um die Schraube jeweils in definierter Position aufzunehmen, sind die Bewegung des Drehtisches, die Blitzbeleuchtung und die Abtastung der Kamera synchronisiert. Das Bild wird gespeichert und softwaremäßig ausgewertet. Die Prüfung erfolgt jeweils entlang

einiger ausgewählter Abtastzeilen, die dem jeweiligen Fehler und Schraubentyp entsprechend gelegt werden.

Durch eine Bedienung des Gerätes im Dialog und eine Dateneingabe im optischen "Teach-in" ist die Umstellung auf neue Fehlertypen und Schrauben einfach.

In ähnlicher Weise ist die Überprüfung anderer Kleinteile, z.B. die Überprüfung von Bolzen auf Maßhaltigkeit, möglich, wenn die Teile durch geeignete Ordnungseinrichtungen - bei Bolzen z.B. eine schräge Ablaufschiene - in definierter Lage angeboten werden.

4.3 Sensorsysteme zur Steuerung von Handhabungseinrichtungen

Bei der Fertigung tritt häufig die Aufgabe auf, Teile mit Handhabungsgeräten zu greifen, z.B. beim Einlegen von Werkstücken in Bearbeitungsmaschinen oder beim automatischen Montieren. Die bisherigen Handhabungsgeräte sind nur dann in der Lage, diese Aufgaben zu lösen, wenn ihnen die Teile dazu in definierter Lage angeboten werden, z.B. in Magazinen oder durch spezielle Vereinzelungs- oder Ordnungseinrichtungen. Die Magazine müssen dazu vom Menschen gefüllt werden; mechanische Ordnungseinrichtungen sind wenig flexibel und deshalb nur bei großen Serien einzusetzen. Aufgabe eines Sensorsystems für Handhabungseinrichtungen ist es deshalb, ungeordnet liegende Teile zu erkennen und ihre Lage zu bestimmen, so daß die Handhabungseinrichtung aufgrund dieser Information gezielt zugreifen kann.

In der Fertigung werden die Teile oft völlig ungeordnet, z.B. in Kisten übereinander liegend, angeliefert. Wie schon erwähnt, ist der sensorgesteuerte gezielte Griff in die Kiste heute noch nicht zu realisieren, da Sensoren, die diese Teile in ihrer Lage erkennen, noch nicht existieren. Durch einfach mechanische Einrichtungen werden die Teile deshalb vorher soweit vereinzelt, daß sie anschließend durch ein Sensorsystem erfaßt werden können.

4.3.1 Teile mit wenigen, diskreten Auflagearten

Durch geeignete mechanische Vereinzelungs- oder Ordnungseinrichtungen ist es möglich, die Teile dem Sensor in wenigen dieskreten Lagen anzubieten (Abb. 3a). Im allgemeinen Fall ist der Aufwand aber so groß und der Zusatzaufwand für die Erstellung einer vollständigen Ordnung so gering, daß sich der Einsatz eines optischen Sensorsystems in diesem Fall nicht lohnt. Darüber hinaus sind die Ordnungseinrichtungen oft sehr langsam (z.B. beim Anlaufen eines Teiles gegen einen Anschlag).

Für Sonderfälle, vor allem für Drehteile, ergeben sich aber unter Einsatz von Ablaufschienen einfache und flexible Ordnungseinrichtungen. Die Aufgabe des Sensors besteht darin, die Auflageart des Teiles zu bestimmen. Unter diesen Bedingungen ergibt sich eine einfache Verarbeitung durch zeilenförmige Abtastung, wie sie schon in Kap. 4.2.3 beschrieben wurde [7, 8] . Die Erkennung der unterschiedlichen Lagen erfolgt durch Vergleich mit verschiedenen Referenzen.

4.3.2 Erkennen vereinzelter Teile in beliebiger Drehlage

Die Anforderungen an die Vereinzelungs- oder Ordnungseinrichtung werden erheblich geringer, wenn Teile in beliebiger Drehlage zugelassen werden (Abb. 3b). Eine zeilenförmige Abtastung scheidet allerdings in diesem Fall aus. Als Lösung bietet sich ein Übergang zu Polarkoordinaten an [9-11,][13-15] . In einem ersten Schritte wird der Flächenschwerpunkt des Binärbildes des Teils bestimmt. Die x-y-Koordinaten des Schwerpunktes bestimmen die Lage des Teiles. Die Koordinaten werden aus dem abgetasteten Bild nach bekannten Beziehungen berechnet. In einem zweiten Schritt legt das Sensorsystem um den Schwerpunkt einen oder mehrere Kreise und tastet das Bild entlang dieser Kreise ab. Das Abtastsignal entlang der Kreise ergibt eine Folge von hellen und dunklen Strecken. Diese Folge ist, bis auf eine Verschiebung, unabhängig vom Drehwinkel; sie ist typisch für das Teil und seine Auflageart. Die Verschiebung gegen eine Referenzfolge ist ein Maß für den Winkel. Durch Vergleich der gemessenen Folge gegen verschiedene Referenzfolgen für alle möglichen Verschiebungen wird der Winkel und die Auflageart bestimmt. Ein Nachteil des Verfahrens liegt in dem großen Zeitbedarf für den Vergleich, der für alle möglichen Drehwinkel durchgeführt werden muß. Darüber hinaus ist die Festlegung der Kreisradien kritisch ; die Kreise müssen vom Bedienungspersonal so gelegt werden, daß sich die Teile gut unterscheiden.

Eine Alternative zu obigem Verfahren, welches auf einem Bildvergleich beruht, besteht darin, für die Erkennung drehungsinvariante Merkmale zu verwenden. Solche Merkmale sind z.B. die Fläche, Flächenträgheitsmomente und Merkmale, bei denen über den Winkel integriert wird [11, 12, 14, 15, 16] . Zur Bestimmung der Drehwinkel können die Richtung von Trägheitsachsen herangezogen werden.

4.3.3 Griff in die Kiste (Abb. 11)

Ein Beispiel für einen Anwendungsfall, bei dem die Erkennung vereinzelter Teile erforderlich ist, ist der Griff in die Kiste mit schweren Teilen [6] . Spezielle Vereinzelungseinrichtungen für schwere Teile

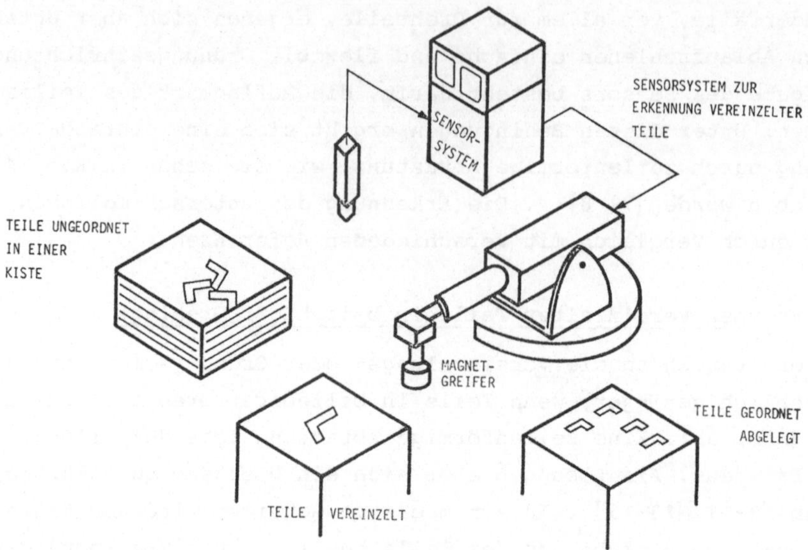

Abb. 11: GRIFF IN DIE KISTE

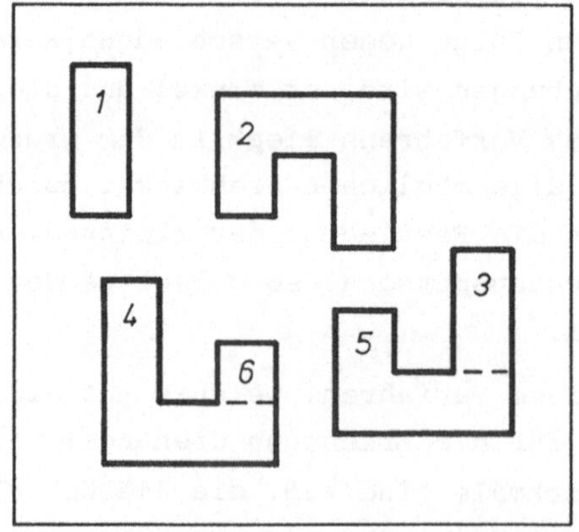

Abb. 12: ZUORDNUNG VON NUMMERN ZU KOMPONENTEN IM BILD

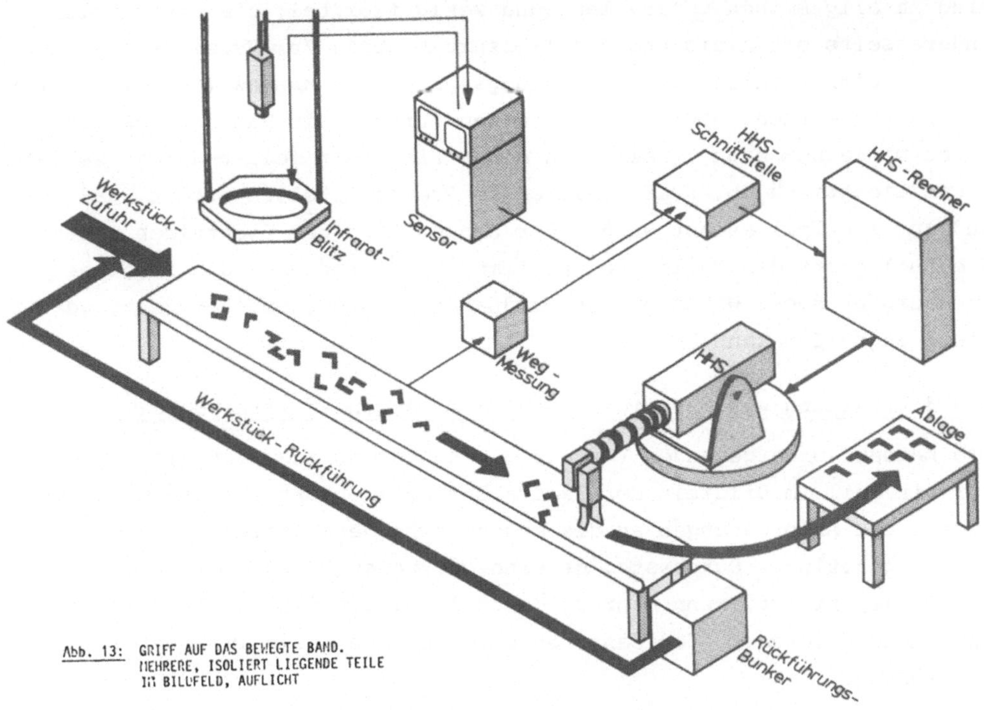

Abb. 13: GRIFF AUF DAS BEWEGTE BAND.
MEHRERE, ISOLIERT LIEGENDE TEILE
IM BILDFELD, AUFLICHT

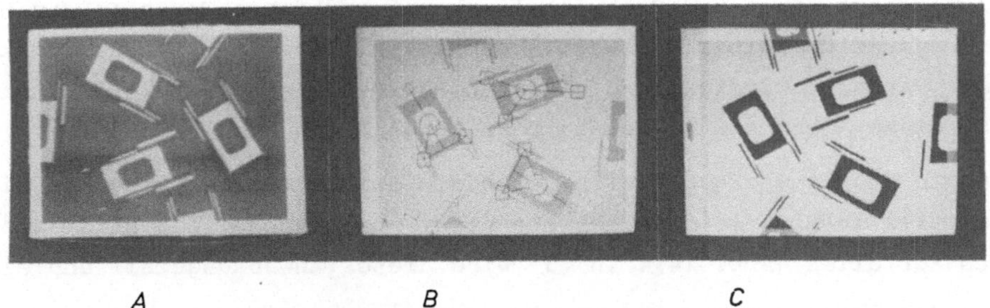

Abb. 14: SZENE MIT MEHREREN WERKSTÜCKEN IN 2 AUFLAGEARTEN
A: ANALOGES FERNSEHBILD MIT WERKSTÜCKEN IN 2 LAGEKLASSEN
B: BINÄRBILD
C: ERKANNTE WERKSTÜCKE MIT EINBLENDUNG DER MODELLE

sind im allgemeinen teuer, laut und wenig flexibel; die Stückzahlen andererseits oft klein und die Taktzeiten groß. Zur Vereinzelung kann kann in diesen Fällen ein Handhabungssystem mit unspezifischem Greifer eingesetzt werden. Abb. 11 zeigt einen Aufbau. Ein Handhabungssystem sucht mit einem Magnetgreifer in einer Kiste ein Teil und legt es auf einem Lichttisch ab. Kraftsensoren im Greifer stellen sicher, daß ein und nur ein Teil erfaßt wurde. Der Sensor über dem Lichttisch erkennt die Auflageart des Teiles und bestimmt seine Lage und die Drehlage. Er übergibt diese Werte an das Handhabungssystem, welches jetzt gezielt zugreifen kann.

4.3.4 Erkennung von Werkstücken auf dem laufenden Transportband

Die beiden vorhergehenden Verfahren gehen davon aus, daß sich jeweils nur ein Teil im Bildfeld der Kamera befindet. Damit ergeben sich entweder hohe Anforderungen an die mechanische Vereinzelungseinrichtung oder ein geringer Durchsatz, da eine Rückweisung und damit Rückführung der Teile erfolgt, wenn mehrere davon im Bildfeld sind. Deshalb wird zunehmend gefordert, daß Sensoren auch mehrere Teile im Bildfeld erkennen können.

Abb. 13 zeigt einen Einsatzfall. Mit einer Vereinzelungseinrichtung werden Teile auf ein Förderband gebracht. Auf dem Band sind Teile in beliebiger Lage zugelassen; sie sollen sich in der Mehrzahl der Fälle nicht berühren. Das Förderband transportiert die Teile unter den Sensor, der Auflageart, Lage und Drehwinkel erkennt und diese Werte an das Handhabungssystem übergibt. Das Handhabungssystem berechnet aus den Werten und der Bandgeschwindigkeit die laufenden Koordinaten der Teile und ergreift diese, wenn sie in seinen Bereich gelangen.

Besondere Probleme ergeben sich durch die Auflichtbeleuchtung, da die Einzelteile im Binärbild in mehrere nicht zusammenhängende Bildkomponenten zerfallen (Abb. 14). In 5 wird dieser Anwendungsfall und ein geeignetes Verfahren zur Bildverarbeitung beschrieben.

Das Verfahren ist nicht auf den beschriebenen Anwendungsfall beschränkt, sondern in allen Fällen einsetzbar, bei denen ein Teil im Bild in mehrere Komponenten zerfällt. Abb. 15 zeigt als Beispiel eine Platte mit Löchern. Da der Kontrast der Platte zum Hintergrund sehr schlecht, der Kontrast zwischen Platte und Loch aber gut ist, werden die Löcher bestimmt und daraus die Gehäuselage berechnet.

4.3.5 Erkennung von Teilen in beliebiger Lage

Bei allen vorhergehenden Aufgaben wurde davon ausgegangen, daß die
Werkstücke nur in einigen diskreten Auflagearten vorkommen. Bei einer
Verdrehung erfolgte die Beobachtung in Richtung der Drehachse, so daß
die Ansicht bis auf die Verdrehung ungeändert bleibt. Eine wesentlich
kompliziertere Situation ergibt sich, wenn die Beobachtung nicht mehr
in Richtung der Drehachse erfolgt. Bild 3c zeigt ein Werkstück, das
quer zur Drehachse beobachtet wird. Diese Situation liegt z.B. vor,
wenn ein Teil drehbar an einem Gehänge hängt und von der Seite beobachtet wird. Das Werkstück erscheint unter einem Kontinnum von Ansichten.
Verfahren, die mit einem Bildvergleich oder Schablonenvergleich arbeiten, versagen hier,

• aus Speicherplatzgründen: für jede Ansicht muß eine Referenz gespeichert werden
• aus Rechenzeitgründen: ein Vergleich muß mit allen Referenzen erfolgen, um den richtigen Winkel zu bestimmen.

Es wurde deshalb ein Verfahren untersucht, bei dem die winkelabhängige
Ansicht des Werkstücks durch drei Merkmale (Fläche, 2 Flächenträgheitsmomente) beschrieben wird [12, 16] . In der Lernphase werden für alle
Winkel die Merkmale bestimmt. Abb. 16 zeigt die Abhängigkeit der Merkmale vom Drehwinkel. Einem Werkstück mit unbekanntem Drehwinkel wird
in der Arbeitsphase der Winkel zugeordnet, für den die beste Übereinstimmung der Merkmale besteht. Durch einen geeigneten Suchalgorithmus
(sequentielle Suche in geordneten Tabellen, beginnend mit dem wichtigsten Merkmal) wird die Suchzeit ausreichend klein gehalten.

4.3.6 Szenen mit schlechtem Kontrast

Die bisherigen Anwendungen betrafen die Verarbeitung von Binärbildern.
Die Erfahrungen haben aber gezeigt, daß die Voraussetzung - guter Kontrast - bei vielen Fällen nicht zu erreichen ist. In diesen Fällen ist
die Verarbeitung von Grauwertbildern oder die Auswertung anderer Information, beispielsweise die Auswertung einer dreidimensionalen Szene
durch Lichtschnittverfahren erforderlich.

Ein Einsatzfall für ein Lichtschnittverfahren ist beispielsweise die
Erkennung und Lagebestimmung von auf einer Palette gestapelten Dreh-
teilen. Der Kontrast im Grauwertbild ist so gering, daß eine Binärbild-
verarbeitung ausscheidet.

Ebenso kann für die Schweißbahnverfolgung die Schweißnaht, die einen
sehr geringen Kontrast aufweist, durch ein Lichtschnittverfahren gut
sichtbar gemacht werden [12] .

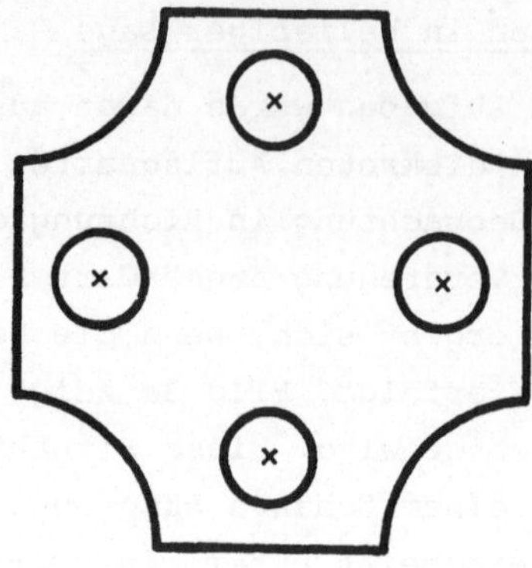

Abb. 15: VERMESSUNG EINER PLATTE AUFGRUND DER LAGE VON LÖCHERN

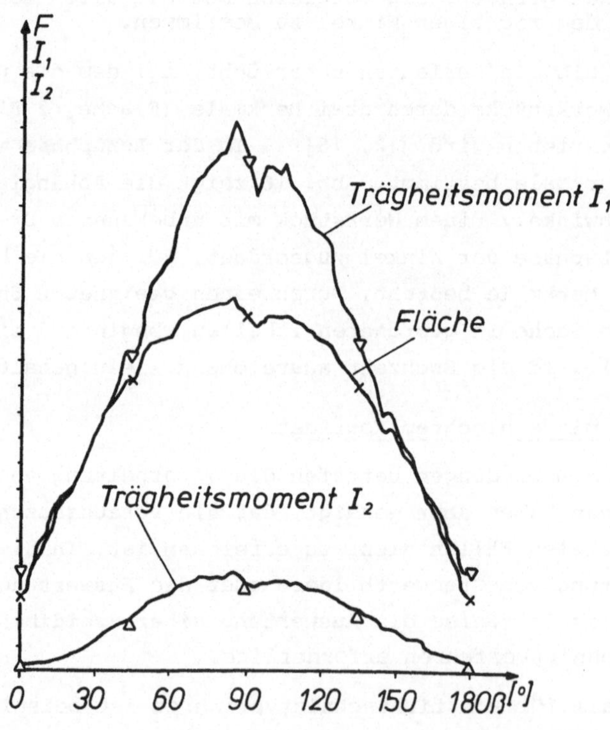

Abb. 16: ABHÄNGIGKEIT VON FLÄCHE UND TRÄGHEITSMOMENTEN VOM DREHWINKEL

Ein Anwendungsbeispiel für eine Grauwertbildverarbeitung ist die Oberflächenprüfung galvanisierter Teile; neben der Größe der Fehlstellen ist die Intensität zu berücksichtigen, um Fehler von zulässigen Oberflächenveränderungen zu unterscheiden.

5. Realisierung mit einem modularen System

Die Realisierung eines Sensorsystems für eine spezielle Anwendung kann auf verschiedene Weisen erfolgen. Eine spezielle Hardwarelösung ermöglicht eine optimale Anpassung an die jeweilige Aufgabe und führt damit zu kurzen Verarbeitungszeiten und geringem Aufwand. Andererseits ist eine Anpassung eines solchen Gerätes an andere Aufgaben schlecht oder gar nicht möglich, so daß die Spezialisierung nur für große Stückzahlen günstig ist. Eine sehr flexible Lösung ergibt sich andererseits durch Bildspeicherung und anschließende Verarbeitung in einem Digitalrechner. Ein Nachteil ist die bei komplizierteren Aufgaben sehr große Rechenzeit, die die Einsatzmöglichkeiten eines solchen Systems einschränkt.

Am IITB wurde deshalb eine Kombination beider Möglichkeiten realisiert, um die Vorteile zu vereinigen und die Nachteile zu vermeiden. Ausgangspunkt war die Feststellung, daß für sehr viele Anwendungen nur eine begrenzte Anzahl von Grundaufgaben wie

* Bildspeicherung
* Berechnung von Merkmalen wie Fläche, Momente
* Auswahl einiger Zeilen
* Separierung

zu lösen sind. Es wurde deshalb ein modulares Meßsystem - MODSYS, [18, 19] - entwickelt, welches eine schnelle Spezialhardware mit den Möglichkeiten eines Prozessors vereinigt. Entsprechende Überlegungen gibt es auch an anderer Stelle [2o].

Abb. 17 zeigt die Grundstruktur. Die wichtigsten Baugruppen sind

* die Bildspeicher:

Die Bildspeicher können On-Line mit der Geschwindigkeit der Fernsehbildabtastung eingelesen und schnell oder langsam ausgelesen werden. Ein Bildpunktspeicher erlaubt einen gezielten Zugriff, wie er z.B. beim Auswerten nur einiger Zeilen erforderlich ist. Ein Lauflängenspeicher (Speicher der Länge der schwarzen oder weißen Bildabschnitte) ermöglicht schnelle Rechenoperationen, z.B. Mittelung über mehrere Zeilen. Durch Einsatz von zwei Bildspeichern können durch mehrfaches

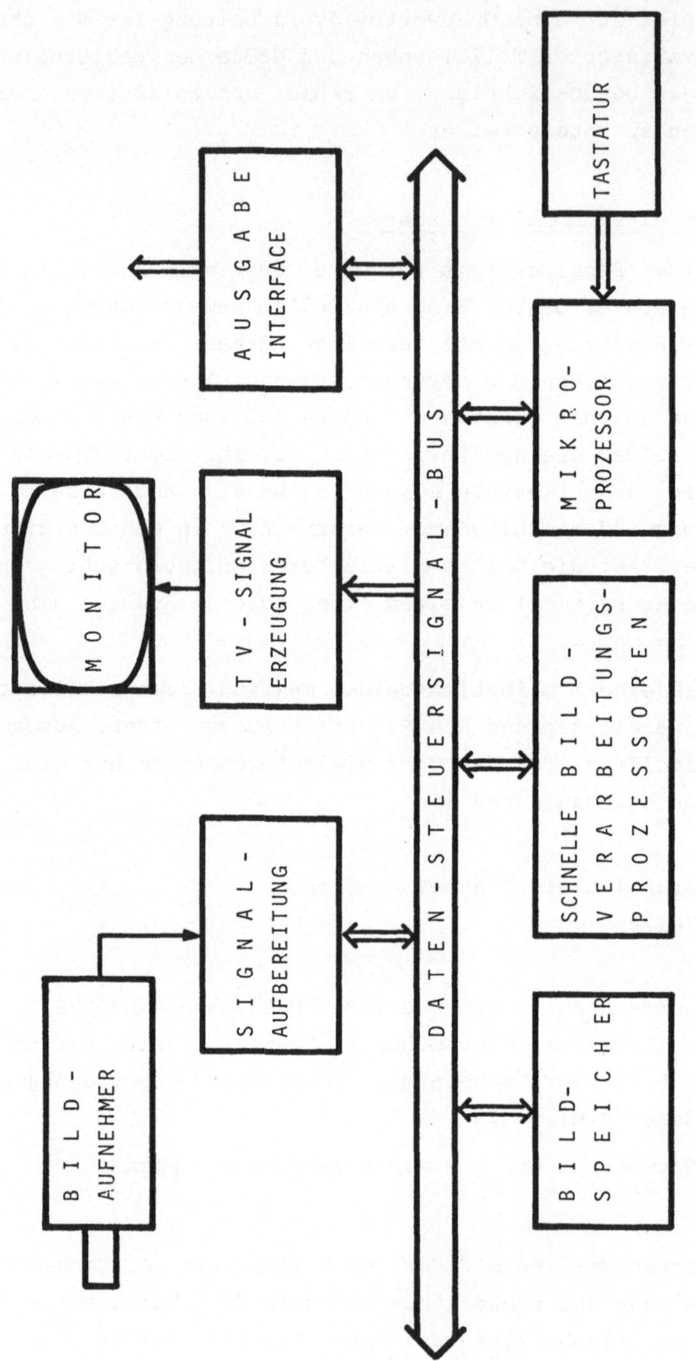

Abb. 17: MODULARES SYSTEM

Umspeichern aufeinanderfolgende Bildoperationen mit hoher Geschwindigkeit ausgeführt werden.

· Schnelle Bildverarbeitungsprozessoren

Ein spezieller Modul ordnet On-Line während der Bildabtastung jeder
Komponente im Bild eine Nummer zu. Parallel dazu arbeitende Merkmals-
prozessoren berechnen während der Abtastung für jede Komponente Merkmale wie Schwerpunkt, Fläche, Umfang. Nach einer Abtastung liegt also
eine Liste (Szenentabelle) vor, in der alle Objekte mit ihren Merkmalen abgelegt sind.

· μ-Prozessor:
Der μ-Prozessor übernimmt die Ablaufsteuerung, wertet die Szenenta-
belle aus und führt bei geringen Anforderungen an die Rechenzeit eine
Bildverarbeitung direkt aus dem Speicher durch.

Der modulare Aufbau ermöglicht eine schnelle Anpassung der Gerätekon-
figuration an unterschiedliche Anwendungen ohne aufwendige und lang-
wierige Neuentwicklungen; damit wird der Einsatz optischer Sensoren
auch bei geringen Stückzahlen wirtschaftlich.

Der Einsatz von Sensorsystemen hängt abgesehen von der technischen
Leistungsfähigkeit von der einfachen Bedienbarkeit und einer schnellen Umrüstbarkeit (Anpassung an neue Werkstücke und Parameterwerte)
ab. Im Rahmen des MODSYS wird dies erreicht durch

· interaktives Dialogsystem über Tastatur und Bildschirm zur Bedienerführung. Der Bedienende wird mit Hilfe eines einfachen Bildschirm-
  dialogs geführt, indem ihm im Klartext vorgeschrieben wird, was er
  als nächstes zu tun hat.

· Eingabe geometrischer Größen und Formen durch "Teach in"; d.h. eine
  direkte Eingabe über den Sensor durch Vorlegen von Referenzteilen
  in definierter Lage.

· Markierung von definierten Punkten oder Linien durch Eingabe der
  Koordinaten über ein Fadenkreuz bzw. einen Liniengenerator am
  Bildschirm.

6. Zusammenfassung und Ausblick

Die dargestellten Beispiele zeigen die vielfältigen Einsatzmöglichkeiten optischer Sensorsysteme für Meßaufgaben, Sichtprüfaufgaben
und als Bestandteil von Handhabungssystemen. Da der Einsatz optischer
Sensorsysteme in der Praxis erst am Anfang steht, ist zu erwarten, daß
sich noch weitere, heute noch nicht vorhersehbare Einsatzgebiete ergeben werden [21]. Die bisherigen Anwendungen betrafen die Erkennung
isoliert liegender Teile im Binärbild. Die Erfahrungen haben aber gezeigt, daß die Voraussetzungen

- geeignete Vereinzelungseinrichtung
- guter Kontrast

bei vielen Einsatzfällen nicht einzuhalten sind. Die weitere Entwicklung geht deshalb in Richtung auf Grauwertbildverarbeitung, die Erkennung sich überlappender Teile und die Verarbeitung dreidimensionaler
Szenen, z.B. durch Lichtschnittverfahren. Daneben hat die Einführung
der bekannten Verfahren in die Anwendung eine sehr große Bedeutung,
da z.Zt. zwar sehr viele Bildverarbeitungsverfahren bekannt sind, aber
noch sehr wenige Anwendungen vorliegen [21].

Die Anwendung komplizierter Verfahren erfordert schnelle Hard- und
Softwarelösungen. Die Entwicklung spezieller Prozessoren für die Bildverarbeitung, geeigneter Prozessor-Strukturen und schneller Algorithmen ist deshalb für einen verstärkten Einsatz der Bildverarbeitung
unerläßlich.

Die dargestellten Arbeiten wurden zum Teil von der öffentlichen Hand
gefördert; die Einführung in die Anwendung erfolgte im Rahmen von
Forschungsvorhaben der Industrie.

Literatur

1. Meier, H.E.; König, M.; Hosagasi, S.: Akustische Güteprüfsysteme
   zur Qualitätssicherung in automatischen Fertigungsprozessen. In:
   PDV-Bericht, KfK-PDV 170: "Rechnergeführte Qualitätssicherung in
   der industriellen Produktion", Karlsruhe, Mai 1979, S. 315 - 327.

2. Foith, J.P.; König, M.: Optische Sensoren in der Fertigung. atm
   Archiv für Technisches Messen, 1978.

3. Niepold, R.: Fernsehsensor zur Überwachung und Regelung von Schweißprozessen. In [22].

4. Zimmermann, G.: Eigenschaften von optischen Wandlern zur Positionsvermessung. In [22].

5. Foith, J.P.: Optischer Sensor für Erkennung von Werkstücken auf
   dem laufenden Transportband, realisiert mit einem modularen System.
   In [22].

6. Geißelmann, H.: Griff in die Kiste durch Vereinzelung und optische
   Erkennung. In [22].

7. Bretschi, J.: Ein Mikroprozessor-gestützter Fernseh-Sensor zur Werk-
   stückerkennung und Positionsvermessung bei Industrierobotern (A
   Mikroprozessor Controlled Visual Sensor For Industrial Robots).
   In: The Industrial Robot 3 (1976), Heft 4, S. 167 - 172.

8. Bretschi, J.: Ein Mikroprozessor-gestützter Fernseh-Sensor zur
   Werkstückerkennung und Positionsvermessung bei Industrie-Robotern.
   In: IITB-Mitteilungen 1976, FhG, Karlsruhe, 1976, S. 19 - 22.

9. König, M.; Bretschi, J.; Schief, A.: Informationsreduktion bei
   optischen Sensoren für Industrie-Roboter (Reduction Of Information
   In Optical Sensors Of Industrial Robots). 2nd CISM-IFToMM Symposium
   on Theory and Practice of Robots and Manipulators, Warshaw,
   Sept. 1976.

10. Geißelmann, H.: Fernseh-Sensor zur Werkstückerkennung, Positions-
    messung und Qualitätsprüfung. In: IITB-Mitteilungen 1977, FhG,
    Karlsruhe, 1977, S. 27 - 31.

11. Lanz, O.E.: Sensor zur Lage und Formerkennung. In: Tagungsband
    Interkama-Kongreß 1977, Fachberichte Messen-Steuern-Regeln (Band 1),
    Seite 95 - 107.

12. Foith, J.P.: Bildverarbeitung zur Lage- und Positionsbestimmung
    beim Einsatz von Industrie-Robotern. In: IITB-Mitteilungen 1977,
    FhG, Karlsruhe, 1977, S. 32 - 40.

13. Geißelmann, H.: Fernsehsensor und seine Verkettung mit einem
    Industrie-Roboter. 8th ISIR, 4th CIRT, Stuttgart 1978, S. 165 - 180.

14. Karg, R.: Ein flexibler opto-elektronischer Sensor. 8th ISIR, 4th
    CIRT, Stuttgart 1978, S. 218 - 229.

15. Karg, R.; Lanz, O.E.: Experimental Results With A Versatile Opto-
    electronic Sensor In Industrial Applications. In: Proc. of 9th Int.
    Symp. on Industrial Robots, Washington D.C., U.S.A., March 1979,
    S. 247 - 264.

16. Foith, J.P.: Lageerkennung von beliebig orientierten Werkstücken
    aus der Form ihrer Silhouetten. 8th ISIR, 4th CIRT, Stuttgart 1978,
    S. 584 - 599.

17. Ossenberg, K; Zimmermann, G.: Ein optisches Prüfgerät für große,
    transparente Masken. In: PDV-Bericht, KfK-PDV 170: Rechnergeführte
    Qualitätssicherung in der industriellen Produktion, Karlsruhe,
    Mai 1979, S. 92 - 98.

18. Lübbert, U.; Ringshauser, H.: Ein modulares System für Fernseh-
    sensoren. In: IITB-Mitteilungen 1978, FhG, Karlsruhe, 1978,
    S. 9 - 13.

19. Foith, J.P.; Geißelmann, H.; Lübbert, U.; Ringshauser, H.: A Modular
    System For Digital Imaging Sensors For Industrial Vision. In:
    Proc. of 3rd CISM IFToMM Symp. on Theory and Practice of Robots
    and Manipulators, Udine, Italy, Set., 1978.

20. Gleason, G.J.; Agin, G.J.: A Modular Vision System For Sensor-
    Controlled Manipulation And Inspection. Proc. of 9th Int. Symp.
    on Industrial Robots, Washington D.C., U.S.A., March 1979,
    S. 57 - 70.

21. Evans, J.M.; Albus, J.S.; Barbera, A. J.: Computer Science and
    Technology. NBS/RIA Robotics Research Workshop. National Bureau
    of Standard, NBS SP 500- 29, Washington DC., 1978.

22. Wege zu sehr fortgeschrittenen Handhabungssystemen. Fachberichte
    Messen-Steuern-Regeln, Band 4, Springer-Verlag, Berlin-Heidelberg-
    New York, 1979.

EIGENSCHAFTEN VON OPTISCHEN WANDLERN
ZUR POSITIONSVERMESSUNG

PROPERTIES OF OPTICAL POSITION DETECTORS

Georg Zimmermann

Fraunhofer-Institut für Informations- und Datenverarbeitung (IITB)
7500 Karlsruhe

<u>Summary</u>

For the measurement of the position of an industrial robot, one- and two-dimensional optical detectors are compared. Matrix diode arrays are most accurate and easy to handle. Unfortunately, blemish specifications of these devices are so far poor and/or prices high.

1. Einleitung

Der Einsatz von optischen Sensoren erfolgt bei Handhabungssystemen (HHS)
zum <u>Erkennen</u> von Auflageart und Drehlage von Werkstücken, zum genauen
<u>Vermessen</u> der Lage des Greifarms und von Werkzeugen im Greifraum und
zum <u>Überwachen</u> des Arbeitsraums.

1.1 Erkennen

Dieser Punkt wird an anderer Stelle ausführlich behandelt [1].

1.2 Vermessen

Das Ziel ist, Ungenauigkeiten in der Position des Greifers bzw. des
Werkzeuges zu beheben, die durch Lagerspiel, Durchbiegung bei schweren
Lasten, etc. entstehen.
Der Meßaufbau (Abb. 1) besteht aus einem optischen Sensor, der die

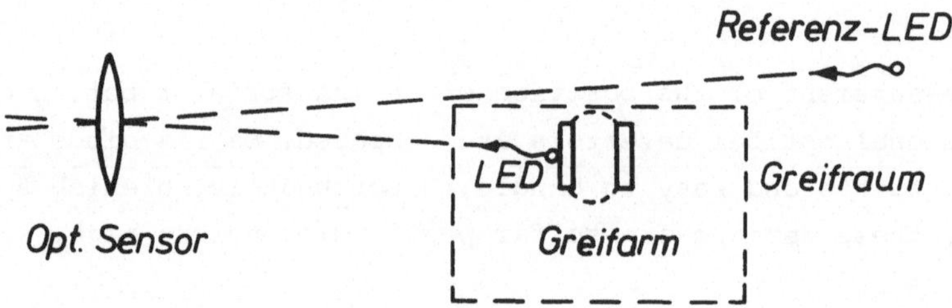

Abb. 1:   Vermessen der Greiferlage

Position einer Marke am Greifarm (z. B. Leuchtdiode LED) und einer
raumfesten Referenz mißt. Die Differenzmessung eliminiert Justierun-
genauigkeiten des optischen Sensors. Die Unterscheidung von Meß- und
Referenzmarke kann durch Fläche, zeitliches Takten oder durch Farb-
gebung geschehen.

1.3 Überwachen

Das Ziel ist es, durch eine grobe Vermessung die Funktionstüchtigkeit
der internen Sensoren und der Ansteuerung des HHS zu überwachen. Dies
kann durch einen optischen Sensor geschehen, der sich über dem HHS befindet (Abb. 2).
Durch Prüfen des inneren Kreises (Polarcheck, [2]) läßt sich die Drehlage und -geschwindigkeit des HHS messen. Dadurch kann die Funktionstüchtigkeit der internen Sensoren des HHS festgestellt und ein be-
rührungsloser Endschalter realisiert werden.

Durch Prüfen des äußeren Kreises wird das Eindringen von Gegenständen
in den Arbeitsbereich des HHS erkannt.

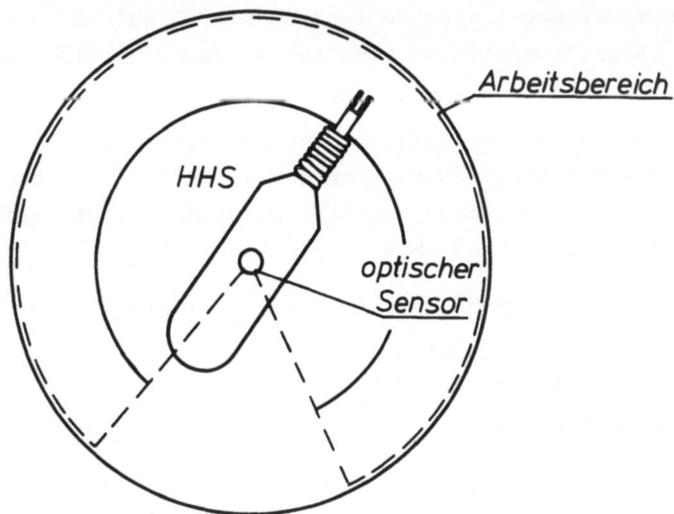

Abb. 2: Überwachung des Handhabungssystems. Der optische Sensor ist ortsfest über dem HHS angebracht und überblickt den gesamten Arbeitsbereich.

2. Optische Wandler

2.1 Kennwerte

Die wichtigsten Kennwerte von optischen Wandlern sind Helligkeitsempfindlichkeit, spektrale Empfindlichkeit, Linearität der Kennlinie, zeitliche Auflösung, örtliche Auflösung und örtliche Linearität.

Da fast alle Photodetektoren derzeit auf Silizium-Basis aufgebaut sind, unterscheiden sie sich bezüglich der Helligkeitsempfindlichkeit, der spektralen Empfindlichkeit (Abb. 3) und der Linearität nicht grundsätzlich [3].

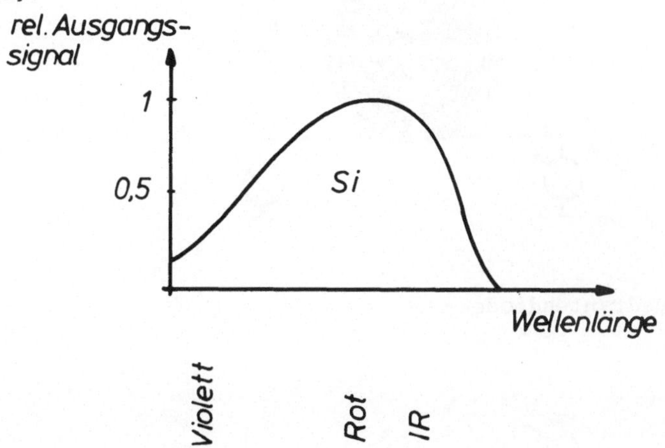

Abb. 3: Spektrale Empfindlichkeit von Silizium

Das Maximum der spektralen Empfindlichkeit liegt im roten Wellenlängen-
bereich, folglich empfehlen sich zur Beleuchtung Glühlampen, rote oder
infrarote Leuchtdioden.

Unterschiede in den Empfindlichkeiten ergeben sich bei verschiedenem
Aufbau der Detektoren (Absorption und Interferenz in den Deckschichten);
dies ist aber bei der hier gestellten Aufgabe nicht ausschlaggebend,
da die Beleuchtung vorgegeben werden kann.

Die Linearität der Kennlinie ist ebenfalls weit ausreichend.

Unterscheidungsmerkmale sind also
- zeitliche Auflösung,
- örtliche Auflösung,
- die Linearität der Ortskennlinie.

2.2 Punkt- und linienförmige Detektoren

- __Photodioden__ sind in vielen Varianten auf dem Markt [3], man erhält
  Typen mit hoher Empfindlichkeit und solche mit Anstiegszeiten im
  Nanosekundenbereich.

- __Vierquadrantendioden__ bestehen aus vier eng benachbarten Dioden
  (Abb. 4). Durch Messung der Differenzsignale läßt sich der Quadrant
  bestimmen, auf den ein Lichtpunkt fällt. Dieser Diodentyp eignet
  sich also zum Nullabgleich. Die Grenzfrequenz liegt in der Größenordnung von 100 MHz [4].

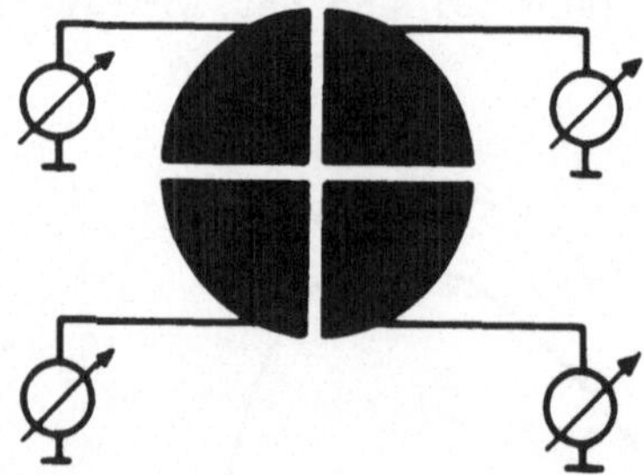

__Abb. 4:__ Vierquadrantendiode

131

- <u>Positionsempfindliche Dioden</u> [5] gestatten es, den Ort eines Licht-
  punktes festzustellen. Sie bestehen aus einer rechteckigen Diode,
  unterhalb der ein hochohmiges Substrat liegt (Abb. 5). Dadurch ver-
  teilen sich die Ströme I_1 und I_2 vom Auftreffpunkt des Lichtes zu
  den Elektroden entsprechend dem Ort des Lichtpunkts. Die Grenzfrequenz
  liegt (ohne zusätzliche elektron. Maßnahmen) bei einigen Kilohertz, die
  Ortsauflösung bei einigen Promille der Abmessungen der empfindlichen
  Fläche. Die örtliche Linearität ist etwa 1 % in der Mitte und fällt
  am Rande auf 10 % ab.

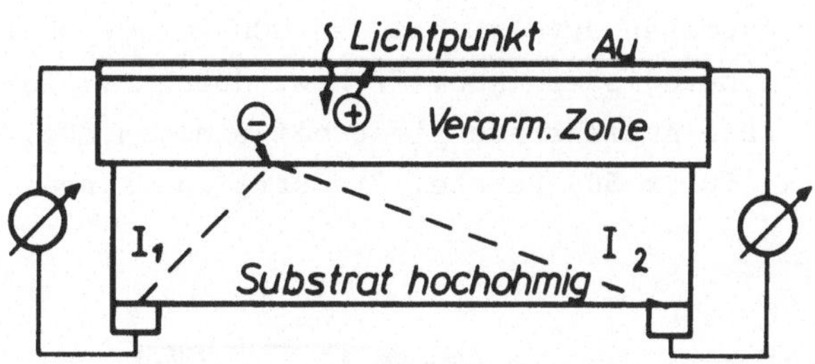

<u>Abb. 5:</u> Positionsempfindliche Diode

- <u>Photodiodenzeilen</u> bestehen aus meist quadratischen bis zu 2048 Dioden im Abstand von einigen 10 µm [6]. Die durch die Belichtung erzeugten Ladungsträger werden in der Diodenkapazität gespeichert,
  durch Übergabeschalter auf ein analoges Schieberegister übertragen
  und aus dem Register herausgetaktet (Abb. 6). Bei einem anderen Typ
  [7] werden die Ladungen nacheinander durch die Übergabeschalter auf
  eine gemeinsame Videoleitung geschoben. Die Auslesefrequenz liegt
  bei einigen MHz, die örtliche Auflösung ist durch die Diodenzahl gegeben; die örtliche Linearität ist extrem hoch (10^{-5}).

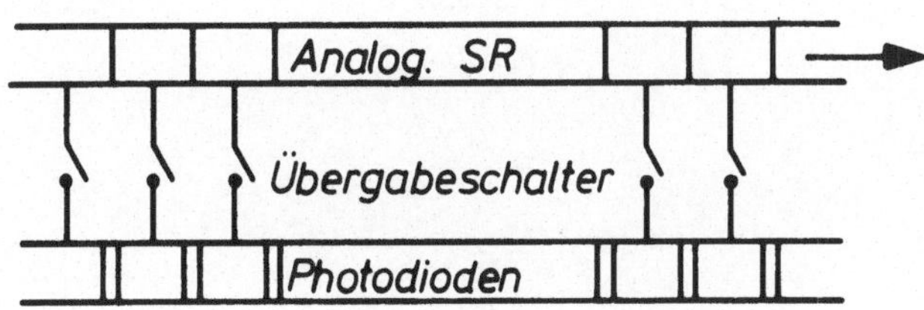

<u>Abb. 6:</u> Diodenzeile mit analogem Schieberegister als Ausgabe

2.3 Detektoren für 2 Dimensionen

- Die <u>positionsempfindliche Diode</u> [5] in 2 Dimensionen ist entsprechend
  der eindimensionalen aufgebaut und hat ähnliche Kennwerte.

- Die <u>Fernsehkamera</u> ist Stand der Technik (25 Hz, 625 Zeilen, ca. 500
  Bildpunkte, örtliche Linearität 2 %). Eine Vielzahl von Hilfsgeräten
  (Monitore, Bildspeicher, Aufzeichnungs- und Wiedergabegeräte) wird
  kommerziell gefertigt und steht preisgünstig zur Verfügung. Durch
  Kompensationsschaltungen läßt sich die örtliche Linearität ver-
  bessern (0,2 %) [8].

- 2-dimensionale Diodenarrays sind entsprechend den eindimensionalen
  aufgebaut, das Auslesen erfolgt bei den CCD-Arrays über spaltenweise
  angeordnete Schieberegister (Abb. 7) bzw. durch X-Y-Anwahl bei den
  CCD-Arrays [9]. Die Ausleserate liegt bei einigen MHz, die Auflösung
  ist derzeit max. 500 x 500 Punkte, die örtliche Linearität ist besser
  als 10^{-5}.

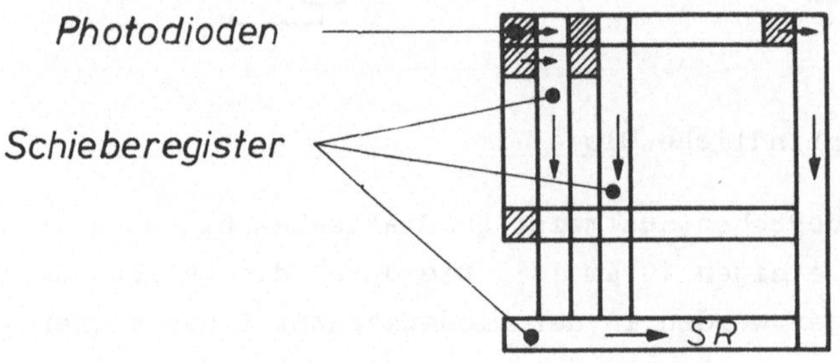

<u>Abb. 7:</u> 2-dimensionaler Diodenarray

3. Bewertung der Detektoren

Bei der Bewertung muß auch der optische und mechanische Aufwand berücksichtigt werden, der zur Erfüllung der Aufgabe notwendig ist. So kann beispielsweise mit einer Vierquadrantendiode und einem servogesteuerten Spiegelsystem die Position einer Leuchtdiode in einem großen Bereich genau vermessen werden. Der elektronische Aufwand ist dabei gering, der mechanische dagegen sehr hoch.

Unter diesem Gesichtspunkt kommen für die externe Vermessung nur 2-dimensionale Detektoren in Frage. Von diesen scheidet die positionsempfindliche Diode wegen zu großer Ungenauigkeit in den Randgebieten für viele Anwendungsfälle aus.

Vom meßtechnischen Gesichtspunkt aus ist dem zweidimensionalen Diodenarray der Vorzug zu geben; seine Vorteile sind:
· mechanische Stabilität
· metrische Genauigkeit
· direkte opto-elektronische Wandlung ohne elektronenoptische Zwischenglieder
· kleine Dimensionen, kompakter Aufbau
· große Lebensdauer
· keine Hochspannung
· Driftfreiheit
· geringer Leistungsverbrauch
· Si-Spektralempfindlichkeit
· großer Dynamikbereich

Dem steht als Nachteil gegenüber, daß wegen des komplizierten Herstellungsverfahrens häufig einzelne Bildpunkte oder gar ganze Zeilen ausfallen bzw. eine wesentlich abweichende Empfindlichkeit haben. Fehlerfreie zweidimensionale Arrays mit hoher Auflösung sind derzeit nicht oder nur zu hohen Preisen erhältlich.

Da die Bildverarbeitungsverfahren unabhängig von der Art des Wandlers durchgeführt werden können, ist aus diesem Grund der Industriefernsehkamera immer noch der Vorzug zu geben. Bei Anwendungen, die eine höhere Genauigkeit als 1 $^{\circ}$/oo erfordern, wird auch in absehbarer Zeit die Diodenzeile anzuwenden sein. Die flächenhafte Abtastung kann dabei durch Eigenbewegung des Objektes oder durch Vorschalten eines Schwingspiegels erreicht werden.

Literatur

1. Foith, J.P.: Optischer Sensor für Erkennen von Werkstücken auf dem
   laufenden Transportband, realisiert mit einem modularen System. In:
   Wege zu sehr fortgeschrittenen Handhabungssystemen. Fachbericht
   Messen - Steuern - Regeln, Band 4. Springer-Verlag, Berlin - Heidelberg - New York, 1979.

2. Geißelmann, H.: Fernsehsensor zur Werkstückerkennung, Positionsmessung und Qualitätsprüfung. Mitteilungen aus dem Institut für
   Informationsverarbeitung (IITB), Fraunhofer-Gesellschaft Karlsruhe
   1977, S. 27 - 32.

3. Optoelektronik Halbleiter; Siemens-Datenbuch 1975/76.

4. Solid State Silicon Photodiodes.

5. RCA-Firmenschrift
   Die Nutzung der Positionsempfindlichkeit von Si-Photodetektoren.
   Firmenschrift der ts-electronic, München.

6. Hersteller sind: Reticon, General Electric Fairchild.

7. Z. B. C-Serie von Reticon.

8. Hamamatsu Television Europa GmbH.

9. Herbst, H.: Zeilen- und flächenhafte Halbleiter-Bildsensoren.
   Elektronikpraxis Nr. 9, September 1978.

<u>OPTISCHER SENSOR FÜR ERKENNUNG VON WERKSTÜCKEN AUF DEM LAUFENDEN BAND,</u>

<u>REALISIERT MIT EINEM MODULAREN SYSTEM</u>

<u>A VISION SYSTEM FOR RECOGNITION OF PARTS ON A MOVING BELT,</u>

<u>REALIZED WITH A MODULAR SYSTEM</u>

J.P. Foith, C. Eisenbarth*, E. Enderle, H. Geißelmann, H. Ringshauser
und G. Zimmermann

Fraunhofer-Institut für Informations- und Datenverarbeitung (IITB)
7500 Karlsruhe

<u>Summary</u>

In order to facilitate the realization of cost effective sensor systems
we are developing a modular system (MODSYS) whose modules can be confi-
gurated into optoelectronic sensors - each tailored to a specific task.
As an example we describe a complex sensor configuration which recog-
nizes workpieces on a moving conveyor belt. The parts are in random
positions but do not touch each other. The experimental set-up consists
of a conveyor belt, infrared-flashlight, TV-camera, and the MODSYS-
configuration with a Z-80-micro-processor.

The first steps of the analysis of the binary image are performed in
real-time during the TV-scan. Image storage, component labelling, com-
putation of area, perimeter, and centroid coordinates for each connec-
ted component are performed in parallel in the first 20 ms. These data
are collected into a 'scene table'. From this table candidates for the
further analysis are selected. With these candidate regions a 'polar
check' is performed (intersecting a circle around the centroid with the
contour). As a result one obtains the positional class of the part as
well as its rotational orientation in the image plane. Due to the top
lighting the image of <u>one</u> workpiece may break into several regions in
the binary image. In order to account for these regions, too, their location is verified after the polarcheck. This verification process is
driven by structural models. These models are constructed interactively
with the aid of a joystick-driven crosshair. The total processing
time for the image analysis takes less than 500 ms.

*C. Eisenbarth ist Mitarbeiter der Firma IBAT-AOP, Essen

1. DIE ERKENNUNG VON WERKSTÜCKEN UND BESTIMMUNG IHRER LAGE UND POSITION

Im Zusammenhang mit dem zunehmenden Einsatz flexibler, programmierbarer
Fertigungs- und Handhabungssysteme gewinnen Sensorsysteme mehr und
mehr an Bedeutung - insbesondere solche, die taktile oder optische Informationen verarbeiten. Dieser Beitrag beschäftigt sich ausschließlich mit Aspekten der bildverarbeitenden Sensoren. Eine Erörterung der
Einsatzbedingungen sowie eine Reihe von Beispielen solcher Sensorsysteme ist in diesem Band enthalten [OSSENBERG '79].

Im Bereich der Handhabung durch programmierbare Geräte ("Industrieroboter") liegen drei Aufgaben für Bildsensoren vor: 1) die Erkennung
von Werkstücken, 2) die Vermessung ihrer Lage und 3) die Vermessung
von Zielpositionen (z.B. bei Montagearbeiten). In vielen Fällen liegt
nur eine Art von Werkstücken vor, so daß die Erkennungsaufgabe darauf
beschränkt bleibt, die verschieden stabilen Lageklassen eines Werkstückes zu erkennen (z.B. auf einem Tisch oder einem Förderband). Die
Vermessung der Lage eines Werkstückes liefert als Ergebnis die X-Y-
Koordinaten eines Bezugspunktes ("Greifpunkt") und eine Drehrichtung
einer ausgezeichneten Achse des Werkstückes in der betreffenden stabilen Lageart. Falls keine Vorzugsachse vorliegt, muß eine solche willkürlich definiert werden.

Aus dem Beitrag von OSSENBERG wird das breite Aufgabenspektrum für
Bildsensoren deutlich. Die Vielfalt der Aufgaben ist nicht mit einem
universellen und flexiblen Sensor zu lösen, sondern nur durch ein Bau-
kastensystem, dessen Komponenten sich zu problemangepaßten Geräten
konfigurieren lassen. Ein derartiges modulares System (MODSYS) wurde
am Fraunhofer-Institut für Informations- und Datenverarbeitung entwor-
fen und realisiert. Die kommerzielle Fertigung wurde von einem industriellen Großhersteller übernommen, so daß etwa ab 1980 die Ergebnisse dieses Projekts allgemein für Anwendungen zur Verfügung stehen.

Die Eigenschaften dieses Baukastensystems werden im folgenden anhand
einer besonders leistungsfähigen Konfiguration verdeutlicht. Einen
allgemeinen Überblick über die MODSYS-Komponenten gibt in diesem Band
[OSSENBERG '79]. Weitere Beschreibungen sind enthalten in [LÜBBERT &
RINGHAUSER '78 ; FOITH und andere '78].

An Sensorsystemen für praktische Anwendungen in der Industrie wird seit
einigen Jahren gearbeitet [FOITH & KÖNIG '78]. Dabei legen zwei Rand-

bedingungen Alternativen für Problemlösungen fest: es müssen kurze Verarbeitungszeiten - unter 1 Sekunde - erreicht werden und der technische Aufwand muß innerhalb wirtschaftlicher Grenzen liegen. Dies schließt den Einsatz von Großrechnern aus und erfordert spezielle Hardware bzw. Mikroprozessoren oder Minirechner für die Datenverarbeitung. Aus diesem Grund können nur relativ wenige Daten verarbeitet werden, so daß Anwendungs-nahe Sensoren sich auf die Analyse von Binärbildern beschränken.

Die ersten Sensorsysteme mußten noch weitere Einschränkungen machen:
1) es durfte nur _ein_ Werkstück im auszuwertenden Bildfeld liegen;
2) um eine zuverlässige Binarisierung zu gewährleisten, wurden "Durchlicht"-Verfahren eingesetzt, bei denen das Werkstück auf einer von unten beleuchteten Unterlage beobachtet wurde.

Durch diese beiden Maßnahmen war sichergestellt, daß nur eine einzige zusammenhängende Region im Bild auftrat. Auf diese Weise konnten Merkmale dieser Region - wie Fläche oder Schwerpunkt - einfach berechnet werden, indem über alle schwarzen Punkte (denen der Region) aufsummiert wurde.
Der Vorteil einer solchen Vorgehensweise liegt darin, daß eine zeitintensive Analyse der Zusammenhangskomponenten im Bild vermieden wurde. Nachteile sind zum einen der geringe Durchsatz bei der Handhabung und der hohe Aufwand für die Vereinzelung, zum anderen die Tatsache, daß bereits kleine Bildstörungen zu großen Fehlern in der Auswertung führen. können.

Inzwischen werden allgemein mehrere Werkstücke im Bild zugelassen, allerdings nach wie vor mit Einschränkungen. Ziel dieser Einschränkungen ist es, das Bild so in rechteckige Bildausschnitte zu zerlegen können, daß innerhalb eines Ausschnittes wieder nur _ein_ Werkstück auftritt. Im einfachsten Fall wird dies erreicht, wenn die Werkstücke so untereinander im Bild liegen, daß sie durch blanke Bildzeilen getrennt werden können [GEISSELMANN '77 ; ARMBRUSTER und andere '79]. Einen Schritt weiter geht das Verfahren von [KARG & LANZ '79] , bei dem Werkstücke auch so im Bild liegen können, daß sie sowohl durch waagrechte Zeilen als auch senkrechte Spalten voneinander getrennt werden. Beide Verfahren vermeiden jedoch die Analyse von Zusammenhangskomponenten im Bild. Dies schließt eine Reihe von leistungsfähigen Erkennungsverfahren aus, weil Merkmale jeweils nur global für die Bildausschnitte berechnet werden können. Der Aufwand für die Vereinzelung der Werkstücke ist nach wie vor hoch und der Durchsatz relativ gering. Ein weiterer Einwand gegen

dieses Verfahren ergibt sich aus dem zunehmenden Einsatz von Auflicht
(Szenen von oben beleuchtet), bei dem sich bei der Binarisierung häufig mehrere Regionen im Bild ergeben. Selbst das Abbild _eines_ Werkstückes zerfällt häufig bei der Binarisierung in mehrere Regionen.

Aus dem bisher gesagten wird deutlich, daß ein leistungsfähiges Bild-
verarbeitungssystem in der Lage sein muß: festzustellen, wie viele
Regionen im Bild sind, welche Bildpunkte zu ihnen gehören und diese
Regionen so zu markieren, daß ihnen Merkmale zugeordnet werden können.
Dieser Vorgang wird in der Literatur als "Komponentenmarkierung" [ROSEN -
FELD & KAK '76] bezeichnet. Dabei wird jede Region im Bild durch eine
Marke (z.B. eine Nummer) gekennzeichnet, die allen Punkten, die zu der
betreffenden Region gehören, zugeordnet wird. Ein Beispiel für ein Sensorsystem, das eine Komponentenmarkierung durchführt, ist in [GLEASON
& AGIN '79] beschrieben. Da dies software-mäßig durchgeführt wird,
werden allerdings für das Einlesen des Bildes und die Komponentenmarkierung bereits 600 ms benötigt. Weiter unten wird eine MODSYS-Kompo-
nente beschrieben, die die Aufgabe der Komponentenmarkierung in Echtzeit während der Abtastung des FS-Bildes löst, d.h. in 20 ms.

2. DER SENSORGESTEUERTE GRIFF EINES INDUSTRIEROBOTERS AUF EIN LAUFEN-
DES FÖRDERBAND

In den letzten Jahren hat der sensorgesteuerte Griff eines Handhabungs-
gerätes auf ein Förderband starkes Interesse gefunden. Erste Lösungen
dieser Aufgabe bestanden darin, mit einer FS-Kamera das laufende Band
zu beobachten, bis ein Werkstück ins Bildfeld geriet. Daraufhin wurde
das Band gestoppt, das Werkstück im Stillstand erkannt und seine Lage
bestimmt [GEISSELMANN '77a; KARG '78]. Zur Erhöhung des Durchsatzes
ist es aber notwendig, die Werkstücke zu erkennen und zu vermessen,
während das Band läuft. Dies setzt voraus, daß das Problem der Bewegungsunschärfe bei der Bildabtastung vermieden wird.

Eine Lösung der Vermeidung der Bewegungsunschärfe besteht darin, die
Bewegung der Werkstücke unter der Kamera auszunutzen [WARD und andere
'79]. Hierbei wird eine Diodenzeile eingesetzt; die zweite Bilddimen-
sion erhält man aus der Verschiebung der Werkstücke. Das Verfahren ist
allerdings sehr speziell: Es werden zwei Lichtschlitze so auf das Band
projiziert, daß sie genau auf die Diodenzeile abgebildet werden, solange kein Werkstück vorliegt. Treten Werkstücke in das Bildfeld ein,

so verschieben sie an diesen Stellen die Lichtschlitze. Dadurch fällt
nur noch das vom Band reflektierte Licht auf die Diodenzeile, so daß
während der Bildabtastung die Silhouetten der Werkstücke aufgenommen
werden. Das Verfahren löst die gestellte Aufgabe, ist jedoch zu speziell
und läßt sich nicht auf andere Anwendungen übertragen.

Eine andere Lösung zur Vermeidung der Bewegungsunschärfe besteht in der
Verwendung eines Blitzlichtes. Dieses leuchtet die Szene so hell aus,
daß das Bild auf der Speicherröhre der FS-Kamera gewissermaßen "einge-
brannt" wird und erhalten bleibt, bis das gesamte Bild abgetastet ist.
Diese Lösung wurde für unseren Aufbau gewählt.

Für eine Silizium-Diodenkamera bzw. eine FS-Kamera mit Silizium-Target
ist rotes oder infrarotes Licht am günstigsten, da dort die Empfindlichkeit am größten ist. Die Blitzlichtvorrichtung wurde mit Hilfe von In-
frarot-Dioden in den Infrarotbereich gelegt. Dies hat mehrere Vorteile.
Die Dioden lassen sich gut blitzen; ihr Licht ist für das menschliche
Auge unsichtbar und ungefährlich, so daß keine Störungen an Arbeitsplätzen durch den Blitz hervorgerufen werden. Ein besonderer Vorteil liegt
in der Tatsache, daß das Bildsignal relativ schmalbandig ausgefiltert
werden kann. Auf diese Weise werden die Einflüsse einer schwankenden
Umgebungshelligkeit weitgehend ausgeschaltet und die Betriebssicherheit
des Sensors erhöht.

Der schematische Aufbau der Anlage - bestehend aus: Förderband, Blitz-
lichtvorrichtung, FS-Kamera und Sensorsystem, Handhabungsrechner und
Handhabungsgerät - ist in Abbildung 13 des Beitrages von OSSENBERG in
diesem Band enthalten.
Bild 1 zeigt eine Fotographie des Aufbaues mit Förderband, Blitzlicht-
vorrichtung und FS-Kamera (linke Bildhälfte) sowie dem Handhabungsgerät
(VW R-30). Das Förderband ist mit einem Wegmesser ausgerüstet, dessen
Werte von einem Interface an den Handhabungsrechner übergeben werden.

Werkstücke werden so auf das Band gebracht, daß sie sich nicht berühren,
sonst aber beliebige Lagen zueinander einnehmen. Der Sensor befindet
sich zu Beginn in einem Wartemodus, bei dem in regelmäßigen Abständen
ein Blitz ausgelöst, das Bild aufgenommen und ausgewertet wird. Treten
Werkstücke am oberen Rand in das Bild ein, so wartet der Sensor solange
- in Abhängigkeit der Bandgeschwindigkeit - bis die Werkstücke in der
Bildmitte liegen. Dann wird erneut ein Blitz ausgelöst und der Zeitpunkt
der Bildaufnahme an den Handhabungsrechner übergeben. Sobald im Bild ein

Werkstück erkannt und in seiner Lage vermessen ist, wird das Ergebnis
an den Handhabungsrechner übergeben. Danach werden entweder weitere
Werkstücke im gleichen Bild ausgewertet oder der Sensor geht wieder in
den Wartemodus über. Das übergebene Ergebnis besteht aus: Lageklasse
des Werkstückes, Y-Y-Koordinaten des Greifpunktes und der Drehrichtung
des Werkstückes in der Bandebene. Mit Hilfe des Zeitpunktes der Bildaufnahme und der laufenden Wegmessung kann der Handhabungsrechner berechnen, wo sich das Werkstück augenblicklich befindet. Über die Handhabung der erkannten Teile wird in den Beiträgen von [MEISEL '79 ;
PATZELT '79] berichtet.

Bild 1: Teile des Aufbaus -- Förderband, Blitzlichtvorrichtung, FS-
        Kamera und Handhabungsgerät

3. SENSORKONFIGURATION UND VERARBEITUNGSPRINZIP

Wie bereits erwähnt, dürfen die Werkstücke beliebig auf dem Band liegen,
sich aber nicht berühren. Es ist somit zugelassen, daß mehrere Werkstük-
ke gleichzeitig im Bildfeld auftreten. Durch das Auflicht der Blitzbeleuchtung zerfallen die Binärbilder dieser Werkstücke in mehrere Regionen. Bild 2 zeigt ein Beispiel einer Szene, die der Sensor analysieren

muß - und zwar möglichst unter O,5 Sekunden. Da aus wirtschaftlichen
Gründen im MODSYS-Baukasten ein 8-bit-μP (Zilog Z 80) als Rechner eingesetzt wird, ist es besonders wichtig, die Vielzahl der Daten im Binärbild möglichst weitgehend zu reduzieren.

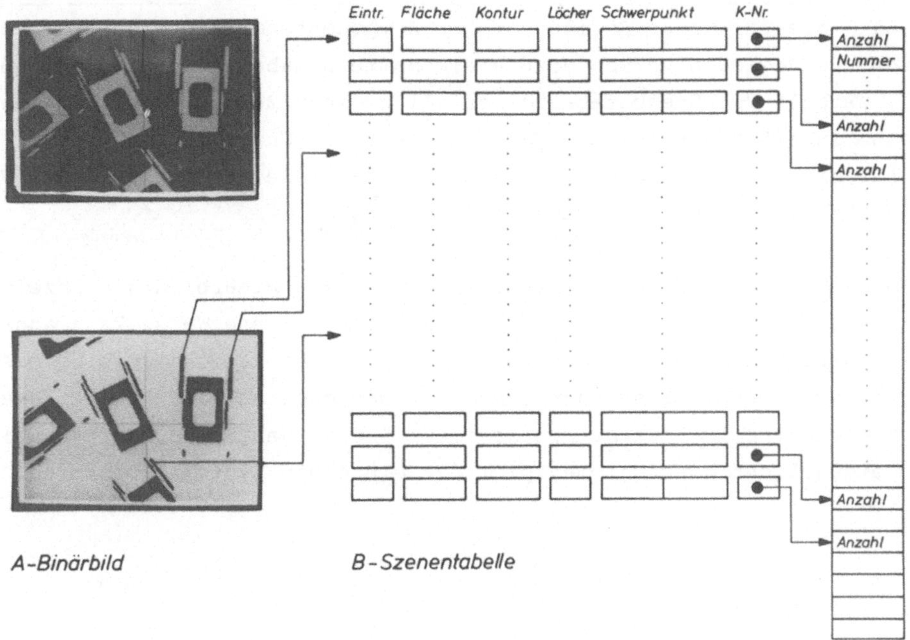

Bild 2: Analogbild, Binärbild und Szenentabelle

Die Datenreduktion wird mit Hilfe spezieller Schaltungen erreicht, die
das Binärbild während der FS-Abtastung nach verschiedenen Gesichtspunk-
ten verarbeiten. Ziel dieser Verarbeitung ist die Extraktion von Informationen, die den Inhalt des Binärbildes soweit erfassen, daß aufgrund
dieser Informationen gezielt eine weitere Verarbeitung einsetzen kann.
Um solche Informationen zu erhalten, muß:
1) festgestellt werden, wieviele Regionen im Bild sind,
2) jede Region durch eine (oder mehrere) Marken gekennzeichnet werden,
3) die Lage jeder Region bestimmt werden und
4) von jeder Region ein Satz von Merkmalen berechnet werden.
Aufgabe 1) und 2) werden durch die Komponentenmarkierung gelöst. Die
Lage jeder Region wird durch die X-Y-Koordinaten der Flächenschwerpunk-
te geliefert. Als Merkmale zur Charakterisierung der Regionen wurden

die Fläche und die Länge der Kontur einer jeden Region gewählt. Diese Informationen werden in der sogenannten "Szenentabelle" festgehalten. Diese Tabelle (Bild 2) enthält für jede Region: eine Spalte für <u>Ein-</u> <u>tragungen</u> (z.B. Region schon bei der Erkennung eines Werkstückes er- faßt); die <u>Fläche</u>, <u>Konturlänge</u> und <u>Anzahl der Löcher</u> der Region; die <u>X- und die Y-Koordinate des Flächenschwerpunktes</u>; die <u>Komponentennum-</u> <u>mer</u>(n), die für diese Region bei der Komponentenmarkierung vergeben wurden. Da Regionen verschieden viele Nummern haben können (siehe un- ten), enthält die Szenentabelle lediglich einen Zeiger, der auf eine Adresse in einer gesonderten Tabelle verweist. Unter dieser Adresse ist die Anzahl der betreffenden Nummern abgelegt, die anschließend der Rei- he nach in diese Tabelle eingetragen sind.

Neben der Erstellung der Szenentabelle wird das Binärbild gleichzeitig im sogenannten <u>Szenenspeicher</u> gespeichert. Auf diese Weise kann anhand der Szenentabelle entschieden werden, für welche Region man sich beson- ders interessiert. Diese kann dann im gespeicherten Bild genauer analy- siert werden. <u>Bild 3</u> zeigt den gesamten Aufbau der Sensorkonfiguration und verdeutlicht das Zusammenspiel der einzelnen Systemkomponenten.

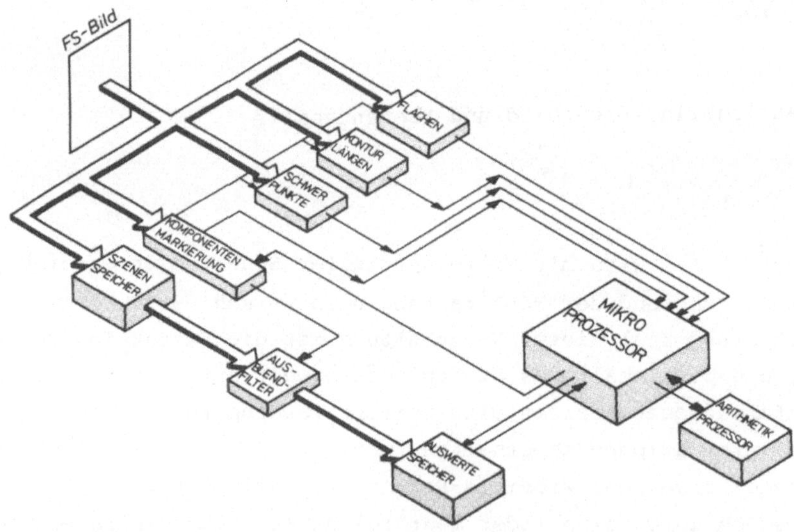

Bild 3: Funktionsschema der Sensorkonfiguration

Im <u>ersten Verarbeitungsschritt</u> erfolgen parallel während der FS-Bildab-
tastung:

1) Extraktion von Bilddaten bestehend aus:
   - Komponentenmarkierung
   - Flächenberechnung
   - Konturlängenberechnung
   - Berechnung der Zähler der Schwerpunktkoordinaten
2) Bildspeicherung im Szenenspeicher.

<u>KOMPONENTENMARKIERUNG</u>

Zusammenhängende Regionen im Binärbild sind solche, deren Bildpunkte
sich von Zeile zu Zeile überlappen, wobei auch diagonale Überlappung
zugelassen ist. Diese Überlappung läßt sich durch lokale Betrachtungen
in einem Bildfenster von 2 x 2 Bildpunkten ermitteln. Bei der Komponentenmarkierung werden alle Bildpunkte, die zu einer zusammenhängenden
Region gehören, durch eine Nummer markiert. Diese Nummern werden in der
Reihenfolge vergeben, in der die Regionen bei der Bildabtastung auftreten.
Durch die lokale Bestimmung des Zusammenhangs kann es vorkommen, daß
Zweige der Regionen verschiedene Nummern erhalten - nämlich dann, wenn
die Zweige erst im Verlauf der Abtastung zusammenlaufen (siehe <u>Bild 4</u>).
Die Tatsache, daß verschiedene Nummern zur selben Region gehören, wird
in einer Äquivalenz- oder Konvergenzliste festgehalten.

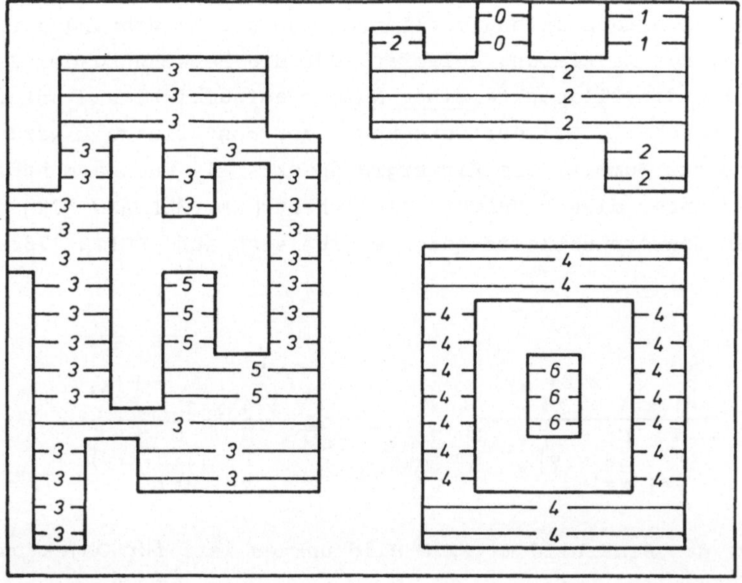

<u>Bild 4:</u> Komponentenmarkierung bei beliebig geformten Objekten im Bild.

Herkömmliche Verfahren der Komponentenmarkierung speichern für jeden
Bildpunkt die zugehörige Nummer und markieren in einem zweiten Bild-
durchlauf äquivalente Nummern zu einer eindeutigen Nummer um. Eine solche Vorgehensweise ist sowohl zeit- als auch speicheraufwendig. Im
Gegensatz zu diesen Verfahren wird im Rahmen von MODSYS ein Verfahren
eingesetzt, bei dem auf eine Speicherung der Komponentennummern verzichtet wird [ENDERLE & FOITH '79]. Es wird lediglich gespeichert: 1) die
Anzahl der vergebenen Nummern, 2) die Anzahl der Konvergenzen, und 3)
die Konvergenzliste (=Paare von Nummern, die zur gleichen Komponente
gehören). Zusätzlich wird gespeichert, ob eine Region den Bildrand berührt. Interessiert man sich für eine Region besonders, so wird das
Bild aus dem Szenenspeicher ausgelesen und die Komponentenmarkierung
wiederholt. Indem alle Bildpunkte, die nicht die gesuchten Nummern haben, im Bild unterdrückt werden, lassen sich gezielt Regionen ausblen-
den und in einen zweiten Bildspeicher ("Auswertespeicher" genannt) für
eine weitere Analyse übertragen. Da die Ergebnisse der Komponentenmarkierung also stets frisch erzeugt werden, wird dieses Verfahren "dynamische Komponentenmarkierung" genannt. Da die Verarbeitung mit FS-Geschwindigkeit abläuft (20 ms für ein Bild mit 256 x 400 Punkten), ist
dieses Verfahren extrem schnell und besonders für den Einsatz in einem
FS-Sensor geeignet.

MERKMALSBERECHNUNG

Da bei der dynamischen Komponentenmarkierung die Komponentennummern
nur während der Bildabtastung vorliegen, muß die Berechnung der Merkmale parallel zur Markierung ablaufen. Für die Berechnung der Fläche F
werden jeweils die Bildpunkte einer Nummer aufsummiert und unter dieser
Nummer abgespeichert. Bei der Berechnung der Konturlänge L werden alle
Bildpunkte einer Nummer, die Hintergrundpunkte als Nachbarn haben, aufsummiert und unter dieser Nummer gespeichert [GEISSELMANN '79]. Die Berechnung der Schwerpunktkoordinaten ergibt sich aus [FOITH '78]:

$$
x_s = \frac{\sum\limits_{y=1}^{N} \sum\limits_{x=1}^{M} x \cdot B(x,y)}{\sum\limits_{y=1}^{N} \sum\limits_{x=1}^{M} B(x,y)}
\qquad\qquad
y_s = \frac{\sum\limits_{y=1}^{N} \sum\limits_{x=1}^{M} y \cdot B(x,y)}{\sum\limits_{y=1}^{N} \sum\limits_{x=1}^{M} B(x,y)}
$$

wobei $B(x,y)$ das Binärbild mit NxM Bildpunkten ist; für Objektpunkte
x_o, y_o gilt: $B(x_o, y_o)=1$.

Da die Flächenwerte erst nach der Bildabtastung vorliegen, können lediglich die Zählerwerte während der Abtastung berechnet werden. Auch
diese Summen werden unter der Komponentennummer abgespeichert.
Die Komponentenmarkierung und die Berechnung der genannten Daten wird
von Schaltungen durchgeführt, die alle mit FS-Geschwindigkeit arbeiten
und bis zu 256 Zusammenhangskomponenten im Bild verarbeiten und deren
Daten speichern können.

Im <u>zweiten Verarbeitungsschritt</u> müssen diese Daten vom μP gesammelt
werden und zur Szenentabelle weiterverarbeitet werden. Zu diesem Zweck
muß die Konvergenzliste abgearbeitet und festgestellt werden, welche
Nummern zu <u>einer</u> Region gehören. Für diese Regionen müssen die Teilflä-
chen und Teilkonturlängen aufsummiert werden. Ähnliches gilt für die
Schwerpunkte, bei denen zusätzlich noch die Division durch die Flächenwerte vorzunehmen ist. Zur Erhöhung der Verarbeitungsgeschwindigkeit
wird der μP hierfür durch einen Arithmetikprozessor (AM 9511) ergänzt
und unterstützt. Für die Verarbeitung der Konvergenzliste und die Erstellung der Szenentabelle wurde ein Algorithmus entwickelt und imple-
mentiert, der in <u>einem</u> Durchlauf durch die Daten die Szenentabelle fer-
tigstellt. D.h. der Aufwand ist linear proportional zur Länge der Konvergenzliste, so daß kurze Verarbeitungszeiten erreicht werden.

Die derart erstellte Szenentabelle ist die Grundlage der weiteren Auswertung. Aus ihren Daten wird eine Region bestimmt, die Grundlage für
die Erkennung und Vermessung eines Werkstückes sein kann. Dies geschieht
mit Hilfe der Merkmale Fläche F und Konturlänge L, indem z.B. besonders
große Regionen abgesucht werden. Die Auswahl solcher Regionen stellt den
<u>dritten Verarbeitungsschritt</u> dar. Bei dieser Auswahl können auch kompli-
ziertere Entscheidungskriterien eingesetzt werden, z.B. die Ermittlung
des Formparameters F/L^2 für die Unterscheidung zwischen runden und
länglichen Regionen. Ergebnis dieser Auswahl ist eine (kurze) Liste von
Regionen, die als Kandidaten für die weitere Auswertung besonders interessant sind.

Im <u>vierten Verarbeitungsschritt</u> wird das Bild aus dem Szenenspeicher
ausgelesen, die Komponentenmarkierung wiederholt und dabei jeweils nur
die Region in den Auswertespeicher übertragen, die weiter ausgewertet
werden soll. Führt diese weitere Auswertung zu einer Rückweisung, so
ist dieser Verarbeitungsschritt mit dem nächsten Kandidaten zu wieder-
holen.

Der fünfte Verarbeitungsschritt stellt die genaue Analyse der ausgewählten Region dar. Bei der hier erörterten Realisierung wurde der Polarcheck als Auswerteverfahren gewählt [GEISSELMANN '77; KARG '78].
Hierbei wird ein Kreis mit vorgegebenem Radius um den Schwerpunkt der
Region geschlagen und die Schnittpunkte zwischen Kreis und Kontur werden ermittelt. Aus der Folge der Schnittpunkte - bezogen auf den Schwerpunkt - ergibt sich eine Winkelfolge, aus der durch Vergleich mit einer
eingelernten Referenzfolge sowohl die Erkennung der Region (Zuordnung
zu einer Lageklasse) als auch die Verdrehung in der Bildebene hervorge-
hen. In der hier besprochenen Realisierung wird der Polarcheck software-
mäßig im Auswertespeicher auf einer ausgeblendeten Region ausgeführt.

Es wurde bereits erwähnt, daß bei der Verwendung von Auflicht Binärbilder eines Werkstückes in mehrere Regionen zerfallen. Bild 2 verdeutlicht dieses Zerfallen. Die beiden vollständig im Bild liegenden Werkstücke befinden sich in Lageklasse 1 (linkes Werkstück) und Lageklasse 2
(rechtes Werkstück). Die entstehenden Regionen werden nicht alle gleich
behandelt: es wird eine für den Polarcheck geeignete Region (in der
Lernphase) ausgesucht. Diese Region sollte möglichst groß und auffällig
sein und wird im folgenden "Dominante" genannt. Bei einer Reihe von
Werkstücken tritt folgende Komplikation auf: Werkstücke, die von oben
und unten relativ ähnlich aussehen, unterscheiden sich im Binärbild
nicht durch ihre Dominanten, sondern durch Anzahl und Lage der übrigen
Regionen (siehe Bild 2). Durch das Erkennen der Dominante wird somit
zwar die Werkstückklasse, nicht aber eine eindeutige Lageklasse bestimmt. Es ist also notwendig, zu prüfen, wie die übrigen Regionen
("Trabanten") in Bezug zur Dominante liegen. Da mit Hilfe des Polarchecks
auch bereits die Drehrichtung der Dominante bekannt ist, kann man die Orte
der Trabanten vorhersagen. Voraussetzung hierfür ist ein eingelerntes Modell, das die Relationen zwischen Dominante und Trabanten enthält. Dieses Modell kann dann den sechsten Verarbeitungsschritt - die Prüfung der
Lage der Trabanten - lenken. Darauf wird weiter unten nochmals eingegangen. In den Fällen, in denen sich die Lageklasse durch den Polarcheck bereits eindeutig ergibt, kann die Prüfung nach den Trabanten
zur Verifikation des Ergebnisses bzw. zur Feinabstimmung der Drehrichtung verwendet werden. Dieser sechste Verarbeitungsschritt wird durch
Zugriff des µP auf die Daten der Szenentabelle vorgenommen.

Nach Erkennung und Vermessung eines Werkstückes werden alle dazugehöri-
gen Regionen in der Spalte "Eintragungen" der Szenentabelle markiert, so
daß sie bei einer weiteren Analyse nicht mehr berücksichtigt werden müssen.

4. DIE PROGRAMMIERUNG DES SENSORS IN DER LERNPHASE

Bei der Entwicklung des MODSYS-Baukastens wurde besondere Aufmerksamkeit
auf die Bedienbarkeit der Geräte geachtet. In der Einlernphase sind
komplizierte Abläufe nicht zu vermeiden, da zum einen eine besonders
markante Region für den Polarcheck ausgewählt werden muß, und zum anderen die übrigen Regionen dieser "Hauptregion" zugeordnet werden müssen. Eine Bedienung über eine Sequenz von Schalterstellungen wäre hierbei äußerst umständlich und würde zu Fehlbedienungen führen. Deshalb
wird der Bediener durch einen einfachen Bildschirmdialog geführt, der
ihm vorschreibt, was als nächstes zu tun ist. Dem Bediener steht dabei
eine alphanumerische Tastatur und ein Fadenkreuz, das durch einen Mehr-
richtungsschalter bedient wird, zur Verfügung. Mit der Tastatur kann
der Bediener Fragen mit ja oder nein (J/N) oder mit Ziffern (Radius =
??) beantworten; mit Hilfe des Fadenkreuzes ist er in der Lage, Regionen auszuwählen oder bestimmte Bildpunkte zu markieren.

Die Bedienerführung erfolgt mit Hilfe einfacher Menüs, die auf dem Bildschirm mit Hilfe eines Videoprozessors als Klartext ausgegeben werden:

L = LERNEN / M = MESSEN / K = KORRIGIEREN

Durch Eingabe des Buchstabens "L" wird beispielsweise der Arbeitsmodus
"Lernen" gewählt. Das Einlernen eines neuen Werkstückes erfolgt - wie
bei anderen Systemen auch - durch sogenanntes "Teach-In", bei dem das
Werkstück in seinen diskreten Lageklassen dem Sensor vorgelegt wird
und dieser die entsprechenden Merkmale selbst ermittelt. Die Aufgabe
des Bedieners besteht darin, die Struktur des Ablaufes festzulegen.
Dem Bediener wird vom System eine Nummer für die Lageklasse vorgegeben
(die nächste freie), er gibt dazu an, welches Handhabungsprogramm des
Industrieroboters dieser Lageklasse zugeordnet werden soll.

Die Erkennung des Werkstückes bzw. seiner Lageklasse beruht auf dem
Polarcheck mit einer besonders ausgezeichneten Region - der Dominante.
Es ist die erste Aufgabe des Bedieners, eine Region als Dominante zu
kennzeichnen. Im Dialog erfolgt die Aufforderung "Dominante markieren".
Die Dominante wird folgendermaßen ausgewählt: zusammen mit dem Dialog
erscheinen auf einem FS-Monitor, der den Inhalt des Szenenspeichers wiedergibt, alle Regionen des Binärbildes mit einem kleinen Kreuz, das die
Lage ihrer Schwerpunkte kennzeichnet (Bild 5). Das Fadenkreuz wird auf
den Schwerpunkt derjenigen Region gefahren, die Dominante sein soll.
Nach der Auswahl wird die Dominante aus dem Szenen- in den Auswertespeicher transferiert und wieder auf dem FS-Monitor dargestellt. Jetzt

kann der Benutzer bis zu vier Kreisradien für einen Polarcheck auf der
Tastatur eingeben. Die Kreise und ihre Schnittwinkel mit der Kontur
werden ebenfalls auf dem FS-Monitor dargestellt. Die Kreisradien können
nach Belieben verändert werden, bis im Dialog F = FERTIG eingegeben
wird.

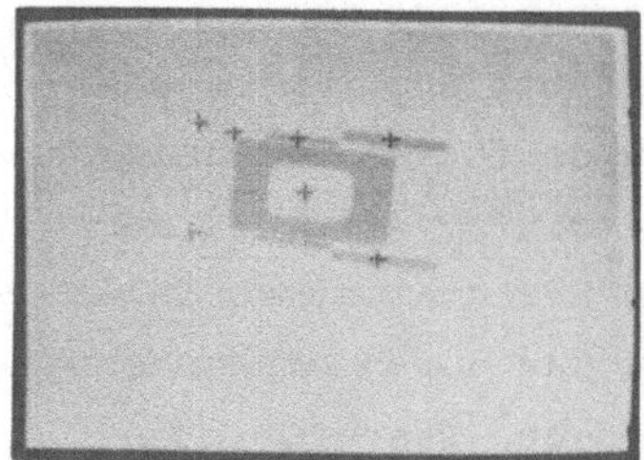

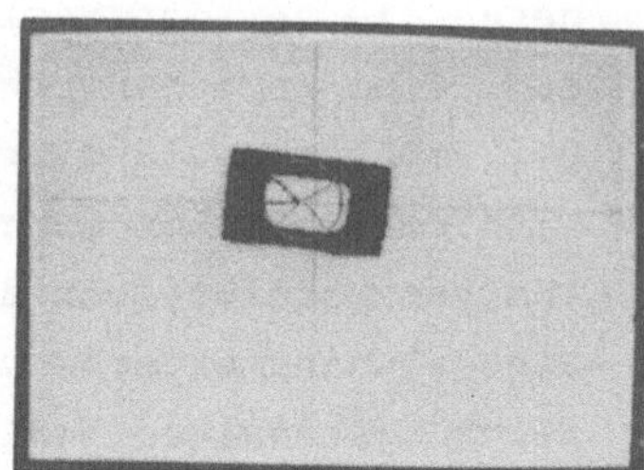

"HAUPTFLÄCHE MARKIEREN !"   Hauptfläche in Auswertespeicher   Polarcheck

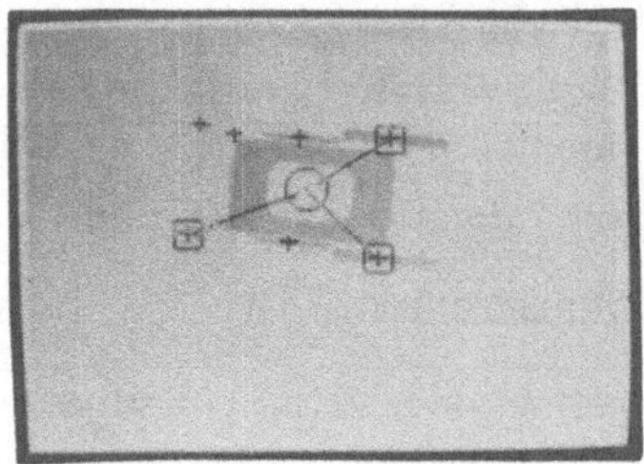

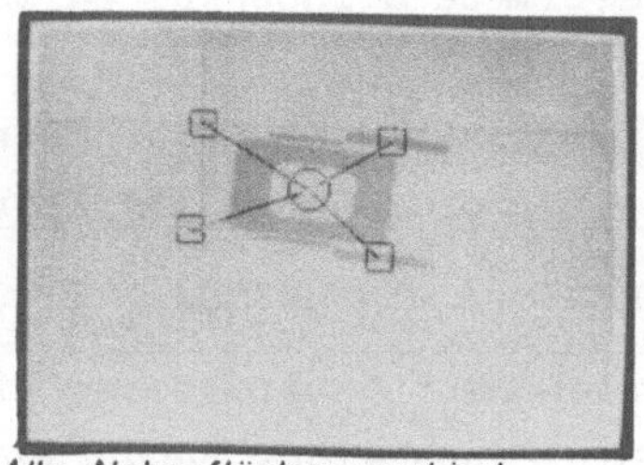

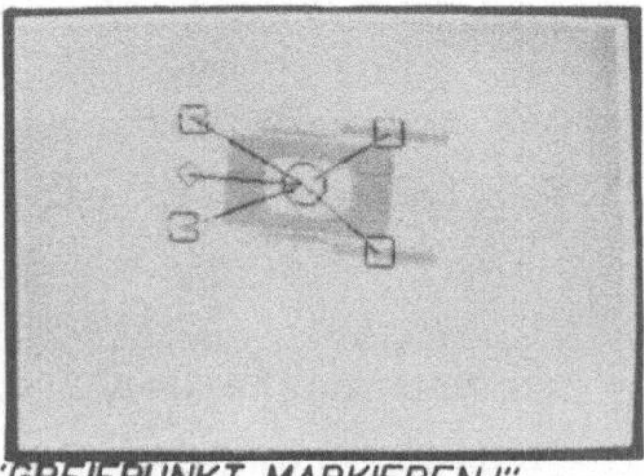

"NEBENFLÄCHEN MARKIEREN !"   Alle Nebenflächen markiert   "GREIFPUNKT MARKIEREN !"

Bild 5: Interaktiver Modellaufbau durch Markieren mit einem Fadenkreuz
Damit der Bediener stets weiß, welche Regionen er markiert hat, werden
die Vorgänge beim Einlernen graphisch dargestellt. Die Dominante wird
durch einen kleinen Kreis um ihre Schwerpunkt dargestellt. Nach Festlegung geeigneter Radien können weitere Regionen als Trabanten markiert
werden. Sie legen die Prüfung nach weiteren Regionen fest - und zwar in
der Reihenfolge der Markierung. Alle Trabanten werden durch Quadrate
um den Schwerpunkt gekennzeichnet. Auf diese Weise ist es leicht, struk-
turelle interne Modelle aufzubauen, die in der Meßphase den Ablauf der
Szenenanalyse steuern. Bild 5 zeigt die verschiedenen Stadien bei der
Programmierung eines strukturellen Modelles. Der Einlernvorgang einer
Lageklasse wird mit der Programmierung eines Greifpunktes abgeschlossen.
Auch für diesen wird mit Hilfe des Fadenkreuzes derjenige Punkt bezeichnet, an dem der Robotergreifer ansetzen soll. Sowohl die Relationen der Trabanten als auch des Greifpunktes werden auf die Dominante
bezogen, indem Abstände und Richtungen zwischen ihnen - bezogen auf die
eingelernte Nullage - vom Sensor selbst ermittelt und gespeichert werden.

5. DIE BILDAUSWERTUNG IN DER MESSPHASE

In Abschnitt 3. wurde bereits das Prinzip der Bildverarbeitung mit dieser speziellen Sensorkonfiguration erläutert. Hier wird lediglich die Verarbeitung, die sich an die Erstellung der Szenentabelle anschließt, erörtert. Aus den bisherigen Erörterungen ist klar geworden, daß in den ersten Verarbeitungsschritten zunächst Regionen ausgewählt werden, bei denen es sich um Dominanten handeln könnte, und daß mit diesen Regionen ein Polarcheck (eventuell mit mehreren Kreisen) durchgeführt wird. Die Radien der Kreise hängen jedoch von der Lageklasse ab. Ausserdem liefert der Polarcheck häufig erst eine Reihe möglicher Lageklassen, die durch die Prüfung der Lage der Trabanten weiter eingeschränkt werden. Aus diesen Gründen ist es notwendig, bei der Verarbeitung von Regionen möglichst früh zu wissen, welche Modelle (=Lageklassen) für ihre Interpretation in Frage kommen.

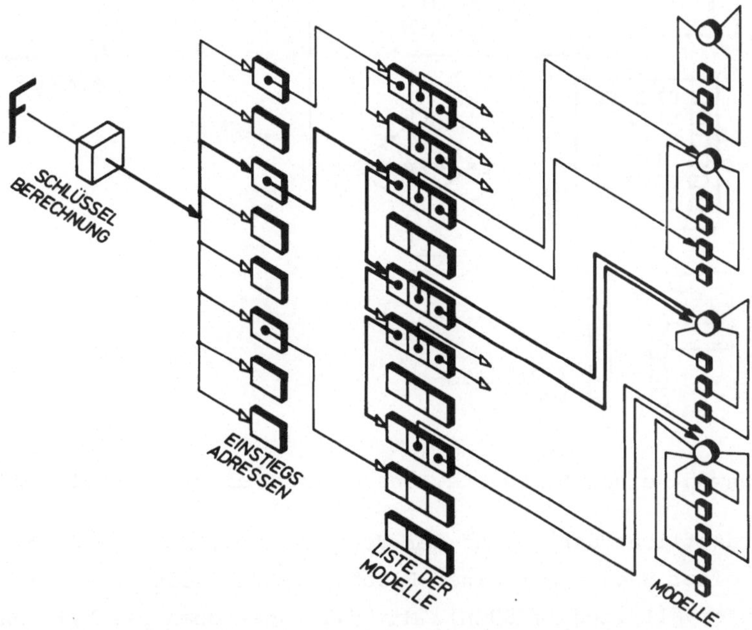

Bild 6: Modellzugriff durch Zuordnung von Flächenwerten und Modellkomponenten

Zu diesem Zweck wird bei Abschluß der Lernphase eine besondere Datenstruktur aufgebaut, die einen Bezug zwischen den Flächenwerten aller eingelernter Regionen und den zugehörigen Modellen der Lageklassen herstellt (Bild 6). Zur Reduktion des Speicheraufwandes werden hierfür die

Werte der Flächen in Intervalle eingeteilt. Die Intervalle werden beispielsweise über die Division der Flächen durch einen festen Wert indi-
ziert, Jedem Intervall wird eine verkettete Liste von Alternativen zugeordnet, die auf Einstiegsadressen in die Modelle verweisen. Jedes
Listenelement besteht aus einem 3-Tupel: das erste Feld verweist auf
weitere Alternativen; das zweite Feld ist ein Zeiger auf den Kopf des
Modelles, der die Dominante enthält; das dritte Feld verweist auf die
Adresse der Region im Modell (eventuell die Dominante).

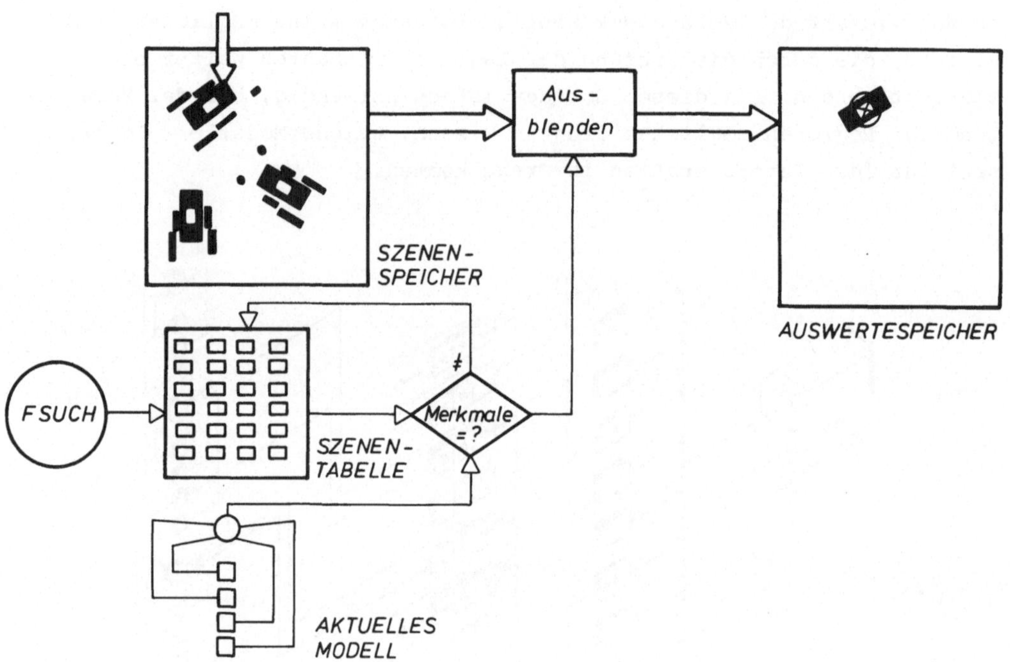

<u>Bild 7:</u> Auswahl einer Dominante, Überprüfung ihrer Merkmale und Polarcheck

<u>Bild 7</u> verdeutlicht den Ablauf der Verarbeitung. Aus der Szenentabelle
wird nach einer Region mit einer Fläche gesucht, die in einem bestimmten Suchintervall liegt (FSUCH). Mit Hilfe der oben beschriebenen Datenstruktur wird ein Modell aktualisiert, das vorschreibt, welche weiteren Merkmale (Konturlänge, Anzahl der Löcher) diese Region haben
muß. Treffen alle geforderten Merkmale zu, so wird diese Region mit
Hilfe der wiederholten Komponentenmarkierung aus dem Szenenspeicher in
den Auswertespeicher übertragen. Dort wird ein Polarcheck durchgeführt
und der Vergleich mit der im Modell enthaltenen Winkelfolge vorgenommen. Führt der Polarcheck zu einer Rückweisung, so wird geprüft, ob

weitere Modelle als Kandidaten in der Liste der Alternativen auftreten.
Falls ja, werden diese abgearbeitet. Falls nicht, wird die betreffende
Region insgesamt als Ausgangspunkt der Bildanalyse verworfen und nach
einer neuen Region gesucht.

Falls der Polarcheck beim Vergleich der gemessenen und der gelernten
Winkelfolge eine hinreichend gute Übereinstimmung liefert, ist damit
die Dominante eines Modelles erkannt und ihre Drehrichtung in der Bildebene bestimmt. Im betreffenden Modell kann jetzt geprüft werden, ob
Trabanten vorhanden und welches ihre Relationen zur Dominante sind. Das
Modell sagt jetzt bei den weiteren Verarbeitungsschritten vorher, wo
Trabanten liegen und welche Merkmale sie haben müssen. Die Suche nach
diesen Trabanten erfolgt in der Szenentabelle. Können die geforderten
Trabanten nicht verifiziert werden, muß zunächst in der Liste der Alternativen geprüft werden, ob andere Modelle in Frage kommen. Trifft
dies nicht zu, muß nach einer neuen Startregion gesucht werden. Im Falle eines Erfolges wird der Verifikationsprozeß solange fortgesetzt, bis
das Modell komplett abgearbeitet ist. Nach Ausgabe des Ergebnisses wird
entweder nach einem weiteren Werkstück im Bild gesucht oder ein neues
Bild eingelesen.

6. AUSBLICK UND DISKUSSION

Der hier beschriebene Erkennungsvorgang baut auf zwei Voraussetzungen
auf: zum einen muß für jede Lageklasse eine geeignete Dominante gefunden werden, die sich aufgrund der Merkmale Fläche und Konturlänge genügend von den anderen Regionen unterscheidet, um sicher gefunden werden zu können. Zum anderen muß die Form dieser Dominante so sein, daß
ein Polarcheck sicher durchgeführt werden kann. Ein entscheidender
Nachteil des Polarchecks besteht darin, daß häufig schleifende Schnit-
te zwischen Kreisen und der Kontur auftreten, die eine Bestimmung des
exakten Schnittpunktes unmöglich und damit die Auswertung unsicher machen.

Eine Abhilfe bietet hier eine Verallgemeinerung der oben eingeführten
strukturellen Modelle: immer dann, wenn das Binärbild einer Lageklasse
in mehrere Regionen zerfällt, stecken in den Relationen zwischen diesen
Regionen Informationen über die Lageklasse und Drehrichtung.

Wenn die Relationen zwischen den Regionen für die Erkennung und Vermessung von Werkstücken verwendet werden, müssen die jeweils zusammengehö-

renden Regionen gesucht werden. Eine rein kombinatorische, blinde Suche würde einen Verarbeitungsaufwand nach sich ziehen, der exponentiell mit der Anzahl der Regionen steigt. Da dies zu langen Verarbeitungszeiten führen würde, wird hier eine modellgestützte Suche angestrebt. Im Gegensatz zu dem oben beschriebenen Verfahren erfolgt der Modellzugriff nicht durch Polarcheck mit _einer_ Region, sondern ergibt sich aus der Suche nach ausgewählten _Gruppen von Regionen._ Da für eine solche Suche ständig die Abstände zwischen den Regionen benötigt werden, reicht hier die linear geordnete Szenentabelle als Ausgangspunkt nicht mehr aus. An ihre Stelle muß eine "Szenenskizze" treten, in denen die Eintragungen für die Regionen zweidimensional nach ihrem Ort geordnet sind. Die Entwicklung einer solchen Datenstruktur und die Realisierung geeigneter Suchverfahren sind Gegenstand laufender bzw. zukünftiger Arbeiten.

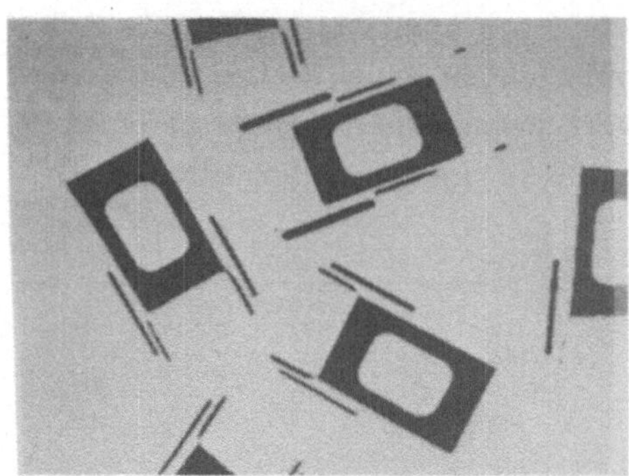 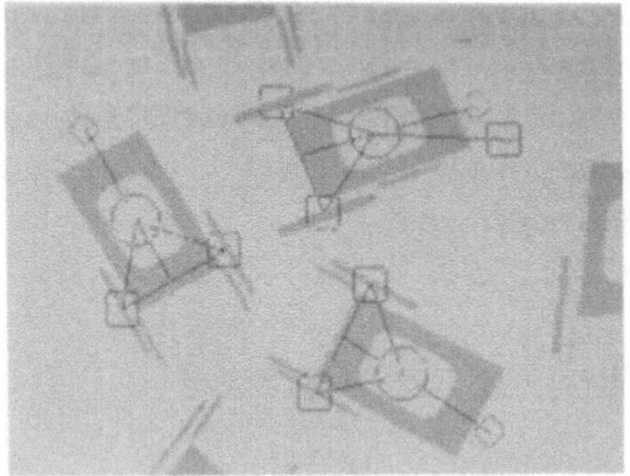

Bild 8: Erkennung von Werkstücken durch Modell-gestützte Suche
A - Binärbild   B - eingeblendete Modelle

Bild 8 zeigt Ergebnisse von Voruntersuchungen, bei denen noch "blinde" Suchverfahren eingesetzt wurden. Hier ist ein spezielles Modell zugrundegelegt, bei dem zunächst für die beiden Lageklassen der Werkstücke (wie in Bild 2) eine Dreiecksbeziehung zwischen der Dominante und den beiden Trabanten am Ende gesucht wird. Die beiden Lageklassen werden durch Vorhandensein eines der beiden Trabanten am anderen Ende in Lageklasse 2 unterschieden. Bild 8 A zeigt das Binärbild; Bild 8 B die eingeblendeten Modelle für die erkannten Werkstücke.

Die Entwicklung des MODSYS-Baukastens wurde gefördert vom Bundesminister für Forschung und Technologie im Rahmen des Forschungsprogrammes "Humanisierung des Arbeitslebens". Die Entwicklung der dynamischen Komponentenmarkierung wurde von der Deutschen Forschungsgemeinschaft im Rahmen

des Schwerpunktprogrammes "Funktionen und Zuverlässigkeit produktions-
technischer Handhabungssysteme" gefördert. Einige spezielle Schaltungen
wurden in Industrie-Projekten gefördert.

Der MODSYS-Baukasten wurde entwickelt von:
E. Enderle, C. Eisenbarth (Fa. IBAT-AOP, Essen), J.P. Foith, H. Geisselmann, H. Ringshauser und G. Zimmermann.

LITERATUR

ARMBRUSTER, K.
MARTINI, P.
NEHR, G.
REMBOLD, U.

"A Very Fast Vision System for Recognizing Parts And Their Location And Orientation".
Proc. of 9th Int. Symp. on Industrial Robots (ISIR) March 1979, Washington D.C., U.S.A.
S. 265 - 280

ENDERLE, E.
FOITH, J.P.

"Optische Erkennung und Vermessung technischer Muster bei Vorhandensein von Fremdmustern".
Forschungsbericht, IITB, Fraunhofer-Gesellschaft Karlsruhe, Februar 1979

FOITH, J.P.

"Lageerkennung von beliebig orientierten Werkstücken aus der Form ihrer Silhouetten".
Proc. of 8th Int. Symp. on Industrial Robots (ISIR)/4th CIRT, May 1978, Stuttgart, BRD,
S. 584 - 599

FOITH, J.P.
KÖNIG, M.

"Schwarz-Weiß-Bildsensoren in der Fertigungstechnik".
Technisches Messen atm 1978, Heft 3, S. 79 - 82 und Heft 4, S. 135 - 140

FOITH, J.P.
GEISSELMANN, H.
LÜBBERT, U.
RINGSHAUSER, H.

"A Modular System For Digital Imaging Sensors For Industrial Vision".
Proc. of 3rd CISM IFToMM Symp. on Theory and Practice of Robots and Manipulators, Sept.1978, Udine, Italy

GEISSELMANN, H.

"Fernsehsensor zur Werkstückerkennung, Positionsmessung und Qualitätsprüfung".
IITB-Mitteilungen 1977, Fraunhofer-Gesellschaft, Karlsruhe, S. 27 - 32

GEISSELMANN, H.

Vorführung auf INTERKAMA 1977, Düsseldorf

GEISSELMANN, H.

"Sensor zur Mustererkennung und Positionsbestimmung bei programmierbaren Handhabungsgeräten"
Dissertation. Universität Stuttgart, in Vorbereitung (1979)

GLEASON, G.
AGIN, G.J.

"A Modular Vision System For Sensor-Controlled Manipulation And Inspection".
Proc. of 9th Int. Symp. on Industrial Robots (ISIR) March 1979, Washington D.C., U.S.A.
S. 57 - 70

KARG, R.

"Ein flexibler opto-elektronischer Sensor".
Proc. of 8th Int. Symp. on Industrial Robots (ISIR)/4th CIRT, May 1978, Stuttgart, BRD,
S. 218 - 229

KARG, R.
LANZ, O.E.

"Experimental Results With A Versatile Optoelectronic Sensor In Industrial Applications".
Proc. of 9th Int. Symp. on Industrial Robots, (ISIR) March 1979, Washington D.C., U.S.A.
S. 247 - 264

LÜBBERT, U.
RINGSHAUSER, H.

"Ein modulares System für Fernsehsensoren".
IITB-Mitteilungen 1978, Fraunhofer-Gesellschaft
Karlsruhe, S. 9 - 13

MEISEL, K.-H.

"Bewegungsprogrammierung und -führung".
In diesem Band

OSSENBERG, K.

"Optische Sensorsysteme für industrielle
Anwendungen"
In diesem Band

PATZELT, W.

"Regelung des nichtlinear gekoppelten Mehr-
größensystems Roboter".
In diesem Band

ROSENFELD, A.
KAK, A.C.

"Digital Picture Processing".
Academic Press, New York, 1976, S. 335 - 349

WARD, M.R.
ROSSOL, L.
HOLLAND, S.W.
DEWAR, R.

"A Practical Vision-Based Robot Guidance
System".
Proc. of 9th Int. Symp. on Industrial Robots,
(ISIR) March 1979, Washington D.C., U.S.A.
S. 195 - 211

<u>GRIFF IN DIE KISTE DURCH VEREINZELUNG UND OPTISCHE ERKENNUNG</u>

<u>SEPARATING AND ORIENTING OF PARTS BY A SENSOR CONTROLLED ROBOT</u>

H. Geißelmann

Fraunhofer-Institut für Informations- und Datenverarbeitung (IITB),
7500 Karlsruhe

<u>Summary</u>

Workpieces randomly oriented in a box are sorted with an industrial
robot (IR) controlled by an imaging sensor. At first the parts are
separated by the IR. For this the IR performs a blind search and grasps
a part at random with a special magnetic gripper. After a successful
grasp, detected by measuring the inductivity of the gripper the
IR takes the part out of the box and places it onto a table into the
observation field of the sensor. Now orientation and position coordinates are determined by the sensor and delivered to the IR. So the IR
is enabled to grasp the part in a defined way and to do a determined
handling.

In comparision with similar works $\left[1, 2\right]$, here the separation process
isn't controlled by an imaging sensor. It will be shown that due to
the special magnetic gripper workpieces formed out of magnetic metrial
are separated by an IR with high efficiency.

A further result of the work is a list of specifications that a sensor
controlled IR should meet in order to perform this task effectively.

1. Einleitung

In der industriellen Fertigung werden Werkstücke oft ungeordnet in
Kisten gelagert und transportiert. Für eine Weiterverarbeitung sind
diese Werkstücke in Maschinen einzulegen und müssen hierzu vereinzelt und geordnet werden. Eine Automatisierung dieses Vorganges ist
aus Wirtschaftlichkeitsgründen an große Stückzahlen gebunden und
führt insbesondere bei schweren Teilen wegen Lärm und Größe der Ordnungseinrichtungen zu Schwierigkeiten. Das Einlegen von Werkstücken
in Maschinen ist daher ein Arbeitsvorgang, der sehr oft dem Menschen
überlassen bleibt.

Fortschritte in der Entwicklung von Industrierobotern (IR) und Sensoren ermöglichen wegen derer Flexibilität bezüglich Anpassung an
neue Arbeitsvorgänge eine Automatisierung des Ordnungsvorganges auch
bei kleineren Stückzahlen. Der Einsatz eines sensorgesteuerten IR
ist vor allem beim Ordnen von schweren Werkstücken gegeben, weil
hier der IR die Manipulationsgeschwindigkeiten des Menschen erreicht
und das Manipulieren von schweren Teilen beim Menschen zu Gesund-
heitsschädigungen führt.

Ein Sensor-Robotersystem kann bei der Bearbeitung dieser Aufgabe
die Vorgehensweise des Menschen nicht direkt kopieren. Der Mensch
mit seinen hochausgebildeten Sinnesfähigkeiten kann Teile, die in
der Kiste willkürlich orientiert und teilweise verdeckt sind, erkennen und daraufhin gezielt in die Kiste greifen. Eine maschinelle Erkennung in dieser Art ist mit heutigen Mitteln nicht durchführbar. Für eine maschinelle Erkennung werden die Teile vereinzelt
und vororientiert. Die vom Bildsensor auszuwertenden Bilder haben
damit eine endliche Formvielfalt. Mit gängigen Verfahren [3, 4, 5]
werden nach dieser Vorarbeit die Orientierung und Lage des Teils
gemessen und für den gezielten Griff an den IR übergeben.

2. Vereinzelung der Werkstücke

Der IR übernimmt Vereinzelungs-und Ordnungsvorgang. Im Gegensatz zu
bisherigen Arbeiten [1, 2] wird der Vereinzelungsvorgang nicht durch
einen Sensor zur Suche von Greifbereichen gesteuert. Damit entfällt
der zusätzliche Sensoraufwand und die an das Werkstück gestellten Bedingungen bezüglich Eigenschaften der Greiffläche. Zur Vereinzelung
greift der IR programmgesteuert in die Kiste. Signalisiert ein im
Greifer integrierter Sensor einen erfolgreichen Zugriff, wird das
Teil aus der Kiste entnommen und geordnet. Nach jedem Greifversuch
wird eine neue Position angefahren und auf diese Art und Weise die

Kiste rasterförmig abgetastet. Nach mehreren aufeinanderfolgenden
erfolglosen Greifversuchen wird die Suche abgebrochen.

Als Greifer wurde ein Magnetgreifer gewählt. Mit einem Magnetgreifer
können Werkstücke an völlig undefinierten Stellen gegriffen werden,
wodurch das bei anderen Greifern notwendige Suchen von Greifbereichen (Flächen, Kanten) entfällt. Die Beschränkung auf ferromagne-
tische Werkstücke ist nicht sehr schwerwiegend, da ein genügend
großer Anteil der zu handhabenden Werkstücke aus ferromagnetischem
Material gefertigt ist. Ein weiterer Nachteil, das gleichzeitige
Greifen von mehreren Teilen, kann durch geeignete Dimensionierung
des Magneten fast vollständig ausgeschaltet werden. Mehrere Teile
am Greifer werden durch eine Gewichtsmessung detektiert. Durch Zu-
rücklegen der Teile in die Kiste und einen erneuten Greifversuch
wird diese Störung behoben.

Das Greifersystem ist in Bild 1 dargestellt. Der das Werkstück hal-
tende Greiferteil ist ein handelsüblicher Haftmagnet. Das Greifersystem hat die spezielle Eigenschaft, zwei Zustände einnehmen zu
können. Für den ungezielten Griff hängt der Haftmagnet an einem ca.
15 cm langen Stahlseil. Für den gezielten Griff wird das Greifersystem in einen starren Zustand übergeführt. Hierzu wird der Haftmagnet mit Hilfe des Stahlseiles in eine Zentriervorrichtung gezogen.
Der Umschaltvorgang wird durch einen Pneumatikzylinder bewirkt, dessen Kolbenstange über das Stahlseil mit dem Haftmagnet verbunden ist.

Durch das freie Hängen des Haftmagneten ergeben sich wesentliche
Vorteile:

. Der Haftmagnet sucht die Werkstücke, indem er durch die magneti-
  sche Kraft zu den Werkstücken gezogen wird.

. Die Greifkraft wird erhöht, weil sich die Haftfläche des Haftmagneten an die Werkstückfläche anlegt.

. Der IR kann beim ungezielten Griff schnell in die Richtung der
  Werkstücke fahren. Nach einer durch einen Sensor gemeldeten Berührung der Werkstücke, verbleibt eine Strecke gleich der Seil-
  länge, um die Bewegung abzubremsen.

. Durch Umschalten des Greifers vom starren in den flexiblen Zustand
  lassen sich undefiniert gegriffene Werkstücke problemlos ablegen.

Für die Steuerung des Vereinzelungsvorganges muß am Greifer gemessen
werden, ob kein, ein oder mehrere Teile am Greifer hängen. Zusätzlich ist zu detektieren, ob beim ungezielten Griff der am Stahlseil
hängende Haftmagnet auf dem Werkstückgut aufliegt. Hiermit läßt sich
die Greifposition an den Füllstand der Kiste anpassen. Die Zahl der
am Greifer hängenden Teile und der Kontakt des Greifers mit dem Werk-

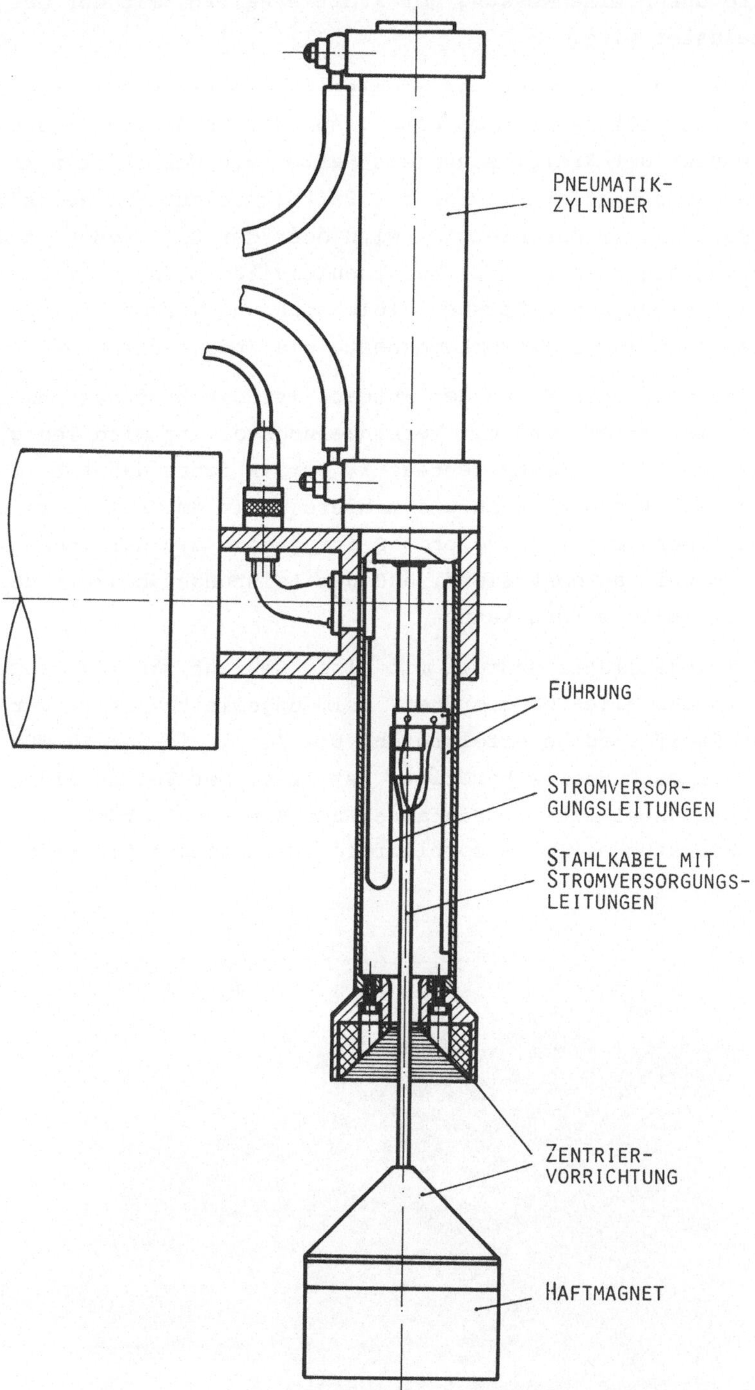

Abb. 1: Schnittbildzeichnung des Greifersystems

stückgut wird durch eine Messung der Kraft erhalten, mit der das
Stahlseil belastet wird.

Zusätzlich zur Kraft, mit der das Stahlseil belastet wird, wird die
Induktivität des Haftmagneten gemessen. Aus der Größe der Induktivität ist gegenüber der Kraftmessung das Haften von Werkstücken am Greifer auch dann zu detektieren, wenn der Haftmagnet auf dem Werkstückgut liegt, der Greifer beschleunigt wird oder der Haftmagnet in die
Zentriervorrichtung gezogen ist. Zur Induktivitätsmessung wird der
Haftmagnet mit einer ungeglätteten Gleichspannung versorgt und aus
der resultierenden Wechselstromkomponente die Induktivität bestimmt.

Bei dem augenblicklichen Stand des Aufbaus ist die Kraftmessung nicht
in den Prozeß integriert und der Vereinzelungsvorgang wird lediglich
über die Induktivitätsmessung gesteuert. Der IR fährt daher beim
Greifversuch eine feste Höhe an und mehrere Teile am Greifer werden
nicht erkannt. Der Vereinzelungsprozeß ist jedoch mit der Induktivitätsmessung so weit automatisiert, daß die Leistungsfähigkeit des
Verfahrens beurteilt werden kann.

Das im Bild 2 abgebildete Gußteil mit einem Gewicht von 1,5 kp wurde
vereinzelt und anschließend geordnet. Beim ungezielten Griff waren
ca. 70 % der Greifversuche erfolgreich. Die Zeit, die der IR für die
Vereinzelung eines Gußteils benötigt, ist 12 s. Der Vereinzelungsvorgang beginnt dabei mit dem Hinfahren zur Kiste und endet mit dem
Ablegen des Werkstückes im Sensorbildfeld. Ein Nachgreifen erfordert
zusätzlich 3 s.

Abb. 2: Vom Magnetgreifer gegriffenes Gußteil.
Dieses Gußteil wurde vereinzelt und
geordnet

3. Erkennung und gezielter Griff

Dieser Abschnitt wird kurz gehalten, weil der zur Erkennung eingesetzte Bildsensor und die Verkoppelung des Bildsensors mit einem IR
in einer früheren Arbeit beschrieben wurden [5] .

3.1 Vorbereitungen zur Vereinfachung der Erkennung

Das in Bild 2 dargestellte Gußteil wird bei der Erkennung im Durchlicht betrachtet. Rost-und Schleifspuren auf der Oberfläche des
Werkstückes führen nämlich bei einer Auflichtbeleuchtung zu nicht
auswertbaren Bildern.

Einen robusten Leuchttisch, auf dem auch schwere Teile abgelegt
werden können, erhält man durch Abdecken eines handelsüblichen
Leuchttisches mit einer Acrylglasplatte geeigneter Dicke. Auf die
Acrylglasplatte wird zusätzlich eine Platte aus PE-Schaum (Ver-
packungsmaterial) gelegt, was zu einigen Vorteilen führt:

. Die Oberfläche der Acrylglasplatte wird geschützt. Eine Erneue-
  rung des PE-Schaums bei Verschleiß und Verschmutzung ist einfach und billig.

. Schwingungen, die bei manchen Auflagearten nach dem Ablegevorgang
  auftreten, werden gedämpft.

. Die Zahl der Auflagearten wird reduziert. Kanten und Erhebungen
  werden nämlich in den Schaum eingedrückt, was zu zwei Effekten
  führt. Manche Auflagearten verschwinden vollständig und andere
  verschmelzen zu einer neuen Auflageart. Das Verschmelzen ist von
  besonderer Wichtigkeit, weil verschmelzende Auflagearten im
  allgemeinen dicht beieinander liegen und daher oft zu ähnlichen
  vom Bildsensor nicht unterscheidbaren Bildern führen. (Siehe
  Bild 3) . Durch das Verschmelzen entfallen somit Mehrdeutigkeiten.
  Bedingt durch den Schaumstoff werden bei dem zu ordnenden Gußteil die ursprünglich 8 stabilen Auflagearten auf 6 reduziert.

3.2 Bildsensor

Die optische Achse des Bildaufnahmegerätes (Fernsehkamera) steht
senkrecht auf der Leuchttischebene. Entsprechend den 6 stabilen Auflagearten zeigt sich damit das Gußteil dem Sensor in 6 verschieden-
artigen Formen. Mittels Spezialprozessoren extrahiert der Bildsensor aus dem Bild Merkmale, die dem Bildsensor zu jeder Auflageart
durch Vorzeigen eingelernt werden. Beim Meßvorgang wird durch Vergleich von eingelernten und gemessenen Merkmalen Auflageart, Verschiebung und Verdrehung des Teils bestimmt. Die Verschiebung wird
durch Lage des Flächenschwerpunktes und die Verdrehung durch den
Winkel angegeben, um den das Teil gegenüber der Einlernlage gedreht wurde. Der Merkmalsvergleich wird in einem Mikroprozessor
(intel 8080) durchgeführt , mit dem nach der Erkennung aus den

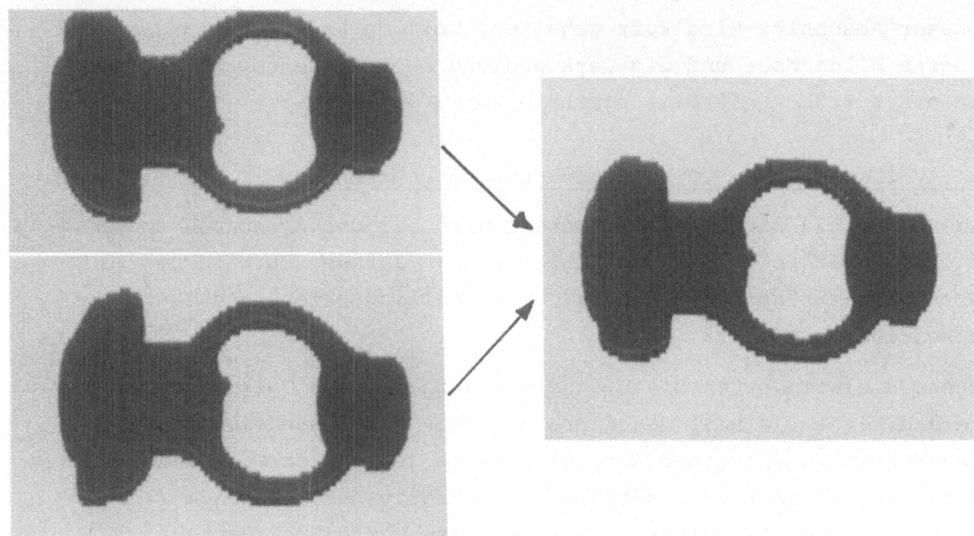

Werkstück auf fester Unterlage   Werkstück auf weicher Unterlage

Abb. 3: Reduktion der stabilen Lagen eines
         Werkstückes durch Auflegen auf eine
         weiche Unterlage

Lagearten des Werkstückes auch die Achswerte des IR für den gezielten Griff errechnet werden. Erkennung und Errechnung der
Achswerte sind nach ca. o,4 s abgeschlossen.

3.3 Industrieroboter

Der Industrieroboter des Typs PPI-PM 12 (Hersteller Pfaff-Pietzsch)
ist ein 5achsiches Gerät, bestehend aus 3 Hauptachsen und 2 Hand-
achsen. Die 3 Hauptachsen bilden ein Zylinderkoordinatensystem.
Die Handachsen sind Rotationsachsen, und stehen senkrecht auf ihren
Nachbarachsen. Die IR-Steuerung ist eine Punkt-zu-Punkt-Steuerung.
Das Gerät bietet für eine Verkoppelung mit anderen Geräten

. eine externe Datenvorgabe, über die Achswerte und Unterprogramm-
  sprünge vorgegeben werden können,

. 8 Ausgänge und

. 8 Eingänge.

Externe Datenvorgabe, die Aktivierung eines Ausganges und die Ab-
frage eines Einganges können zu jedem einzelnen Schritt des IR einprogrammiert werden. Über diese Verkoppelungsmöglichkeiten steuert
der IR den Gesamtprozeß.

Nach der Erkennung greift der IR das Gußstück, wie in Bild 2 gezeigt. Liegt das Teil auf der Greiffläche - es existieren 2 derartige Auflagearten - wird das Teil gewendet und nach einer nochmaligen Erkennung an der Greiffläche gegriffen. Entsprechend den 4 verbleibenden stabilen Lagen haftet das Werkstück nach dem gezielten Griff unterschiedlich orientiert am Greifer. Für einen nachfolgenden Ablagevorgang muß das Werkstück in die gleiche Orientierung gebracht werden, wozu eine 3 Handachse oder ein Umgreifen erforderlich ist.

Der Vorgang, angefangen vom Erkennen bis hin zum Ablegen, dauert im besten Falle, d. h. ohne Wenden und Umgreifen 12 s. Das Wenden benötigt 1o s, das Umgreifen 5 s. Bleibt der Umgreifvorgang, der bei Vorhandensein einer dritten IR-Handachse wegfällt, unberücksichtigt, wird bei der Durchführung des gesamten Ordnungsvorganges eine mittlere Taktzeit von ca. 30 s erreicht.

4. Schlußfolgerung

Das Ordnen von ungeordnet in Kisten liegenden Teilen wurde mit einem sensorkontrollierten Industrieroboter realisiert. Es wurde dargestellt, mit welchem Aufwand sich ein derartiger Ordnungsvorgang durchführen läßt und welche Taktzeiten erzielt werden. Das Problem bei der Realisierung des Ordnungsvorganges ist, daß die Steuerungen der heutigen IR für einen wirkungsvollen Aufbau eines derartigen Prozesses nicht geeignet sind. Im folgenden werden die Eigenschaften beschrieben, die ein IR bei einer derartigen Anwendung haben sollte:

. Die Koordinatentransformation wird im IR durchgeführt.

. Es existieren genormte Schnittstellen zu Sensoren;
  Datenstrukturen und Drehrichtungen sind festgelegt.

. Die Lage des Sensorkoordinatensystems, Maßstab und werkstück-
  spezifische Daten werden in einem Einlernvorgang eingegeben.
  Werkstoffspezifische Daten sind die Lage des Greifpunktes und die
  Richtung der Greifflächennormale. Aus der Achsenstellung beim
  Zugriff und den zugehörigen Sensordaten wird im Rechner des IR
  deren funktionaler Zusammenhang ermittelt.

. Der IR kann Bahnen verfolgen und dabei von Sensoren beeinflußt
  werden. Dieses Verhalten ist beim ungezielten Griff in die Kiste
  und beim gezielten Griff nach der Erkennung erforderlich. Beim
  ungezielten Griff wird in Richtung der Werkstücke gefahren, bis
  der Greifer die Werkstücke berührt. Beim gezielten Griff wird die
  Greiferachse in Richtung der Greifflächennormale bewegt, bis z. B.
  über die Induktivitätsmessung der erfolgreiche Zugriff gemeldet ist.

. Das Fahrprogramm ist durch Sensoren beeinflußbar. Fällt z. B. das
  Werkstück vom Greifer, wird dieser Verlust von einem Sensor detektiert und der IR greift ein neues Werkstück.

. Das Fahrprogramm ist auf einem Datensichtgerät darstellbar.
. Näherungssensoren am Greifer verhindern Kollisionen.

Erst derartige Eigenschaften geben einem sensorkontrollierten IR die
von ihm erwartete Flexibilität bei der Anpassung an neue Ablaufpro-
zesse und Werkstücke. Da diese Flexibilität der Hauptvorteil eines
Sensor - IR - Systems bei der Bearbeitung von Handhabungsaufgaben
ist, ist die Erfüllung der genannten Eigenschaften eine wesentliche
Voraussetzung für eine Anwendung dieser Systeme in der industriellen Fertigung.

Diese Arbeit wurde vom Bundesministerium für Forschung und Technologie im Rahmen des Projektes "Humanisierung des Arbeitslebens" gefördert. Die Verantwortung für den Inhalt trägt der Verfasser.

Literatur

1. Heginbotham, W.B.; Page, C.J.; Pugh, A.: A practical visually interactive robot handling system. The Industrial Robot, June 1975, 61 - 66.

2. Kelley, R.; Birk, J.; Wilson, L.: Algorithms to visually acquire workpieces. Proc. of the 7th Int. Symp. on IR, Tokio, 497 - 506.

3. Pugh, A.; Heginbotham, W.B.; Kitchin, P.W.: Visual feedback applied to programmable assembly machine. Proc. of the 2nd Int. Symp. on IR, Chicago.

4. Lanz, O.E.: Sensor zur Lage und Formerkennung. Tagungsband Interkama-Kongreß 1977, Fachberichte Messen-Steuern-Regeln (Band 1), 95 - 107.

5. Geißelmann, H.: Fernseh-Sensor und seine Verkettung mit einem Industrieroboter. Proc. of the 8th Int. Symp. on IR, Stuttgart, 165 - 180.

<u>EIN FERNSEHSENSOR ZUR ÜBERWACHUNG UND REGELUNG VON SCHWEISSPROZESSEN</u>

<u>A TV-SENSOR FOR MONITORING AND CONTROLLING GAS SHIELDED ARC WELDING</u>

<u>PROCESSES</u>

R. Niepold

Fraunhofer-Institut für Informations- und Datenverarbeitung (IITB)
7500 Karlsruhe

<u>Summary</u>:

Industrial robots for arc welding tasks are flexible tools as far as
equipped with sensors which monitor the welding process in order to
control the welding job. An optical sensor is presented which may be
used for welding processes with melting electrodes (short arc). The
sensor monitors the melting pool. An appropiate image processing device
is added to realize both a process and a path control.

1. Einführung: Die Bedeutung von beobachtenden Sensoren in der Schweißtechnik

In den vergangenen Jahren haben Anlagen zum maschinellen Schweißen ständig an Bedeutung gewonnen. Hierfür gibt es drei Hauptgründe: a) mit wachsendem Anspruch an die Qualität der Schweißprodukte gewinnt das Bestreben an Bedeutung, den Schweißprozeß in möglichst allen Einflußparametern in den Griff zu bekommen. Der Handschweißer ist wegen der geforderten Genauigkeit in der Prozeßführung oft überfordert. b) Es sollen die Kosten gesenkt werden. c) Nicht zuletzt: Der Handschweißer ist auf Grund seiner Tätigkeit hohen Belastungen ausgesetzt: extreme Lichteinwirkung, Wärmebelastung, Lärm, Rauche und Gase, hohe Konzentrationsanforderungen. Das Streben nach einem humanisierten Arbeitsplatz hat auch zur Entwicklung von Schweißmaschinen beigetragen.

Einen ersten Schritt in dieser Richtung stellen die Teilmechanisierungen bei einzelnen Schweißverfahren dar (Beispiel: motorisierte Drahtzufuhr beim MIG/MAG-Schweißen). Die konsequente Weiterentwicklung der Teilmechanisierungen führen zu Schweißautomaten. Diese Anlagen führen Schweißungen für eine bestimmte Aufgabe unter invarianten Randbedingungen aus; der Prozeß wird nach einem starr vorgegebenen Programm gesteuert. Moderne Handhabungssysteme (Industrie-Roboter) haben zwar insofern neue Vorteile gebracht, als eine Vielzahl von verschiedenen Aufgaben bequem einprogrammiert werden kann. Ihr Einsatz ist bisher besonders in der Punktschweißtechnik verwirklicht. Anders beim Lichtbogenschweißen, auf das sich der vorliegende Beitrag beschränkt: Hier bleibt die Schwierigkeit bestehen, daß die Randbedingungen nur unter großem Aufwand von Schweißung zu Schweißung so konstant gehalten werden können, daß der Schweißprozeß ohne Einbeziehung des Menschen als Regler ablaufen kann. Ein Beispiel ist das Problem der Nahtvorbereitung.

Eine neue Generation von Schweißautomaten für das Lichtbogenschweißen kündigt sich an: Die Handhabungssysteme werden mit Sensoren ausgerüstet, damit auf individuelle Störungen (z. B. Nahtversatz), die eine Abweichung vom Musterprogramm erfordern, korrigierend eingegangen werden kann.

Ansätze zu solchen selbstregelnden Anlagen werden entwickelt, insbesondere was Nahtverfolgungssysteme betrifft (Übersicht: [1], ausgewählte Beispiele [2],[3],[4],[5]). Die Regelung der Brennerführung mit Hilfe von beobachtenden Sensoren stellt eine Lösung für all die Fälle dar, wo eine starre mechanische Führung wegen der geforderten Genauigkeit oder den zu erwartenden Abweichungen vom Regelfall ausscheidet.

Neben der adaptiven Nahtverfolgung wird aber auch eine exakte Führung des Schweißprozesses selbst gefordert. Auch hier spielen beobachtende Sensoren eine wichtige Rolle, wenn es darum geht, Arbeitspunktabweichungen zu erkennen und entsprechend auszuregeln. Allerdings müssen hier die Sensoren dem jeweiligen Schweißverfahren angepaßt werden, weil die Arbeitsbedingungen zu unterschiedlich sind (ausgewählte Beispiele: [6], [7], [8], [9]).

2. Das Kurzlichtbogenschweißen

Der hier vorgestellte Sensor wurde für das Kurzlichtbogenschweißen entwickelt. Dieses häufig angewandte Schweißverfahren gehört zu den Verfahren mit abschmelzender Elektrode. Der Lichtbogen brennt zwischen Werkstück und Zusatzdraht, von dem sich das Material tropfenförmig ablöst und ins Schmelzbad übergeht (Bild 1). Der Zusatzdraht wird kontinuierlich zugeführt. Beim Kurzlichtbogenschweißen (vgl. Bild 2) kommt es durch geeignete Arbeitspunkteinstellung zu einem Wechsel zwischen brennendem Lichtbogen (mit Tendenz zur Verkürzung in Bild 2 von 1 - 2) und Kurzschlußphasen (in Bild 2 von 3 - 4), während denen der Draht das Schmelzbad berührt. Während der Kurzschlußphasen steigt der Strom stark an, die Drahtbrücke wird flüssig und schnürt sich ab, bis sie abreißt und der Lichtbogen wieder zündet. Dieser Arbeitspunktzyklus läuft bei sauberer Einstellung in etwa periodisch ab, wird aber in der Praxis durch viele Einflüsse in seiner Periodizität mehr oder weniger gestört.

Das Kurzlichtbogenschweißen stellt für beobachtende Sensoren insofern ein Problem dar als es sehr unruhig abläuft, verglichen z. B. mit dem WIG-Schweißverfahren; man kann nicht mit einem ruhigen Lichtbogen und einem zeitlich definierten Arbeitspunkt rechnen.

3. Ein optischer Sensor für das Kurzlichtbogenschweißen

Geht man von den an ein Sensorsystem anfangs gestellten Aufgaben zur Prozeßbeobachtung aus, so ergibt sich, daß mehrere Größen überwacht werden müssen. So muß z. B. für die Bahnregelung der Seitenversatz, der Höhenversatz und ggf. die Neigung des Brenners gegenüber dem Werkstück beobachtet werden. Im Gegensatz zu dem bisweilen verfolgten Konzept, für mehrere Größen auch entsprechend viele Sensoren einzusetzen, wird hier davon ausgegangen, daß ein Sensor mehrere Größen gleichzeitig beobachten kann. Der Vorteil liegt in der geringeren Komplexität des Systems und in einem entsprechend einfacheren Aufbau der Schweißanlage.

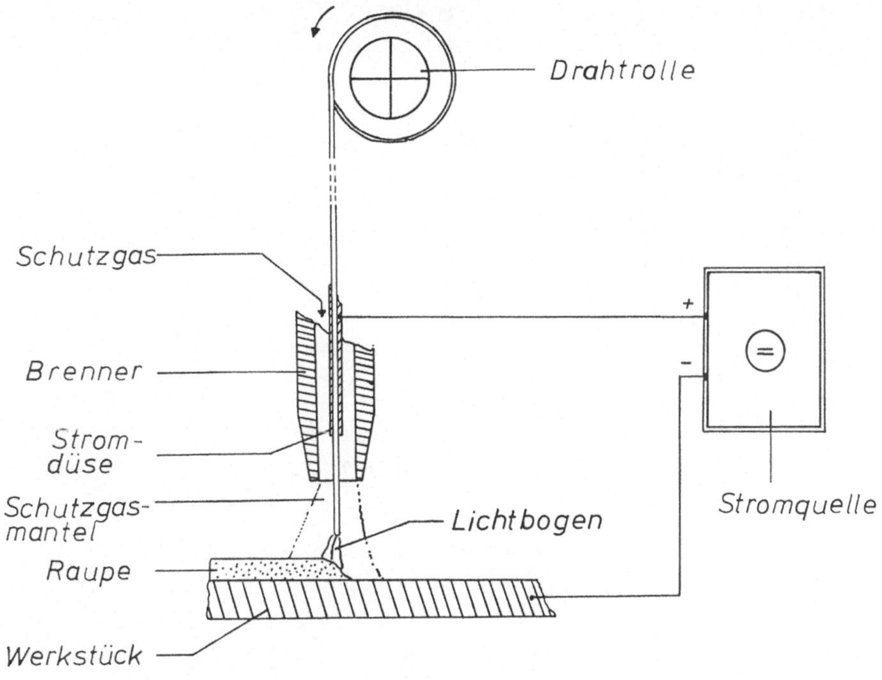

Bild 1: Prinzipieller Aufbau einer Anlage zum Schweißen mit abschmelzender Elektrode

Den Ansatz für den Sensoraufbau liefert eine Betrachtung der Vorgehensweise des Handschweißers. Er stützt sich bei der Bewältigung seiner Schweißaufgabe im wesentlichen auf die visuelle Information, die ihm über die Beobachtung der Schweißstelle zur Verfügung steht. Es liegt daher nahe, einen optischen Sensor zu entwickeln.

Verwendet wird hierfür eine Fernsehkamera eines gängigen Typs. Solche Kameras sind billig zu erwerben und robust gebaut. Dadurch, daß die elektrischen Ausgangssignale genormt sind, gibt es eine Vielzahl von Peripheriegeräten (Videorecorder, Monitor), auf die zurückgegriffen werden kann.

Eine Fernsehkamera kann allerdings nicht direkt auf den Ort des Schweißgesehens, nämlich auf das Schweißbad gerichtet werden; der dynamische

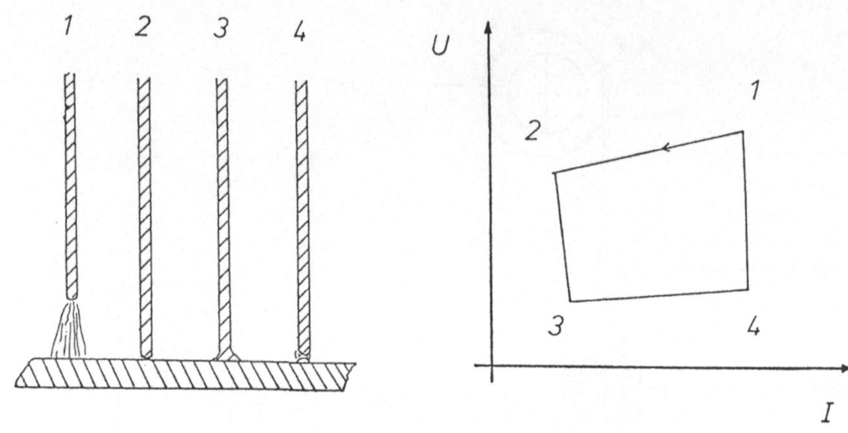

1 - 2 :   Lichtbogenbrenndauer

3 - 4 :   Kurzschlußdauer

Bild 2: Arbeitspunktzyklus beim Kurzlichtbogenschweißen

Helligkeitsbereich der Bildaufnahmeröhre reicht im Gegensatz zu dem des menschlichen Auges nicht aus. Entweder wird die Kamera durch den Lichtbogen völlig überbelichtet und damit in ihrer Funktionsweise beeinträchtigt, oder, bei entsprechender Abschwächung, erscheint zwar der Lichtbogen in richtiger Helligkeit, das Schweißbad selbst aber wird zu dunkel sein, um von der Bildröhre noch erfaßt zu werden. Gerade das Schweißbad enthält aber die gesuchten Merkmale zur Prozeßregelung.

Beim Kurzlichtbogenschweißen läßt sich die störende Wirkung des Lichtbogens beseitigen: Wie in Kap. 2 beschrieben, treten bei diesem Schweißverfahren Lichtbogenpausen in Form der Kurzschlußphasen auf. Mit Hilfe eines optischen Verschlusses wird die Kamera nur während der Kurzschlußphasen belichtet (Bild 3). Da die Bildröhre der Kamera eine speichernde Wirkung hat, kann nach der Belichtung das Bild in gewohnter Form, d. h. entsprechend der Fernsehnorm ausgelesen werden. Der optische Verschluß muß den stochastisch auftretenden Kurzschlüssen möglichst verzögerungsfrei folgen können. Bild 4 verdeutlicht die Zeitbedingungen: Für eine Belichtung stehen zwischen 3 und 6 msec (Kurzschlußdauer) zur Verfügung, die Zeitdauer zwischen zwei Belichtungen (Lichtbogenbrenndauer) beträgt

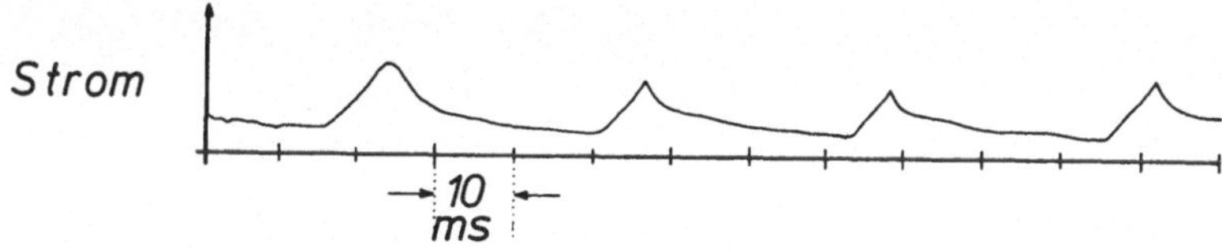

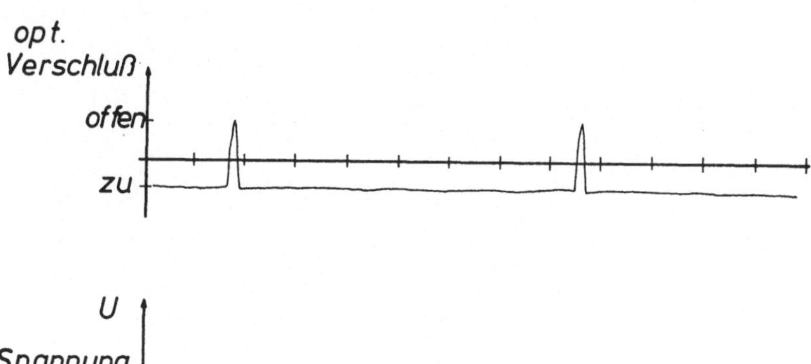

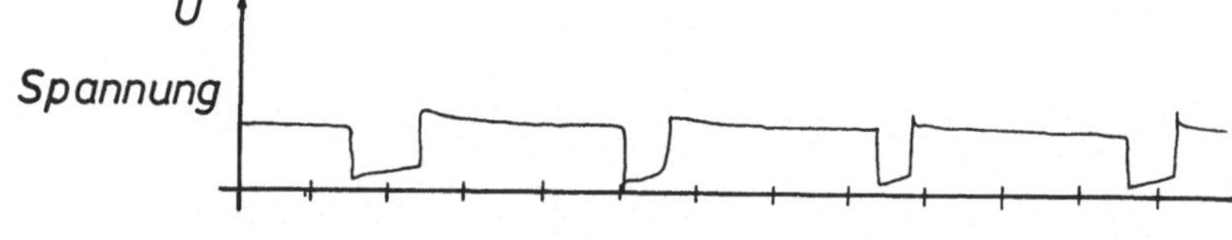

Bild 3: Belichtungsfolge des Fernsehsensors

zwischen 15 und 40 msec, das entspricht einer Bildfrequenz von ca.
25 - 65 Bilder/sec. Die Impulse zur Ansteuerung des Verschlusses werden
über das Schweißspannungssignal gewonnen, indem die Einbrüche durch
Schwellentscheid detektiert werden. Eine elektronische Schaltung be-
reitet diese Belichtungsimpulse so auf, daß die Belichtungsdauer und
die Lage der Belichtung innerhalb der Kurzschlußdauer eingestellt
werden können. Eine besondere elektronische Belichtungssperre verhindert Doppelbelichtungen der Kamera und Belichtungen außerhalb der Kurzschlußphasen.

Der Verschluß selbst ist mittels eines überschwingungsfrei ansteuerbaren
Winkelmotors realisiert. Dieser Motor verdreht eine zylindrische Hülse,
durch die das Strahlenbündel, welches die Kamera belichtet, hindurch-
geschickt wird. (Durch eine entsprechende Linsenanordnung wird der
Durchmesser des Strahlenbündels auf 4 mm reduziert.) Wenn die Hülse
zur optischen Achse einen Winkel von ca. 20° einnimmt, ist das Blickfeld der Kamera gesperrt (Prinzip: Bild 5).

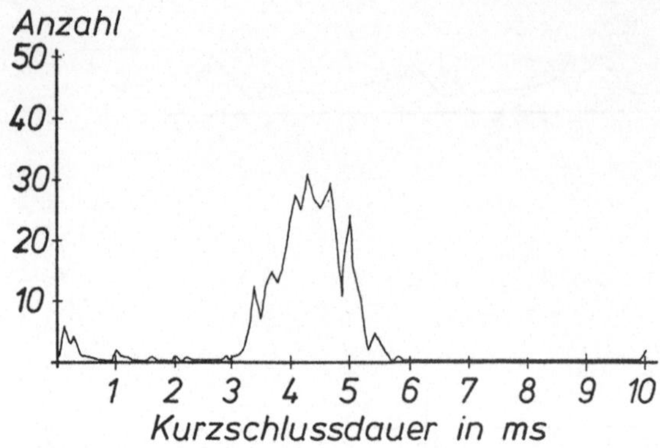

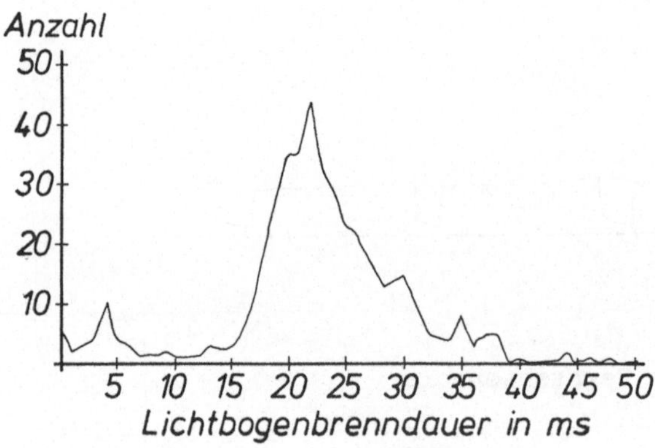

Bild 4: Verteilungsdichtefunktionen für Kurzschluß- und Lichtbogenbrenndauer

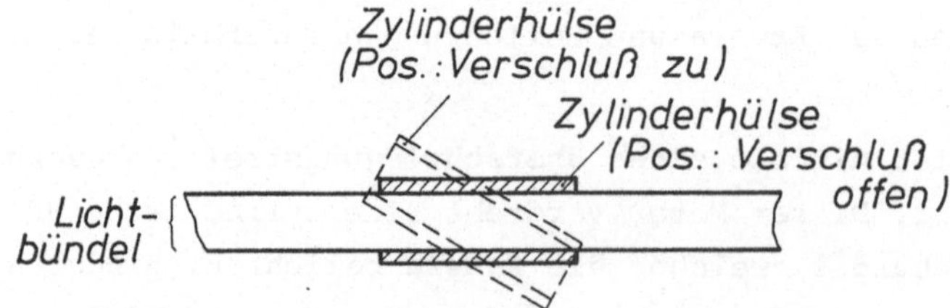

Bild 5: Prinzip des optischen Verschlusses

4. Integration des optischen Sensors in eine Schweißversuchsanlage

Bild 6 zeigt eine Ansicht der Versuchsanlage. Dieser Aufbau ermöglicht
Schweißungen in waagerechter Lage, kann jedoch leicht für andere Lagen
umgerüstet werden. Bei feststehendem senkrechten Brenner wird das Werkstück mittels eines Wagens in der waagerechten Ebene unter dem Brenner
bewegt. Eine Hauptvorschubsrichtung wird ergänzt durch eine Querbewe-
gung, die durch die Querverschiebung des Probentisches auf dem Wagen erreicht wird. Alle Bewegungen sind motorgetrieben und fernbedienbar. Der
optische Sensor ist mechanisch starr mit dem Brenner gekoppelt und kann
in verschiedenen Winkellagen montiert werden. Durch eine vorgesetzte
Optik erfaßt der Sensor ein Blickfeld von ca. 10 x 10 mm^2.

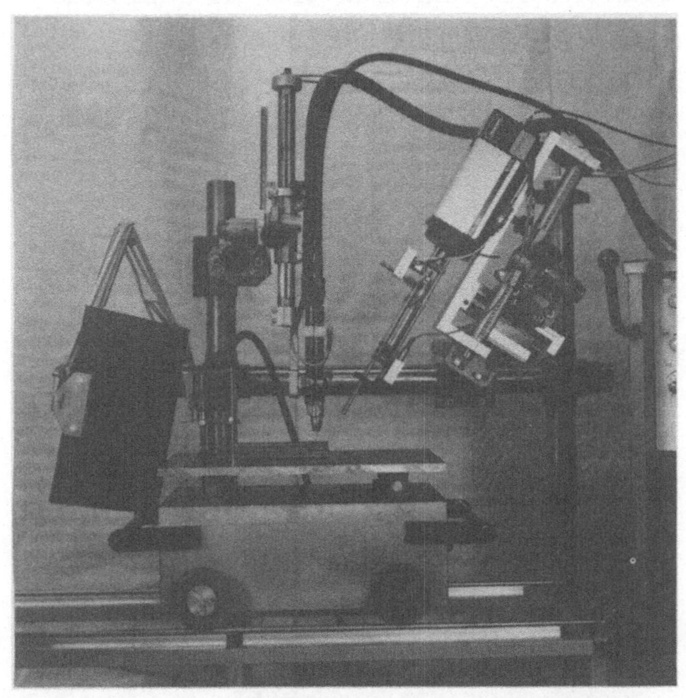

Bild 6: Teilansicht der Schweißversuchsanlage:
   Probenwagen, Brenner, Fernsehkamera mit Optik und Verschluß

5. Das vom Sensor erstellte Bild der Schweißstelle

Bild 7 zeigt die Schweißstelle, wie sie vom optischen Sensor festgehalten wird. Man erkennt in starker Vergrößerung das Schweißbad, in das das dunkel erscheinende Drahtende hineinragt. Da die Bildaufnahme verfahrensbedingt in den Kurzschlußphasen stattfindet, ist kein Lichtbogen zu sehen. Stattdessen erscheint am Drahtende ein Tropfen flüssigen Zusatzdrahtmaterials im Moment des Übergangs in das Schmelzbad. Durch geeignete Farbfilterung (abgestimmt auf die spektrale Empfindlichkeit der verwendeten Bildaufnahmeröhre) lassen sich das Bad oder der Tropfen mehr oder weniger stark hervorheben. Die Umgebung des Schmelzbades, d. h. die Oberfläche des ungeschweißten Werkstücks ist zu dunkel, um vom Sensor erfaßt zu werden.

Die von der Kamera erstellte Bildfolge gibt die laufenden Veränderungen dieser Szene wieder. Man beobachtet daher praktisch kontinuierlich, wie das Zusatzmaterial in das Schmelzbad übergeht. Der Handschweißer geht in ähnlicher Weise vor, wenn er durch sein Schutzglas das Schmelzbad beobachtet und versucht, "am Lichtbogen vorbeizuschauen".

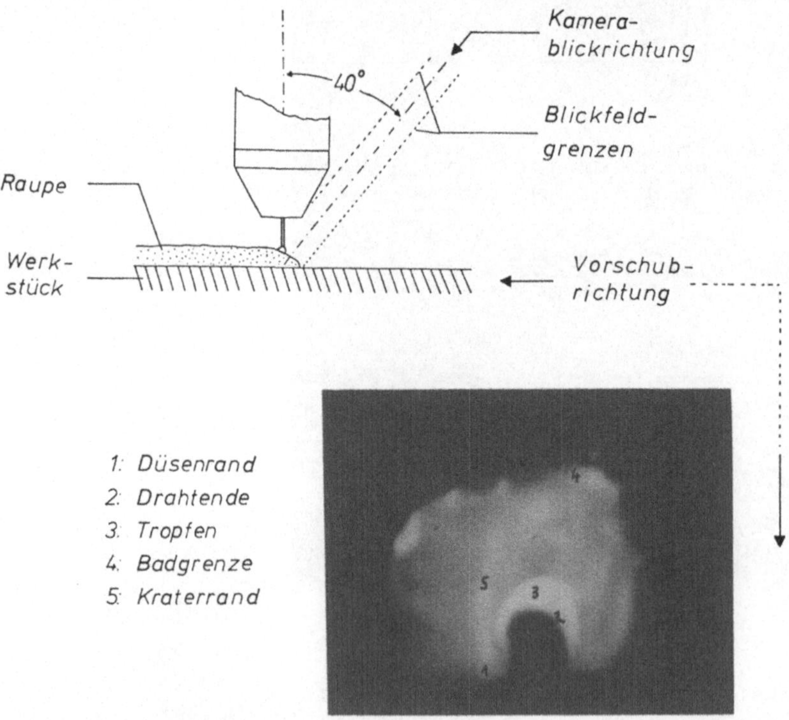

Bild 7: oben: Schweißbad, Brenner, Kamera: schematische Anordnung
unten: typisches Kamerabild

6. Bildanalyse: signifikante Merkmale für eine Verfahrensregelung

Das oben abgesteckte Ziel der Nahtverfolgung und der Prozeßregelung läßt sich nur erreichen, wenn das Sensorbild Merkmale enthält, mit deren Hilfe sich die zur beabsichtigten Regelung erforderlichen Regelgrößen ermitteln lassen. Eine Analyse des Bildmaterials unter diesem Aspekt ergibt folgende Ergebnisse:

6.1 Merkmale zur Nahtverfolgung

Hierzu müssen zwei Größen erkannt werden: a) ein Seitenversatz und b) ein Höhenversatz des Brenners.

Zu a): Es werden zwei Möglichkeiten zur Erkennung eines Seitenversatzes vorgeschlagen. Es zeigt sich, daß die Form des Schmelzbades abhängt von der Nahtform (ähnliche Beobachtungen bei [10]). So ergeben Flankennähte (V-, Y-, Kehlnähte, etc.) eine zugespitzte Badbegrenzungslinie, weil sich das flüssige Metall an die Flanken anschmiegt. Die Badspitze liegt dabei genau in der Nahtmitte. Die Lage dieses Merkmals im Blickfeld gibt daher die Lage der Naht wieder und damit - weil Brenner und Sensor starr gekoppelt sind - die Lage des Brenners relativ zur Naht. Will man von der räumlichen Zuordnung Kamera/Brenner abkommen, so muß zusätzlich aus dem Bild die Lage des Brenners über die Lage des Drahtes im Blickfeld gemessen werden.

Sehr charakteristisch wird die Badspitze bei Spaltnähten, weil der Sensor durch den schrägen Blickwinkel in den Spalt hineinsieht. Das dort hineingeflossene Metall ergibt im Kamerabild (vgl. Bild 8) einen deutlichen Schmelzbadfortsatz.

Eine zweite Möglichkeit zur Erkennung eines Brennerseitenversatzes ergibt sich bei steilwandigen Flankennähten. Da sich bei einem eintretenden Versatz das Drahtende einer der beiden Flanken nähert, wird durch Adhäsionskräfte das flüssige Metall am Drahtende von der näherliegenden Flanke angezogen. Zur Erkennung des Seitenversatzes muß daher die Lage des Tropfens im Vergleich zum Drahtende bestimmt werden (vgl. Bild 9). Diese Möglichkeit versagt allerdings, wenn der Prozeß allzu unruhig abläuft. Dies ist je nach Arbeitspunkt und Schweißbedingungen unterschiedlich (vgl. Verhalten beim Materialübergang: [11], [12]). Ferner ist keine quantitative Aussage über den Brennerversatz möglich.

Zu b): Ein Höhenversatz des Brenners ist aus der bekannten örtlichen Zuordnung von Sensor und Drahtzuführung zu messen; er ergibt sich, bedingt durch die schräge Sensoranordnung, durch die Lage des Abschmelzpunktes (= Drahtende) im Blickfeld. Eine Veränderung des Abstandes Brenner - Werkstück verursacht eine entsprechende Wanderung des Ab-

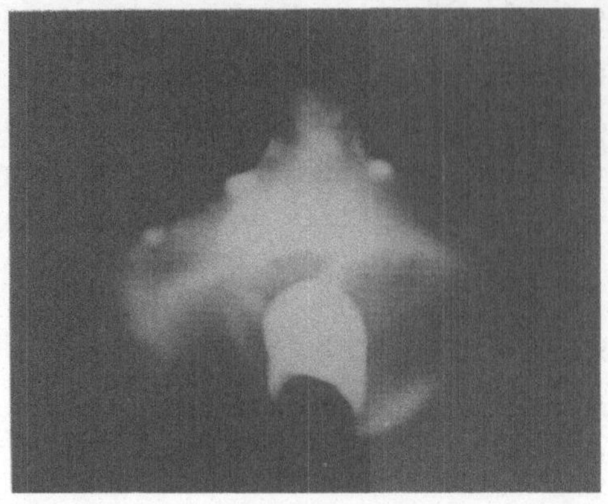

I-Naht (Spalt 1.5 mm; 21 V / 165 A); Kamera-blickwinkel 62°.

Bild 8: Einfluß der Nahtform auf die Badgrenze

schmelzpunktes im Bild in senkrechter Richtung (Bild 10). Die zeitliche Ableitung dieser Ortsbewegung macht eine Aussage über die Neigung
der Werkstoffoberfläche und kann als Regelgröße für die Einstellung der
Brennerneigung herangezogen werden.

6.2 Merkmale zur Prozeßregelung

Beim Kurzlichtbogenschweißen kann der mittlere Arbeitspunkt nur in be-
scheidenem Maße verändert werden, weil ansonsten der Prozeß instabil
wird. Deshalb ist es die Aufgabe der Prozeßregelung, einen einmal ein-
gestellten Arbeitspunkt möglichst genau einzuhalten. Dies ist um so wichtiger, als es gerade beim Kurzlichtbogenschweißen oft auf eine definierte Wärmeeinbringung ankommt.

Ein wichtiger Parameter, welcher den Kurzlichtbogenprozeß beeinflußt,
ist die sog. freie Drahtlänge. Man versteht hierunter die Drahtlänge
zwischen Lichtbogenansatz und Stromzufuhr in der Stromdüse (vgl. Bild
11). Sie bestimmt den Strom, der während der Kurzschlußphasen fließt,
in starkem Maße. (Im Versuch führte z. B. eine Brennerhöhenänderung
von Δz = 12 mm, vgl. Bild 11, zu einer Strommittelwertsänderung von ca.
+15 % des Initialwertes). Eine genaue Einhaltung der gewählten freien
Drahtlänge, welche den Arbeitspunkt wesentlich beeinflußt, läßt sich
über eine exakte Einhaltung des Abstandes Brenner - Werkstück erreichen.

Der Sensor liefert hierzu die erforderliche Größe, wie im vorangegange-
nen Kapitel gezeigt wurde. Somit lassen sich z. B. gewölbte Oberflächen
bei konstant gehaltenem Arbeitspunkt schweißen.

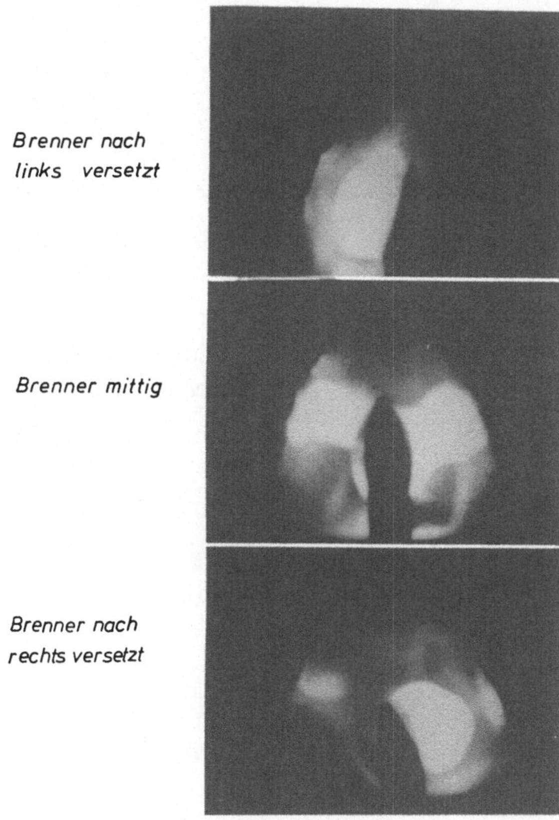

Bild 9: Einfluß des Brennerversatzes auf den Materialübergang

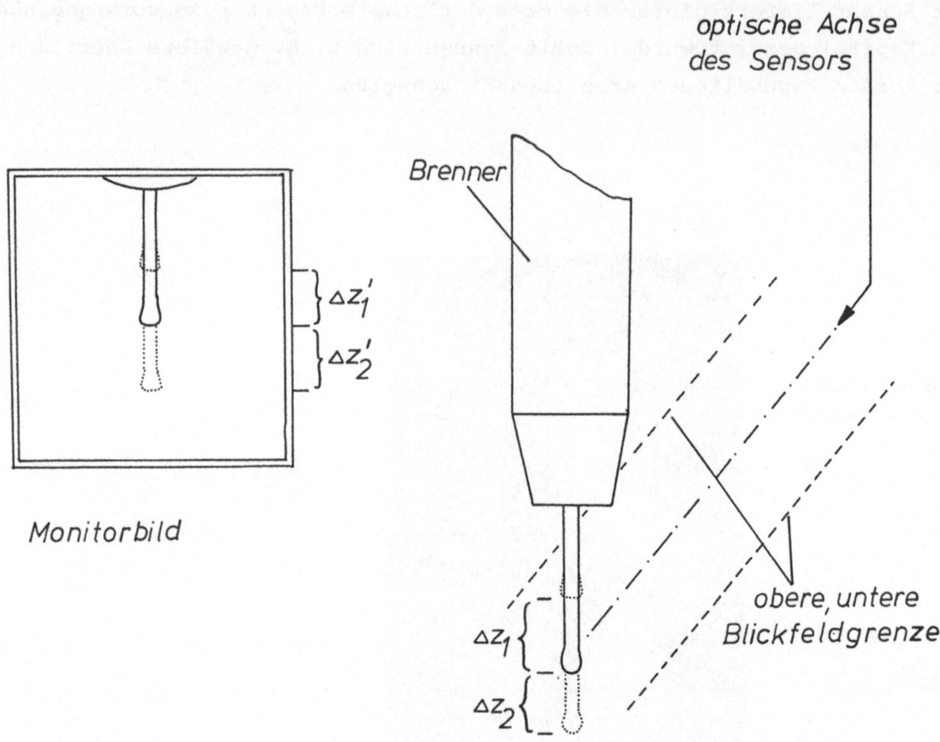

Bild 10: Höhenversatz des Abschmelzpunktes im Sensorbild

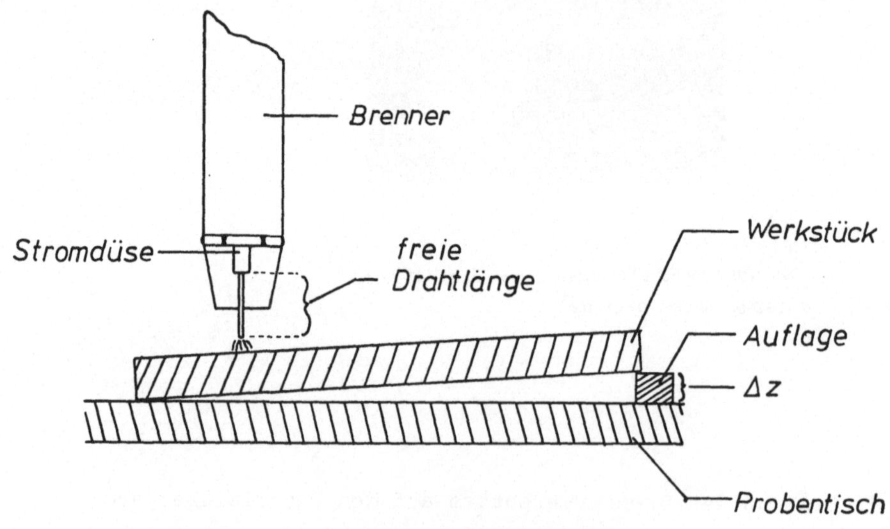

Bild 11: Simulation eines Brennerhöhenversatzes

Ferner ist für eine genaue Prozeßführung die Einhaltung der gewählten
Vorschubgeschwindigkeit von Bedeutung. Sie beeinflußt unter anderem
die Raupenbreite, die Durchschweißung und den Nahtaufwurf. Da das Sensorbild die Raupenbreite über die Breite des Schmelzbades wiedergibt,
ließe sich auch die Vorschubgeschwindigkeit adaptiv regeln. Möglichkeiten in dieser Richtung werden derzeit untersucht.

7. Extraktion der Merkmale und Aufbau der Regelkreise

Das analoge elektrische Ausgangssignal des Sensors enthält in sequen-
tieller Abfolge eine Aussage über die Helligkeitswerte der Bildpunkte.
Die erwähnten Bildmerkmale - Drahtende, Badfläche mit Begrenzungslinie
und Tropfen - besitzen aber grob gesehen nur drei unterschiedliche Helligkeitsstufen: schwarz (Draht und Badumgebung), grau (Schmelzbad) und
weiß (Tropfen). Eine Auflösung des analogen Bildes (d. h. des Bildes
mit theoretisch unendlich vielen Graustufen) in zwei Binärbilder mit je
nur zwei Helligkeitsstufen (schwarz und weiß) kann über einen doppelten
Schwellentscheid erreicht werden (Bild 12). Das eine Bild enthält nur
noch die Badfläche (weiß) und den Draht bzw. die Badumgebung (schwarz),
das andere nur noch den Tropfen (weiß) und seine Umgebung (schwarz).
Diese in der Bildverarbeitung übliche sehr einfache Form der Datenre-
duzierung ermöglicht eine Extraktion der gesuchten Merkmale, d. h. die
Errechnung ihrer Koordinatenpunkte im Blickfeld des Sensors. Hierfür
wird jede Zeile in Abschnitte konstanter Länge unterteilt. Koordinaten
werden gemessen durch Abzählen der Abschnitte vom linken Bildrand bis
zum vom untersuchten Merkmal verursachten Helligkeitssprung (horizonta-
le Koordinate) und durch Abzählen der Zeilen vom oberen Bildrand bis
zur ausgewählten Meßzeile (vertikale Koordinate). Eine solche Vorgehensweise läßt sich leicht mit elektronischen Mitteln realisieren. Benötigt
wird zusätzlich ein Rechenwerk, welches die Koordinaten gegeneinander
verrechnet (z. B. Abstand Draht - Badspitze in horizontaler Richtung).
Dieses kann durch einen Microprozessor realisiert werden, welcher
gleichzeitig den Ablauf der Messungen steuert.

Die digitalen Ausgangsgrößen werden zu analogen Signalen gewandelt und
stellen die Regelgrößen für die einzelnen Regelkreise dar, welche über
entsprechende Regelverstärker und Stellmotoren geschlossen werden
(Bild 13).

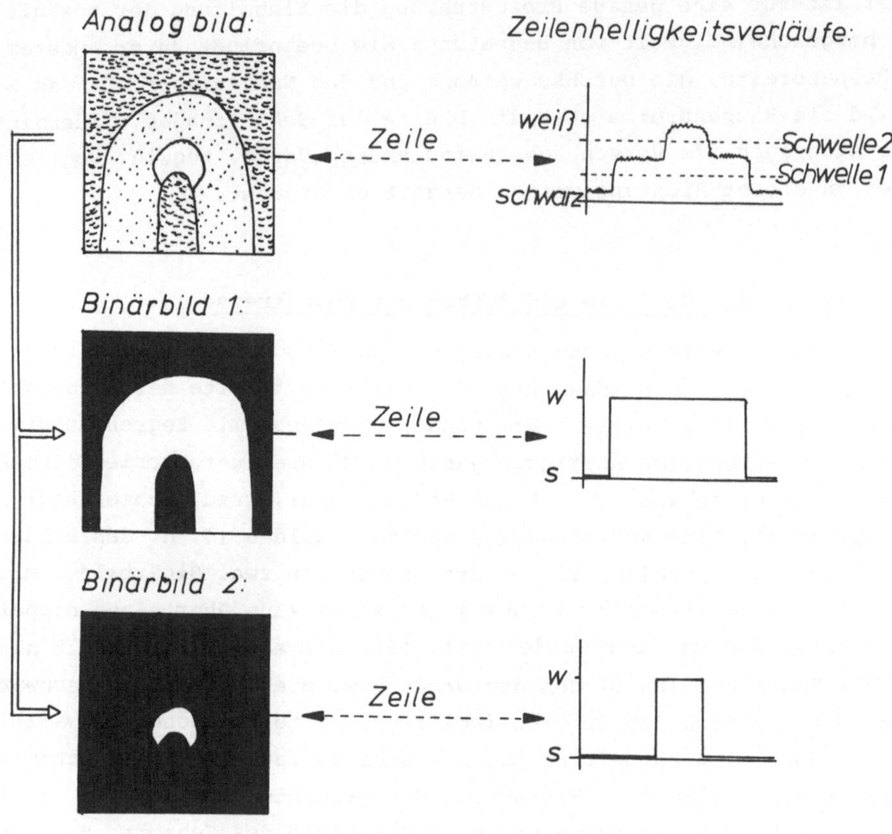

Bild 12: Auflösung des analogen Sensorbildes in zwei Binärbilder

8. Zusammenfassung

Für das Kurzlichtbogenschweißen wurde ein Fernsehsensor entwickelt,
welcher unter Ausnutzung der natürlichen Kurzschlußphasen des Verfahrens eine stochastische Bildfolge liefert. Die einzelnen Bilder
zeigen das Schweißbad und das Drahtende mit dem Tropfen flüssigen Zu-
satzmaterials im Moment des Übergangs ins Schmelzbad.

Um einen derartigen Sensor zur Führung eines Schweißprozesses zu verwenden, wurde ein Regelkonzept aufgestellt, welches zwei Aufgaben zu
lösen hat: Die Nahtverfolgung und die Prozeßregelung.

Anhand des Sensorbildmaterials wurden signifikante Bildmerkmale vorgestellt, die zur Regelung herangezogen werden: die Bandbegrenzungslinie
(Regelung der Seitenlage des Brenners und der Vorschubgeschwindigkeit),

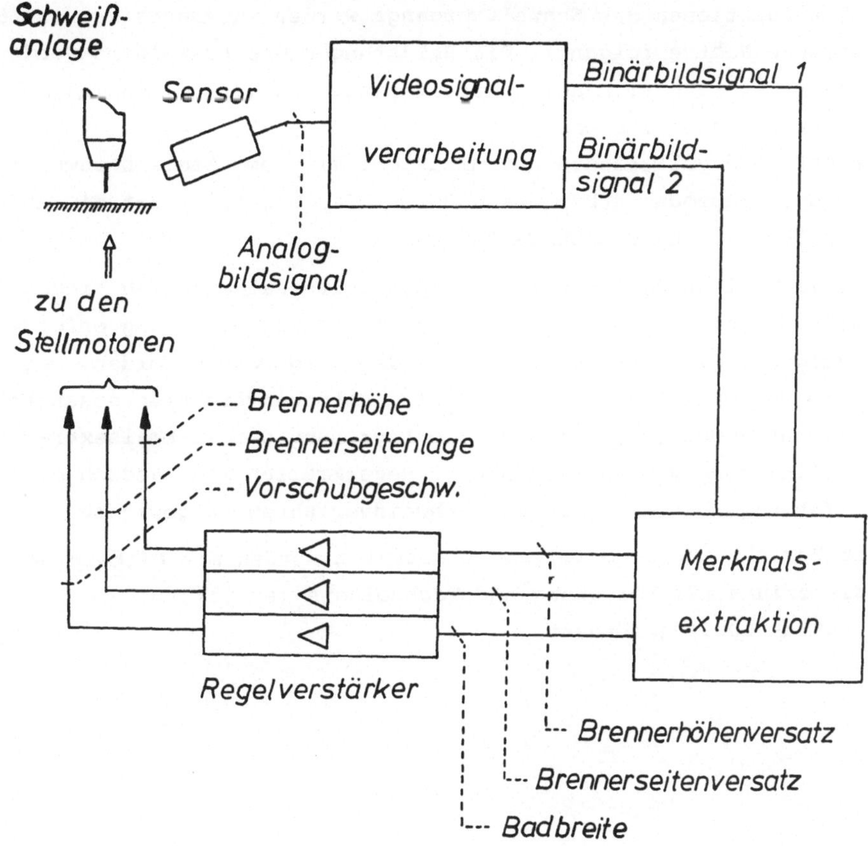

Bild 13: Aufbau des Regelkreises (schematisch)

der Materialtropfen (Regelung der Seitenlage des Brenners), das Drahtende (Höhenregelung des Brenners und Regelung der freien Drahtlänge).
Ein Konzept für die elektronische Verarbeitung des Kamerasignals wurde
aufgestellt.

Das Ziel einer derartigen Anordnung, die sich im experimentellen Stadium befindet, ist es, einen möglichst vielseitigen Sensor für hochwertige selbstregelnde Handhabungssssteme zu entwickeln. Drei typische
Anwendungsfälle sind

a) Der Schweißer wird durch eine Bildübertragung des Schweißgeschehens
   davon befreit, an der Schweißstelle selbst anwesend zu sein. Durch
   geeignete Steuermöglichkeiten führt er wie gewohnt den Prozeß, indem er die Bildinformation verwendet. Eine Bilddokumentation (Videorecorder) ist möglich.

b) Bestimmte Funktionen des Schweißvorgangs werden automatisiert (z. B.
   automatische Nahtverfolgung). Die Belastungen des Schweißers werden
   vermindert; er kann sich auf andere Tätigkeiten (z. B. Arbeitspunkt-
   überwachung) konzentrieren.

c) Der Prozeß wird vollständig automatisiert mit dem Ziel, hochwertige
   Schweißungen reproduzierbar auszuführen. Der Schweißer hat die Aufgabe der Überwachung des Schweißvorgangs.

Da es letztlich nicht gelingen wird, einen Universalsensor zu finden,
der für alle Schweißaufgaben und -verfahren die zur Steuerung erforderlichen Regelgrößen liefert, muß schrittweise vorgegangen werden. Der
vorgestellte Sensor ist zwar auf das Kurzlichtbogenverfahren beschränkt,
was die Bildaufnahmetechnik angeht. Die Erprobung der Merkmalsextraktion
und die Realisierung von entsprechenden Regelkreisen kann jedoch dazu
dienen, Erfahrungen auch für andere Schweißverfahren zu gewinnen.

Die diesem Bericht zugrunde liegenden Arbeiten wurden mit Mitteln des
Bundesministeriums für Forschung und Technologie (Projekt:
01 VC 057-ZKTAP 0009) gefördert.

Literatur

1. Brown, K.W.: A Technical Survey of Seam Tracking Methods in Welding.
    The Welding Institute, Arlington Hall, Arlington, Cambridge
    (England), 1975.

2. Repenning, J.: Grundlagen und Anwendung der magnetischen Licht-
    bogenbewegung zur Regelung und Steuerung des Metallschutzgaspro-
    zesses. Diss., TH Aachen, 1976.

3. Wall, W.A.: Automatic Closed Circuit Television Electrode Guidance
    for Welding. Welding Journal, Vol. 48 (Sept. 1969), pp. 713 - 720.

4. Vaisband, Ya.S. et al.: A Television System for Automatically Guid-
    ing Electrodes Along Butt Welds. Automaticeskaja Svarka, No. 7,
    1971, pp. 49 - 52.

5. Arata, Y., Inoue, K.: Automatic Control of Arc Welding (Report VI),
    Recognition for Intersection of two or three Planes. Transactions
    of JWRI, Vol. 6, No. 1, 1977, pp. 7 - 16.

6. Lübbert, U.: Automatisierung des Wurzelschweißens. IITB-Mitteilungen
    1976, S. 64 - 67.

7. Vroman, A.R., Brandt, H.: Feedback Control of GTA Welding Using
    Puddle Width Measurement. Welding Journal, No. 9, (Sept. 1976),
    pp. 742 - 749.

8. McCampbell, W.M. et al.: The Development of a Weld Intelligence
    System: Weld penetration remains constant through use of a servo
    control system which automatically adjusts speed of welding to
    variations in thermocouple output. Welding Research Supplement,
    March 1966, pp. 139 - 144.

9. Benett, A.P. et al.: Improving the Consistency of Weld Penetration
    by Feedback Control, International Conference on Fabrication and
    Reliability of Welded Process Plant, London, Nov. 1976.
    Arlington Hall, Arlington. The Welding Institute, Paper No. 9,
    1976, pp. 13 - 19.

10. Arata, Y., Inoue, K.: Automatic Control of Arc Welding (Report II),
    Optical Sensing of Joint Configuration. Transactions of JWRI,
    Vol. 2, No. 1, 1973, pp. 87 - 101.

11. Munske, H.: Handbuch des Schutzgasschweißens. Deutscher Verlag für
    Schweißtechnik, Düsseldorf, 1975.

12. Ruckdeschel, W.: Der Werkstoffübergang beim MIG- und MAG-Schweißen.
    Linde Sonderdruck, No. 38 - 70.

<u>TAKTILE SENSOREN UND IHRE ANWENDUNG IN PROGRAMMIERBAREN</u>
<u>MONTAGESYSTEMEN</u>

<u>TACTILE SENSORS AND THEIR APPLICATION</u>
<u>TO PROGRAMMABLE ASSEMBLY SYSTEMS</u>

M. Schweizer, D. Haaf

Fraunhofer-Institut für Produktionstechnik und Automatisierung (IPA)
7000 Stuttgart

<u>Summary</u>

When using a future type of industrial robot, tactile sensing will be
a main problem to solve advanced handling tasks in assembly. The report shows the possibilities of creating a tactile sensitive gripper/
sensorsystem, to perform some capabilities of the human workers hand.
To carry out assembly tasks, several parts or subassemblies must be
gripped or joined, using several kinds of grippers or tools. A special
wrist was developed, to change these grippers and tools automatically
by the arm of the robot. By means of the compliance of the elastic
linkage between wrist and the robots arm, the gripper or tool can
absorb small joinning forces and compensate joining clearances automatically. A build-in distance measuring system allows the programmed
response of the robot in the case of oversized joining forces.

<u>Einführung</u>

Die Montage ist ein Bereich der Fertigungstechnik, in dem der Mensch
aufgrund seiner überragenden sensorischen Fähigkeiten nur unter großem
technischen und wirtschaftlichem Aufwand durch automatische Systeme ersetzt werden kann und deshalb auch Tätigkeiten durchführen muß, die
zum einen seinen intellektuellen Fähigkeiten nicht entsprechen (geringe
Arbeitsinhalte) oder zu einer hohen psychischen und physischen Belastung
des Menschen führen (kurze Taktzeiten, einseitige körperliche Beanspruchung). Handhabungsaufgaben in der Montage werden deshalb ein wichtiges
Einsatzgebiet zukünftiger, weiterentwickelter Industrie-Roboter sein.

Im Rahmen des Forschungsvorhabens "Sehr fortgeschrittene Handhabungssysteme" wurden vom IPA-Stuttgart Anforderungsprofile an solche Industrie-Roboter für den Bereich der Montage erstellt, die auf einer ver-
gleichenden Analyse von Arbeitsplatzuntersuchungen in Teilfertigung und
Montage beruhen. Als Ergebnis liegt vor, daß sich z. Z. auf dem Markt
verfügbare Industrie-Roboter zur Durchführung von Handhabungsaufgaben
in der Montage nur bedingt eignen. Ein wichtiger Problemschwerpunkt liegt
hier im Bereich der sensorischen Fähigkeiten des Industrie-Roboters und
der Verknüpfung der Sensorsignale durch die Steuerung des Industrie-
Roboters. Besonders für Montageaufgaben müssen hohe Anforderungen gestellt werden, da der Industrie-Roboter die selben Regelvorgänge durchführen muß, die auch der Mensch wie selbstverständlich beim Montieren
ausübt, wie z. B. dem Suchen von genauen Positionen beim Fügen (Bolzen-
Loch-Problem), dem Überwachen von Montagevorgängen oder dem Anpassen
von Einzelteilen und Baugruppen.

Für einen großen Teil der zu lösenden Montageaufgaben ist es sicherlich
ausreichend, in einem ersten Schritt diese Probleme auf einer, verglichen mit "biologischen" Lösungen, niedrigen Stufe mit wenig komplexen
technischen Teilsystemen zu lösen, die der Aufgabenstellung angepaßt
sind. Aus Montageversuchen und aus Einsatzerfahrungen mit automatischen
Montagesystemen ist bekannt, daß beim Montieren das Greifen und Fügen
von Werkstücken ein Querschnittsproblem ist, bei dem teilweise hohe
Anforderungen an taktile Sensorsysteme gestellt werden. Das Greifen und
Fügen unter Einsatz taktiler Sensoren mit einem programmierbaren Montagesystem wurde deshalb als Schwerpunktthema für die Arbeiten des IPA ausgewählt. Ein programmierbares Montagesystem besteht aus einem oder mehreren Industrie-Robotern, die mit taktilen Sensoren und geeigneten Greifern ausgerüstet sind, um auch komplexe Fügevorgänge durchführen zu können, sowie der notwendigen Prozeßperipherie zum geordneten Bereitstellen
der Werkstücke, wobei optische Sensoren für Werkstücklageerkennung die

peripheren Einrichtungen flexibler machen können.

1. Aufgabenstellung für ein taktiles Greifer/Sensorsystem

Aus der Analyse von Montageaufgaben und aus Montageversuchen konnten
Anforderungen an ein taktiles Greifer/Sensorsystem gestellt werden. Mit
dem taktilen Greifer/Sensorsystem soll dabei die Problematik gelöst werden, die durch Positions- und Formabweichungen zwischen Greifer bzw.
Montagewerkzeug, Werkstück, teilmontierter Baugruppe und Montagevor-
richtung beim Greifen und Fügen von Werkstücken entsteht, Bild 1.

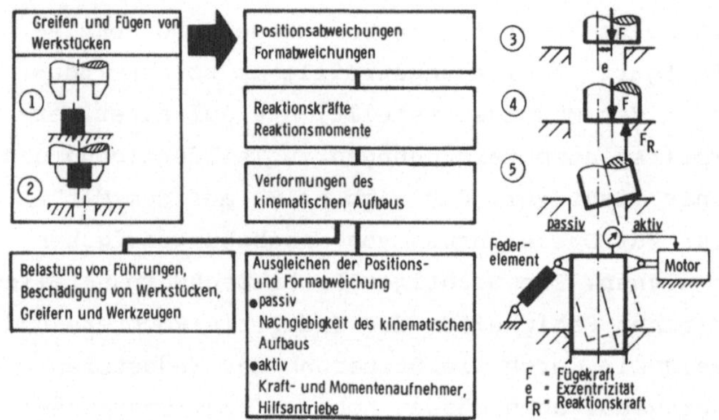

<u>Bild 1:</u> Aufgabenstellung und Lösungsansätze für ein
taktiles Greifer/Sensorsystem

Positionsabweichungen können im allgemeinen dabei aufgrund von Positio-
nierfehlern des Industrie-Roboters, Programmierfehlern oder Lageabwei-
chungen des Werkstücks, z. B. in einer Zuführschiene, entstehen. Formabweichungen treten im allgemeinen aufgrund von Fertigungsfehlern oder
ungünstiger Toleranzlagen der zu fügenden Werkstücke auf. Beim Greifen
bzw. Fügen können dann Reaktionskräfte und -momente entstehen, die über
das im Greifer gespannte Werkstück auf den Greifer und den Arm des
Industrie-Roboters einwirken. Durch diese Kräfte und Momente kann der
kinematische Aufbau des Greifers und des Roboterarms verformt werden.
Neben teilweise hohen Belastungen von Lagern und Führungen können Be-
schädigungen an Greifern, Werkzeugen, Werkstücken, teilmontierten Baugruppen und Montagevorrichtungen auftreten. Das taktile Greifer/Sensor-
system soll nun die Positions- und Formabweichungen ausgleichen und
somit die erfolgreiche Durchführung des Montagevorganges sicherstellen.

Dazu gibt es prinzipiell zwei Lösungsansätze:

o passives Ausgleichen

Durch die Verwendung von Federelementen wird der kinematische Aufbau von Greifer und Roboterarm so nachgiebig gemacht, daß Fügereaktionskräfte und -momente den kinematischen Aufbau nicht beschädigen können, sondern von den Federelementen aufgenommen werden. Die Anordnung der Federelemente soll die Reaktionskräfte und -momente so umlenken, daß der Montagevorgang unterstützt wird. Dabei können spezielle geometrische Merkmale wie Fasen, etc. an Greifer und/oder Werkstück und teilmontierter Baugruppe ausgenutzt werden.

o aktives Ausgleichen

Mit Kraft- und Momentenaufnehmern werden Fügereaktionskräfte und -momente gemessen. Zusammen mit Weg- und Winkelinformationen können daraus Stellgrößen für Antriebe berechnet werden, die den Greifer so lange verfahren, bis die Positions- und Formabweichung ausgeglichen ist. Als Antriebe können entweder die Antriebsmotore des Industrie-Roboters (bei geeigneter Kinematikkette) oder eigene Hilfsantriebe des taktilen Greifer/Sensorsystems verwendet werden.

Als weitere taktil gemessene Größe muß eine Information über die vom Greifer auf das Werkstück ausgeübte Greifkraft ermittelt werden.

2. Teilsysteme des taktilen Greifer/Sensorsystems

Bei der Entwicklung eines taktilen Greifer/Sensorsystems müssen weitere Funktionen berücksichtigt werden, die eng mit der Aufgabe Greifen und Fügen verbunden sind. Dazu gehört der Antrieb des Greifers und Werkzeuges und eine Einrichtung zum automatischen Wechseln von problemangepaßten Greifern und Werkzeugen. Bild 2 zeigt die Teilsysteme des

TEILSYSTEME	AUFGABEN DER TEILSYSTEME
Kinematischer Aufbau	Ausgleichen von Positions- und Formabweichungen durch Nachgiebigkeit auf Fügereaktionskräfte F_R s = Auslenkung des Aufbaus
Kraft- und Momentenaufnehmer und Wegmeßsystem des kinematischen Aufbaus	Messen von Fügereaktionskräften und -momenten und von Verformungen des kinematischen Aufbaus
Antrieb des kinematischen Aufbaus	Erzeugen von Fügebewegungen und Fügehilfsbewegungen durch Haupt- oder Hilfsantriebe
Wechselflansch für Greifer und Werkzeuge	Positionieren, Spannen und Entspannen von Greifern und Werkzeugen Schnittstelle zur Übertragung elektrischer, mechanischer und pneumatischer Energie und zur elektrischen Übertragung analoger und digitaler Signale
Greiferantrieb	Erzeugen einer translatorischen oder rotatorischen Bewegung zum Antrieb von Greifern
Greifergetriebe und Greifelemente	Erzeugen einer Greifbewegung Form- und kraftschlüssiges Spannen von Werkstücken
Kraftaufnehmer des Greifers	Messen von Greifkräften

Bild 2: Teilsysteme und Aufgaben der Teilsysteme eines taktilen Greifer/Sensorsystems

taktilen Greifer/Sensorsystems, für die Lösungen gesucht werden müssen.

<u>Kinematischer Aufbau</u>

Der kinematische Aufbau ermöglicht das Ausgleichen von Positions- und Formabweichungen durch Nachgiebigkeit auf Fügereaktionskräfte und -momente. Dabei müssen unterschiedliche Arten der Nachgiebigkeit unterschieden werden:

o Fall 1
   Überlastsicherung bei zu hohen Fügereaktionskräften, z. B. durch Sollbruchstelle oder Sicherheitsgelenk (Prinzip "Sicherheitsskibindung")

o Fall 2
   Proportionale Auslenkung des Aufbaus, z. B. durch Federsystem

o Fall 3
   Proportionale Auslenkung des Aufbaus im Bereich kleiner Kräfte, programmgesteuertes Blockieren des Aufbaus zum Aufbringen hoher Fügekräfte, Überlastschutz

o Fall 4
   Proportionale Auslenkung des Aufbaus mit schaltbarer oder regelbarer Kennlinie.

<u>Kraft- und Momentenaufnehmer und Wegmeßsystem des kinematischen Aufbaus</u>
Messen von Fügeraktionskräften und -momenten und von Verformungen des kinematischen Aufbaus. Für dieses Teilsystem gibt es zwei Lösungsansätze:

o Im Bereich kleiner Verformungen des kinematischen Aufbaus kann ein Kraft- und Momentenaufnehmer mit DMS, etc., eingesetzt werden.

o Bei großen Verformungen kann die Kraftmessung über eine Wegmessung (Messung der Auslenkung des kinematischen Aufbaus) erfolgen, wobei die Federkennlinie der nachgiebigen Aufhängung berücksichtigt wird.

<u>Antrieb des kinematischen Aufbaus</u>

- Erzeugen von Fügebewegungen und Fügehilfsbewegungen durch Haupt- oder Hilfsantriebe

<u>Wechselflansch für Greifer und Werkzeuge</u>

- Zum Positionieren, Spannen und Entspannen von Greifern und Werkzeugen und als Schnittstelle zur Übertragung elektrischer, mechanischer und pneumatischer Energie und zur elektrischen Übertragung analoger digitaler Signale

<u>Greiferantrieb</u>

- Zum Erzeugen einer translatorischen oder rotatorischen Bewegung zum Antrieb von Greifern

<u>Greifergetriebe und Greiferelemente</u>

- Erzeugung einer Greifbewegung und form- und kraftschlüssiges Spannen von Werkstücken

<u>Kraftaufnehmer des Greifers</u>

- Messen von Greifkräften.

3. Wechselflansch zum Positionieren und Spannen von verschiedenen Greifern und Werkzeugen

Komplexe Handhabungsaufgaben in der Montage erfordern i. a. den Einsatz von unterschiedlichen Werkzeugen und Greifern innerhalb eines Arbeitszykluses des Industrie-Roboters. Wechseleinrichtungen für Greifer und Werkzeuge am Arm des Industrie-Roboters werden z. Z. nur in geringem Umfang eingesetzt. Diese Wechseleinrichtungen sind meist sehr groß und schwer und eignen sich nicht für die Integration in ein komplexes taktiles Greifer/Sensorsystem. Diese Erkenntnisse führten dazu, daß für das Problem "Wechselflansch" als prinzipielle Schwachstelle im Greifer/ Sensorsystem als erstes Lösungen gesucht wurden.

Aus den prinzipiellen Möglichkeiten des Positionierens und Spannens eines Greifers oder Werkzeuges im Flansch wurde eine Lösung ausgewählt, bei der ein in einer Ebene senkrecht zur Längsachse des Greifer/Sensorsystems liegender Klemmbolzen über eine Schräge form- und kraftschlüssig einen vereinheitlichten Flansch des Greifers oder Werkzeuges positioniert und spannt, Bild 3. Durch eine günstige Gestaltung der Schräge kann der Greifer auch in einer nicht genau definierten Position aufgegriffen werden und wird vom Wechselflansch bei der Betätigung des Klemmbolzens positioniert. Weitere Vorteile dieser Konzeption sind die hohe mechanische Zuverlässigkeit und die Möglichkeit zur Übertragung großer Kräfte und Momente.

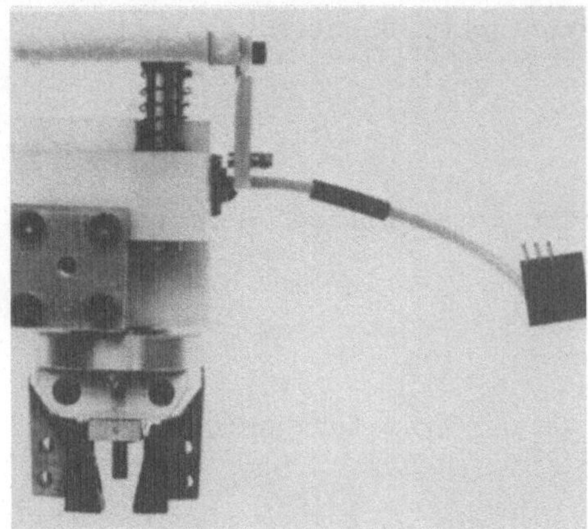

Bild 3: Wechselflansch für Greifer und Werkzeuge

In den Wechselflansch wurde das Betätigungselement des Greifers integriert. In der Längsachse des Wechselflansches ist dazu ein Kolben eingebaut, der durch den greiferseitigen Flansch den Greifer öffnet und
schließt. Durch die im Wechselflansch integrierte Greiferbetätigung
muß beim Greiferwechsel nur der mechanische Aufbau des Greifers ausge-
tauscht werden, die Antriebselemente des Greifers verbleiben am Roboterarm.

Beim Ablegen des Greifers kann durch die Greiferbetätigung der Greifer
mechanisch aus dem Wechselflansch in ein Magazin ausgestoßen werden.

Der Wechselflansch bewährte sich in Dauerversuchen. Die Steifigkeit
der Wechseleinrichtung erlaubt das Aufbringen hoher Kräfte und arbeitet
nahezu spielfrei. Ein merkbarer Verschleiß an Klemmkolben, Greiferbetätigung und Führungen wurde nicht festgestellt. Der Wechselvorgang kann
sehr schnell ausgeführt werden (jeweils 2,5 ... 3 s für Aufnehmen bzw.
Ablegen eines Greifers oder Werkzeuges).

3.1 Greifer und Werkzeuge

Als besonders vorteilhaft hat sich eine Baureihe von Greifern erwiesen,
die auf einem einfachen Zangengreifer aufbaut, Bild 4. Dieser Greifer
besteht aus dem vereinheitlichten greiferseitigen Flansch, einem Grund-
körper und zwei Zangenhebeln und kann durch spezielle Backen an unterschiedliche Werkstückgeometrien angepaßt werden. Der Antrieb des Greifers erfolgt durch einen Betätigungsbolzen, der im Werkzeugflansch
(Bild 3) pneumatisch angetrieben wird und durch eine zentrale Bohrung

Bild 4: Greiferbaureihe mit vereinheitlichter mechanischer
Schnittstelle

im greiferseitigen Flansch auf die Zangenhebel wirkt. Beim Wechseln von
Greifern muß deshalb nur ein einfacher und billiger mechanischer Aufbau gewechselt werden, da die Greiferbetätigung stets am Arm des Hand-
habungsgerätes verbleibt.

Auch Werkzeuge können vom Industrie-Roboter über die vereinheitlichte
Schnittstelle automatisch aufgenommen werden. Bild 5 zeigt einen Hand-
schreiber, der mit einfachen Mitteln an den Robotereinsatz angepaßt
wurde.

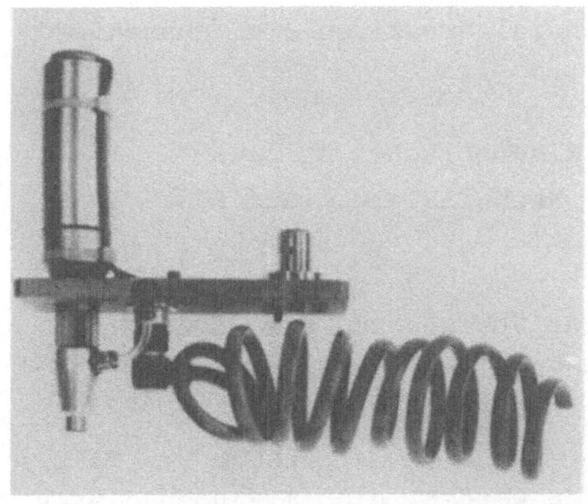

Bild 5: Schrauber mit vereinheitlichter mechanischer
Schnittstelle zum Einsatz in einem programmierbaren Montagesystem

3.2 Wechselgreifersystem mit kleinen Abmessungen

Aus Gründen der Massenreduzierung wurde das bewährte Prinzip der Grei-
ferwechseleinrichtung auf eine Variante mit kleineren Hauptabmessungen
übertragen. Bild 6 zeigt diese kleine Variante des Wechselflansches

Bild 6: Kleiner Wechselflansch für
Greifer und Werkzeuge

und Wechselgreifers. Das Gewicht des Wechselflansches konnte auf
0,120 kg und das des Greifers auf 0,060 kg reduziert werden.

4. Taktiles Greifer/Sensorsystem mit nachgiebiger Aufhängung
in sechs Achsen und Wegmeßsystem in Fügerichtung

Bei der Entwicklung des taktilen Greifer/Sensorsystems wurden verschiedene Lösungsalternativen untersucht, die teilweise schon realisiert
und erprobt werden konnten. Diese Lösungsalternativen sind charakteri-
siert durch

o unterschiedliche Eigenschaften des kinematischen Aufbaus
   (Anzahl der Freiheitsgrade, Art der Nachgiebigkeit auf Fügereaktionskräfte und -momente)

o unterschiedliche Art der Meßgröße zur Überwachung des Fügevorganges (Kraft- und Momentenvermessung oder Wegmessung bei
   größerer Nachgiebigkeit).

Im folgenden sollen Lösungen beschrieben werden, die im Rahmen dieses
Forschungsvorhabens bereits realisiert und erprobt worden sind.

4.1 Nachgiebige Aufhängung in Fügerichtung mit Überwachung der Fügekraft

Ein großer Teil der Montageprodukte ist sandwichartig aufgebaut und
läßt sich aus einer Vorzugsrichtung montieren. Diese Erfahrungstat-
sache wurde als Ergebnis von Arbeitsplatzanalysen und Feinanalysen
von Fügevorgängen bestätigt. Diese Produkte werden meist mit einfachen
geradlinigen Fügebewegungen längs einer vertikalen Fügerichtung montiert. Für den Fügevorgang entscheidende Fügereaktionskräfte werden
deshalb vorwiegend entgegengesetzt dieser Fügerichtung auftreten, in
der auch die Fügekraft aufgebracht wird.

Schon während des Programmierens eines Fügevorganges können, z. B.
beim Teach-In-Verfahren, Aussagen über den Soll-Verlauf der Fügereaktions-
kraftkomponente in Fügerichtung in Abhängigkeit vom Weg gemacht werden,
den das zu fügende Werkstück in Bezug auf die teilmontierte Baugruppe
zurücklegt. Dazu wird der Greifer mit dem zu fügenden Werkstück über
ein Federsystem vom Arm des Industrie-Roboters entkoppelt. Der Wechselflansch von Bild 3 wurde an zwei Schraubenfedern aufgehängt, die unter
Vorspannung stehen, und ist über zwei Säulenführungen mit dem Arm des
Industrie-Roboters verbunden. Überträgt die Komponente der Fügereaktionskraft in Fügerichtung die Vorspannung der Schraubenfedern, dann wird der
Wechselflansch hin zum Arm des Industrie-Roboters ausgelenkt. Diese
Auslenkung kann mit einem Wegmeßsystem (Feldplatte und Magnet) bestimmt
werden und gibt einen Wert für die Fügereaktionskraft. Um ein schnelles
Verfahren des Armes in Fügerichtung zu ermöglichen, wurde der Meßbereich
des Wegmeßsystems sehr groß ausgelegt (10 mm).

Ein Nachteil der gewählten Anordnung ist, daß zu hohe Reaktionsmomente
theoretisch zu einem Verklemmen der Säulenführung führen können. Versuche jedoch zeigten, daß dieses Verklemmen praktisch ohne Bedeutung
ist, da diese Momente stets zusammen mit hohen Reaktionskräften auf-
traten, die das Verklemmen verhinderten.

Mit dieser Einrichtung kann während des Fügevorgangs

o   die Komponente der Fügereaktionskraft in Fügerichtung und/oder

o   die Auslenkung des Werkstückes im Greifer in Bezug auf den Arm
    des Industrie-Roboters bestimmt werden.

Da die momentane Position des Armes und der teilmontierten Baugruppe
ebenfalls bekannt ist, können mit dieser Einrichtung Fügevorgänge auf
einfache Weise sensorisch überwacht werden, Bild 7. Ein Fügevorgang

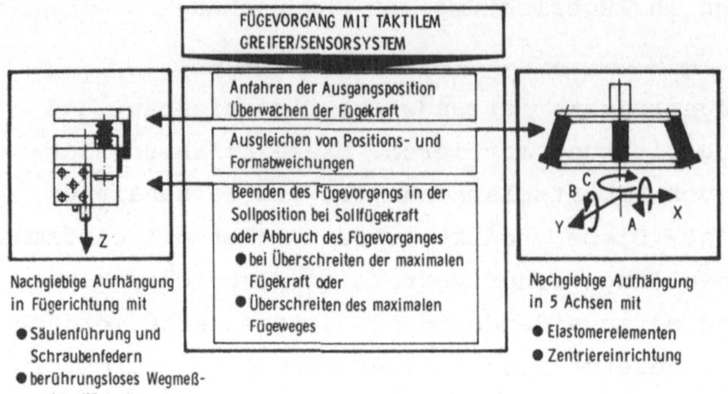

Bild 7: Ablauf eines Fügevorganges mit taktilem Greifer/- Sensorsystem (Nachgiebige Aufhängung in sechs Achsen und Wegmeßsystem in Fügerichtung)

kann als erfolgreich abgeschlossen gelten, wenn in der Sollposition des Werkstückes die Sollfügekraft erreicht ist und wenn der Verlauf der Fügereaktionskraft während des Fügevorganges vorgegebene Schranken nicht überschritten hat. Bei Überschreiten der maximalen Fügereaktions- kraft oder des maximalen Fügeweges muß der Fügevorgang abgebrochen werden.

4.2 Nachgiebige Aufhängung in fünf Achsen

Die oben geschilderte Einrichtung ermöglicht nur das Ausgleichen von Positionsabweichungen in der Fügerichtung (Z-Achse). Zum Ausgleich von Positionsabweichungen in einer senkrecht zur Fügerichtung stehenden Ebene (X/Y) und in drei rotatorischen Achsen (A,B,C) wurde eine nach- giebige Aufhängung entwickelt, die aus vier Elastomerelementen besteht, die in der endgültigen Anordnung eine Auslenkung von jeweils mehreren Millimetern bzw. Winkelgraden in allen fünf Achsen ermöglicht und schon auf kleine laterale Kräfte reagiert, Bild 8.

Die Elastomerelemente wurden aufgrund ihres relativ guten Dämpfungs- verhaltens ausgewählt, um ein Einschwingen des an den Federelementen aufgehängten Wechselflansches und Greifers beim Verfahren des Armes zu verhindern. Da die Elastomerelemente über eine beachtliche Hysterese verfügen, wurde eine Zentriereinrichtung angebracht, bei der zwei Zen- trierbacken einen auf der Grundplatte angebrachten Zentrierbolzen po- sitionieren und spannen. Mit dieser Zentriereinrichtung wird die Auf- hängung des Wechselflansches und Greifers an den Elastomerelementen

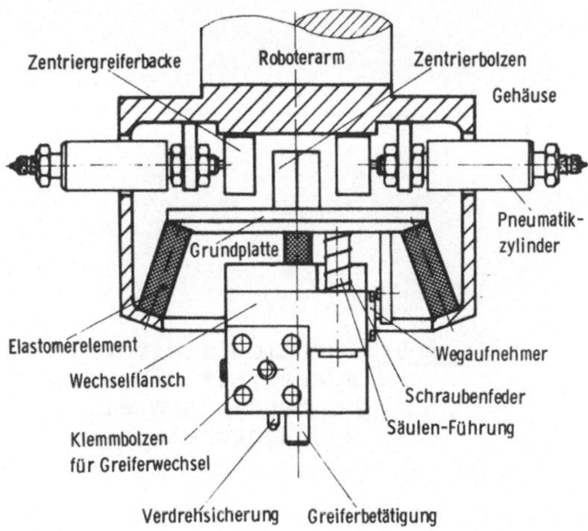

Bild 8: Aufbau einer nachgiebigen Aufhängung mit Elastomerelementen

mechanisch steif überbrückt und so ein Einschwingen ebenfalls unterdrückt.

Die Elastomereinrichtung läßt sich modular mit der einachsigen Aufhängung
in Fügerichtung und dem Wegmeßsystem zur Überwachung der Fügekraft kom-
binieren. Dieses taktile Greifer/Sensorsystem bewährte sich bei einfachen Greif- und Fügevorgängen in Dauerversuchen. Die Anwendungsmög-
lichkeiten sind vielfältig, wobei sich dieses einfache taktile Greifer/
Sensorsystem besonders für folgende Aufgaben eignet:

o Fügen von Werkstücken, wobei die Positionsabweichungen im Bereich
  der Fasen liegen müssen.

o Suchen von Positionen durch Überfahren, z. B. gleichzeitiges Fügen
  von zwei Bolzen in zwei Bohrungen.

o Suchen von Positionen in Fügerichtung.

Bild 9 zeigt das taktile Greifer/Sensorsystem am Arm eines SIGMA-
Montageroboters, der für Montageversuche und Dauerversuche verwendet
wurde.

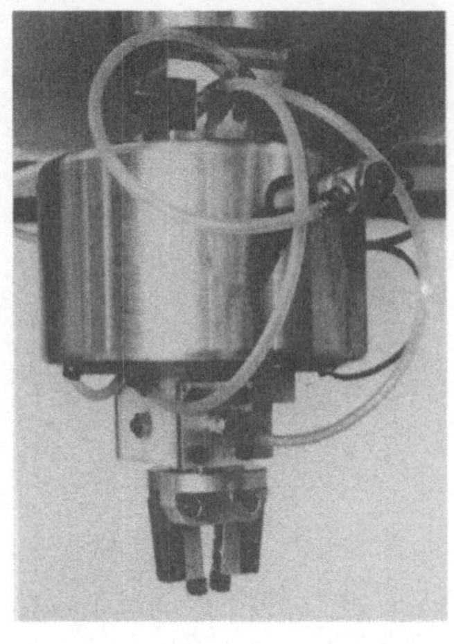

Bild 9: Taktiles Greifer/Sensor-
system mit Elastoemererle-
menten am Arm eines SIGMA-
Montageroboters

5. Aufhängung mit schaltbarer Nachgiebigkeit

Erste Forschungsarbeiten hin zu einem kinematischen Aufbau, der ver-
schiedene definierte Zustände mit unterschiedlicher Nachgiebigkeit auf
Fügereaktionskräfte und -momente annehmen kann, führten zur Entwick-
lung einer Einrichtung zum Ausgleich von Fluchtungsfehler, Bild 10.
Dieses Gelenk hat im "weichen" Zustand fünf Freiheitsgrade. Mit dieser
Einrichtung können Fluchtungsfehler in zwei translatorischen Achsen von

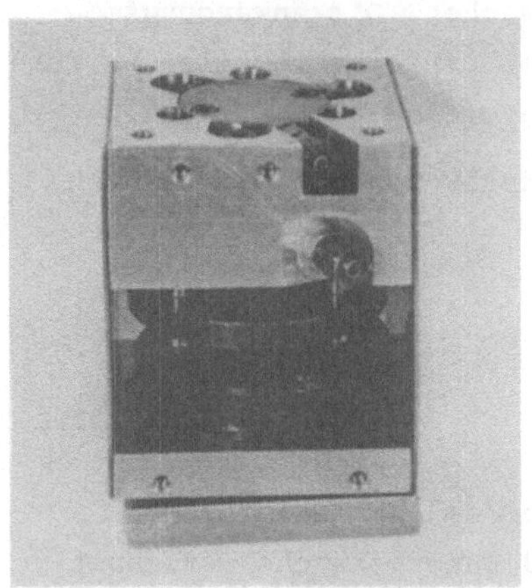

Bild 10: Einrichtung zum Ausgleich
von Fluchtungsfehlern mit
schaltbarer Nachgiebigkeit
in fünf Achsen
(weicher Zustand)

Bild 11: Taktiles Greifer/Sensor-
system mit schaltbarer
Nachgiebigkeit in fünf
Achsen und Wegmeßsystemen
in Fügerichtung

je ca. 4 mm und drei rotatorischen Achsen von je ca. 10° ausgeglichen
werden. Der erste Prototyp dient der Funktionserprobung und wiegt
0,850 kg. Die weiteren Arbeiten sollen hier zur Massenreduzierung führen, wobei vorweigend Kunststoffe verwendet werden sollen. Die Einrichtung eignet sich sowohl zum Einbau in den Arm eines Industrieroboters als auch zur Verwendung in einem taktilen Greifer/Sensorsystem,
Bild 11.

6. Kraft- und Momentaufnehmer für sechs Komponenten mit Entkopplungs-stäben

Zur Messung von Fügereaktionskräften und -momenten wurde ein Kraft-
und Momentaufnehmer entwickelt, bei dem durch einen geeigneten geometrischen Aufbau die angreifenden Kräfte und Momente direkt in karte-
sische Komponenten zerlegt und durch DMS gemessen werden können,
Bild 12. Dabei kann auf eine rechenintensive Transformation von gemessenen Kräften und Momenten in ein vom taktilen Greifer/Sensorsystem
mitbewegten Koordinatensystem verzichtet werden. Der Kraft- und Momentaufnehmer eignet sich für Kräfte im Bereich von 300 bis 400 N. Auch
hier werden die weiteren Arbeiten hin zu einer Massenreduzierung und
Integration führen, die mit einer Verschiebung des Meßbereiches zu
kleineren Kräften und Momenten verbunden ist.

Bild 12: Kraft- und Momentenaufnehmer für sechs Kompo-
nenten mit Entkopplungs-
stäben

7. Laborprototyp eines sehr fortgeschrittenen Handhabungssystems

Zur Durchführung von Montageversuchen und als Versuchsträger bei der
Erprobung der Komponenten wurde ein zweiarmiger SIGMA-Montageroboter
(Olivetti, Ivrea, Italien) verwendet, der einen kartesischen Arbeits-
raum besitzt, und sich deshalb für die Montage einfacher Produkte mit

Bild 13: Olivetti SIGMA-
Montageroboter
als Versuchsträger

sandwichartigem Aufbau besonders eignet. Die neuentwickelten Komponenten konnten mit diesem Gerät im Dauerversuch erprobt werden, Bild 13.

Um auch komplexere Montageaufgaben durchführen zu können, wurde als
Versuchsträger für zukünftige taktile Greifer/Sensorsysteme auf der
Grundlage des Ergebnisses von Arbeitsplatzanalysen und Anforderungs-
profilen ein Industrie-Roboter entwickelt, der aufgrund von kleinen
Abmessungen, Antrieben und Kinematik ein Prototyp für zukünftige
Handhabungssysteme sein kann, Bild 14. Dieser Laborprototyp befindet
sich zur Zeit noch in einem frühen Stadium der Erprobung. Seinen Aufbau

Bild 14: Laborprototyp eines sehr fortgeschrittenen
Handhabungssystems

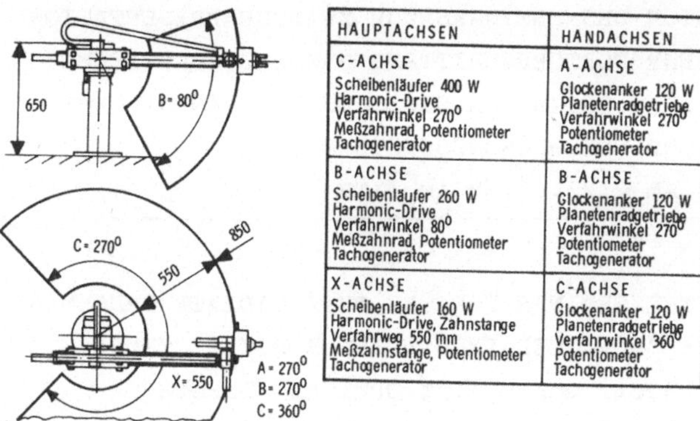

HAUPTACHSEN	HANDACHSEN
C-ACHSE Scheibenläufer 400 W Harmonic-Drive Verfahrwinkel 270° Meßzahnrad, Potentiometer Tachogenerator	A-ACHSE Glockenanker 120 W Planetenradgetriebe Verfahrwinkel 270° Potentiometer Tachogenerator
B-ACHSE Scheibenläufer 260 W Harmonic-Drive Verfahrwinkel 80° Meßzahnrad, Potentiometer Tachogenerator	B-ACHSE Glockenanker 120 W Planetenradgetriebe Verfahrwinkel 270° Potentiometer Tachogenerator
X-ACHSE Scheibenläufer 160 W Harmonic-Drive, Zahnstange Verfahrweg 550 mm Meßzahnstange, Potentiometer Tachogenerator	C-ACHSE Glockenanker 120 W Planetenradgetriebe Verfahrwinkel 360° Potentiometer Tachogenerator

Bild 15: Aufbau des Laborprototypen eines fortgeschrittenen Handhabungssystems

zeigt Bild 15. Der Antrieb erfolgt über trägheitsarme Gleichstrom-
motore. Potentiometer und Tachogeneratoren liefern Positions- und
Geschwindigkeitsistwerte. Das Handhabungsgewicht beträgt ca. 3 kg bei
einem Gesamtgewicht des Prototypen von ca. 70 kg.

8. Zukünftige Arbeiten

Die geplanten Arbeiten beabsichtigen eine Verbesserung und Integration
der bisher entwickelten Komponenten mit neuzuentwickelnden Teillösungen zu verschiedenen Varianten von taktilen Greifer/Sensorsystemen mit
unterschiedlichen Leistungsschwerpunkten. Dazu sollen u. a. folgende
Arbeiten durchgeführt werden

o Weiterentwicklung von kinematischen Aufbauten mit
   - regelbarer Nachgiebigkeit
   - Überlastschutz

o Verbesserung der Schnittstelle Wechselflansch/Greifer
   zur elektrischen Übertragung analoger oder digitaler Signale,
   z. B. über Greifkraft, Ansteuerung von greiferspezifischen
   Hilfsantrieben

o Weiterentwicklung von Kraft- und Momentenaufnehmern und
   Integration von Wegmeßsystemen in den kinematischen Aufbau
   des taktilen Greifer/Sensorsystems

o Greiferbacke mit taktilem Sensor

o Integration von Hilfsantrieben in den kinematischen Aufbau.

ABSCHLUSSDISKUSSION DES SEMINARS ZUR ZWISCHENPRÄSENTATION
des Projektes "SEHR FORTGESCHRITTENE HANDHABUNGSSYSTEME"
und von Projekten zu OPTISCHEN SENSOREN FÜR HANDHABUNGS-
UND ÜBERWACHUNGSSYSTEME
AM 2./3.04.79 im IITB

FINAL DISCUSSION AT THE SEMINAR FOR THE INTERMEDIATE PRESENTATION
of the Project "ADVANCED INDUSTRIAL ROBOT SYSTEMS"
and of Projects concerning OPTICAL SENSORS
for INDUSTRIAL ROBOT SYSTEMS and SUPERVISION SYSTEMS
(April 2/3, 1979, IITB)

P. Brödner
Kernforschungszentrum GmbH, Projekt PFT, 7500 Karlsruhe
H. Steusloff
Fraunhofer-Institut für Informations- und Datenverarbeitung (IITB)
7500 Karlsruhe

Summary

The discussion concentrated on four problem areas: application,
modularity, sensors and programming of industrial robots. In general
the concept of the industrial robot system, introduced by the seminar, was accepted. Special emphasis was given to the problems of
sensor application and robot-programming.

1. Anlaß

Die Vorstellung des Vorhabens "Sehr fortgeschrittene Handhabungssysteme" in Form eines Seminars mit geladenen Gästen am 2./3.4.79 im IITB wurde abgeschlossen durch eine Diskussion des Gesamtvorhabens, seines Standes und seiner Bezüge zu den Erwartungen der Anwender und Hersteller von Handhabungssystemen. Zum Seminar waren 101 Teilnehmer angemeldet, darunter 10 Teilnehmer aus dem Bereich der Projektträgerschaft, 10 Vertreter von Roboter-Herstellern, 30 Roboter-Anwender, 20 Teilnehmer von Hochschulen und nicht zuletzt 7 Teilnehmer aus dem Bereich der Arbeiternehmervertretung (Gewerkschaft, Betriebsräte); weiterhin nahmen 24 Mitarbeiter der Fraunhofer-Gesellschaft teil.

Da die Beiträge des vorliegenden Bandes teilweise über die Seminarvorträge hinausgehen, seien die der Abschlußdiskussion zugrunde liegenden Vorträge und Demonstrationen im folgenden durch ihre Titel gekennzeichnet. Eine Diskussion über Einzelheiten der vorgetragenen Themen schloß sich jeweils an die Vorträge an. Es berichteten (IITB = Fraunhofer-Institut für Informations- und Datenverarbeitung; IPA = Fraunhofer-Institut für Produktionstechnik und Automatisierung):

Syrbe, M.: (IITB)	Einführung in das Projekt "Sehr fortgeschrittene Handhabungssysteme"
Steusloff, H.: (IITB)	Antriebs- und Regelungs-/Steuerungstechnik für schnelle Industrie-Roboter unter besonderer Berücksichtigung des Ausfallverhaltens
Patzelt, W.: (IITB)	Nichtlineare Regelung schneller Industrie-Roboter
Meisel, K.-H.: (IITB)	Optimale Bewegungsführung von Industrie-Robotern
Ossenberg, K.: (IITB)	Entwicklung von optischen Sensoren am IITB für industriellen Einsatz
Foith, J.: (IITB)	Optischer Sensor für Erkennung von Werkstücken auf laufendem Transportband, realisiert auf einem modularen System
Geisselmann, H.: (IITB)	"Griff in die Kiste" durch Vereinzelung und optische Erkennung
Haaf, D. Schweizer, M.: (IPA)	Taktile Sensoren und ihre Anwendung in programmierbaren Montagesystemen
Zimmermann, G.: (IITB)	Eigenschaften von optischen Wandlern zur Positionsmessung
Niepold, R.: (IITB)	Fernsehsensor zur Überwachung und Regelung von Schweißprozessen

Die Vorträge wurden ergänzt durch folgende Demonstrationen:

"Griff auf das laufende Band"   (IITB)
(optischer Sensor, VW-Roboter)

"Griff in die Kiste" mit geordnetem   (IITB)
Ablegen (optischer Sensor, IBP-Roboter)

Fernsehsensor zur Überwachung und   (IITB)
Regelung von Schweißprozessen

EAF-System zur Bahnvorgabe   (IITB)

Taktile Sensoren   (IPA)

2. Diskussion

Herr Dr. Brödner (jetzt KfK, Karlsruhe, Projekt PFT) eröffnete als
Vertreter des Projektträgers die Diskussion:

o Die vorgestellten Forschungsergebnisse sollen in ANWENDUNGEN
   überführt werden. Wo sind solche Anwendungen sichtbar?

o Ist das Systemkonzept geeignet, sowohl die komplexeren Anwendungen
   als auch die einfacheren EINSATZFÄLLE durch entsprechende Kompo-
   nentenzusammenstellung ANGEPASST wirtschaftlich abzudecken?

o Wird dem Einsatz von SENSOREN wesentliche Bedeutung beigemessen?

o Ist die vorgestellte Form der MENSCH-MASCHINE-KOMMUNIKATION
   (Bahnprogrammierung) akzeptierbar?

ANWENDUNGEN DES SYSTEMKONZEPTES

Die grundsätzliche Anwendbarkeit des vorgestellten Systemkonzeptes
war unbestritten. Spezielle Anwendungen, die die besonderen Eigenschaften des Konzeptes explizit nutzen, wurden nur vereinzelt genannt.
Bemerkungen:

- Man hat heute die Gesamtproblematik des Robotereinsatzes einschließlich der Arbeitsplatzgestaltung und der betrieblichen Auswirkungen so deutlich erkannt, daß spontan Anwendungen eines so
   universellen Systemkonzeptes nicht angebbar sind. Dazu müßte man
   entweder die Universalität ungeprüft als Erfolgsgarantie nehmen
   oder aber die Einsatzbedingungen bereits sorgfältig analysiert hat.

- Das Systemkonzept greift Probleme auf, die bei den heute analy-
  sierten Einsatzfällen oft noch nicht angegangen werden. Dies ist
  aber in einem Forschungsvorhaben berechtigt und vom Projektträger
  auch gewünscht. Die Möglichkeiten eines solchen fortgeschrittenen
  Systemkonzeptes werden neue Anwendungsfälle erschließen, wenn
  die Systementwicklung ihrem Abschluß entgegen geht.

- Ein Anwender wünscht i. a. ein fertig entwickeltes, erprobtes und
  zudem preiswertes Gerät, das seine Forderungen erfüllt. Für eine
  Beurteilung des vorgestellten Handhabungssystems nach diesen Kriterien ist es noch zu früh. Es ist aber schon heute für Hersteller
  wichtig, die im IITB entwickelten Konzepte in ihre längerfristigen
  Planungen einzubeziehen. Dies wird von anwesenden Herstellern
  akzeptiert und mit dem Hinweis ergänzt, daß die "Arbeitsgemeinschaft
  Handhabungssysteme (ARGE-HHS)" einen guten Kontakt sicherstelle.

- Zwei konkrete Anwendungen werden genannt:

  (a) Das Einsetzen vorgeordneter Ringe in eine Schleifmaschine
       und Ablegen der Ringe in eine Palette. Last bis 25 kg,
       Kosten des Handhabungssystems nicht über 200 TDM.

  (b) Einlegen von Schmiedeknüppeln in eine Erwärmungsanlage und
       Zuführung zur Schmiedepresse. Kosten nicht über 80 TDM.

- Abschließend zur Anwendbarkeitsdiskussion bemerkt ein Teilnehmer,
  daß ein hoher Innovationsgrad nur erreichbar sei, wenn zunächst
  ohne zu starken Bezug auf die Anwendung geforscht werde. Der Projektträger stimmt dem zu, weist aber auf das im Förderungskonzept
  gesetzte Ziel einer modellhaften Pilotanwendung der Forschungsergebnisse hin. Dabei soll der Pilotanwendungsfall typische Probleme
  enthalten, die z. B. 80 % der Einsatzfälle betreffen. Der Projektträger habe sich das Projekt "Sehr fortgeschrittene Handhabungssysteme" geleistet, um in einer ersten knapp zweijährigen Phase
  vorwiegend zu forschen. In der zweiten Phase müsse nun die Anwendung kommen.

ANPASSBARKEIT DES SYSTEMS AN EINSATZFÄLLE (MODULARITÄT)

Dieses Problem hielten die Teilnehmer im Zusammenhang mit der Diskussion über die Anwendbarkeit der Forschungsergebnisse für sehr wesentlich. Bemerkungen:

- Die Programmierung des Handhabungssystems über Bildschirm und Lichtgriffel erscheint sehr interessant, der Aufwand ist aber offenbar
  hoch. Dem kann begegnet werden, indem das Bildschirmsystem für eine
  Gruppe von Robotern eingesetzt wird. Zudem sind in Zukunft die
  Kosten auf 1/10 der heutigen Kosten reduzierbar.

- Die Modularität des Regelungs- und Steuerungssystems durch das Konzept der Mehrrechneranordnung ist überzeugend. Sehr wichtig ist die
  Definition von geeigneten Schnittstellen und das Vermeiden der
  Zusammenfassung von eigenständigen Funktionen (z. B. Sensorbild-
  verarbeitung und Koordinatentransformation).

- Die Sensorsysteme müssen modular aufgebaut sein, da jede Anwendung
  andere Anforderungen hat. Das Sensorsystem MODSYS des IITB berücksichtigt beispielsweise diese Forderung.

EINSATZ VON SENSOREN

Über die Notwendigkeit eines breiten Einsatzes von Sensoren bestand
Einigkeit, da schon heute in manchen Fällen das Fehlen geeigneter
Sensoren den Einsatz von Robotern erschwert oder verhindert. Mit weiteren Anwendungsbereichen der Handhabungssysteme wird das Sensorpro-
blem an Bedeutung gewinnen. Bemerkungen:

- Die Leistung der gezeigten optischen, bildverarbeitenden Sensoren
  ist beachtlich. Man sollte sich aber davor hüten, "mit Kanonen
  nach Spatzen zu schießen". Taktile Sensoren genügen oft.

- Der Aufwand für eine sensorgerechte optische Aufbereitung der
  Szene (Kontrast, Beleuchtung, Hintergrund) ist zu berücksichtigen.
  Hier sind aber oft durch einfache Maßnahmen gute Erfolge möglich,
  z. B. durch entsprechende Gestaltung von ggf. sogar nur einmal
  verwendeten Teileunterlagen (Papier).

- Lichtschnittverfahren sind einsatzreif, Unterstützung bildverar-
  beitender Sensoren durch LIDAR/Sonarverfahren erscheint heute
  noch sehr problematisch (LIDAR = Light Detection and Ranging).

- Gerade bei Sensorentwicklung und Sensoreinsatz hat sich die Partner-
  schaft von Industrie und Forschung durch know-how-Transfer sehr
  bewährt.

- Ein Anwender weist auf Integrations- und Serviceprobleme hin, die
  durch unterschiedliche Lieferanten von Roboter und Sensoren ent-

stehen können. Dies ist sicher ein ernstzunehmendes Problem, wird
aber u. U. gemildert durch Systemeigenschaften, wie dynamische,
d. h. funktionsbeteiligte Redundanz und disponierbare Reparatur.

MENSCH-MASCHINE-KOMMUNIKATION ÜBER SICHTGERÄTE (BAHNPROGRAMMIERUNG)

Die in einer Demonstration vorgestellte Art der Bahnprogrammierung
über ein graphisches Farbbildschirmgerät mit Lichtgriffel wurde als
ein ungewöhnlicher und sehr interessanter Lösungsansatz für das wichtige Problem des einfachen Umganges mit Handhabungssystemen aufgenommen. Bemerkungen:

- Ist diese Art der Bahnprogrammierung wirklich einfach? Es ist nur
  eine ebene Darstellung der Szenen möglich. Dies gilt allerdings
  z. B. auch für technische Zeichnungen. Weiterhin soll das Vormachen der Bewegungen von Hand dreidimensional erfolgen und ggf. nur
  die Nachbearbeitung der vorgemachten Bewegungsbahn nach automati-
  scher Projektion auf Ebenen über den Bildschirm erfolgen. Es gibt
  auch manche Aufgaben, deren Bewegungsbahnen zweidimensional graphisch beschreibbar sind zusammen mit numerischer Angabe der
  dritten Dimension.

- Die räumliche Szenendarstellung, etwa durch Holographie könnte hier
  Abhilfe schaffen. Dies wird aber als sehr schwierig angesehen. Das
  IITB wird vorläufig diesen Weg nicht beschreiten.

- Die Forschung hat die Aufgabe, Alternativen aufzuzeigen und zu er-
  proben. Sicher haben auch eine numerische Bahneingabe oder Teach-
  in-Verfahren ihre Berechtigung, wenn dies der Aufgabe entspricht.
  Man weiß aber heute, daß zumindest das Teach-in durch Verfahren
  der einzelnen Roboterachsen ungeeignet ist für die Programmierung
  komplexer Aufgaben.

Die Diskussion zeigte, gerade auch durch manche kritische Bemerkung,
daß das erarbeitete und vorgestellte Konzept eines sehr fortgeschrittenen Handhabungssystems die Anforderungen an zukünftige Handhabungssysteme berücksichtigt. Die weiteren Arbeiten und die Erprobungsphase
müssen die Wirksamkeit der Lösungen zeigen.